Ihre Arbeitshilfen zum Download:

Auf der Website „Arbeitshilfen online" bieten wir Ihnen als Zusatzmaterial exklusiv einen Original-Vortrag von Dr. Häusel als Audiodateien zum kostenfreien Download.

Es ist ein thematischer Querschnitt durch das Buch, der aus vier Teilen besteht:

– Die Macht des Unbewussten: Einladung zur Revolution im Kopf
– Abschied von Maslow & Co.: Was Menschen wirklich antreibt
– Das Ende der Gießkannen-Motivation:
  Von High-Performern und Phlegmatikern
– Warum schnelle Autos so sexy sind — oder:
  Die hohe Schule der Kaufverführung

Den Link sowie Ihren Zugangscode finden Sie am Buchanfang.

Think Limbic!

Hans-Georg Häusel

Think Limbic!

Die Macht des Unbewussten verstehen und nutzen

Dr. Hans-Georg Häusel

5. Auflage

Haufe Gruppe
Freiburg · München

Bibliografische Information der Deutschen Nationalbibliothek
Die Deutsche Nationalbibliothek verzeichnet diese Publikation in der Deutschen
Nationalbibliografie; detaillierte bibliografische Daten sind im Internet über
http://dnb.dnb.de abrufbar.

Print ISBN: 978-3-648-05883-1   Bestell-Nr. 10109-0001
EPUB ISBN: 978-3-648-05884-8   Bestell-Nr. 10109-0100
EPDF ISBN: 978-3-648-05885-5   Bestell-Nr. 10109-0150

Dr. Hans-Georg Häusel
Think Limbic!
5. Auflage 2014

© 2014 Haufe-Lexware GmbH & Co. KG, Freiburg
www.haufe.de
info@haufe.de
Produktmanagement: Jutta Thyssen

Lektorat: Nicole Jähnichen, www.textundwerk.de
Satz: kühn & weyh Software GmbH, Satz und Medien, 79110 Freiburg
Umschlag: RED GmbH, 82152 Krailling
Druck: Beltz Bad Langensalza GmbH, Bad Langensalza

Inhaltsverzeichnis

Inhaltsverzeichnis

Inhaltsverzeichnis

Vorwort zur aktualisierten 5. Auflage

Kein Wissenschaftsbereich hat in den letzten Jahren so viele Diskussionen ausgelöst wie die Hirnforschung. Immer deutlicher wird nämlich, dass das Bild des bewusst handelnden und vernünftigen Menschen durch die Ergebnisse der Hirnforschung in Frage gestellt wird. Der unbewusste Anteil, also die Mechanismen, die in unserem Kopf ohne unser Zutun unser Denken, Fühlen und Handeln bestimmen, ist weit größer als wir auch nur im Entferntesten ahnen.

Als „Think Limbic!" im Jahr 2000 erstmals erschien, sorgte das Buch für sehr viel Aufregung. Der Grund: Es proklamierte einen Thronsturz. Nicht das scheinbar vernünftige Großhirn, sondern das entwicklungsgeschichtlich ältere limbische System sei die eigentliche Machtzentrale in unserem Kopf. Diese Vorherrschaft der Emotion wird heute in der Wissenschaft nicht mehr in Frage gestellt, und auch in der breiten Öffentlichkeit setzt sich diese Erkenntnis aus der Hirnforschung zunehmend durch.

Mit ein Grund für den großen Erfolg von „Think Limbic!" war und ist, dass es leicht lesbar die Abläufe in unserem Gehirn und vor allem die vielfältigen Konsequenzen darstellt, die sich daraus für die Praxis und den Alltag ergeben. Ein weiterer Grund für die breite Akzeptanz ist das in diesem Buch vorgestellte Limbic® Emotionsmodell. Viele Marketing- und Personal-Manager, Verkaufs- und Persönlichkeitstrainer nutzen diesen Ansatz inzwischen in ihrer täglichen Arbeit. Dieses Modell hat von seiner Aktualität nichts eingebüßt — im Gegenteil, viele neue Erkenntnisse der letzten Jahre brachten eine zusätzliche Bestätigung. „Think Limbic!" ist aber nicht nur für „Professionals", sondern auch für Laien von Wert, die einfach nur daran interessiert sind, wie sie selber oder ihre Mitmenschen „ticken".

Seit der ersten Auflage des Buches ist die Hirnforschung nicht stehen geblieben. Auch das Limbic® Modell wurde weiterentwickelt und verfeinert. Während ich in früheren Auflagen noch von „Limbischen Instruktionen" sprach, um die ungeheure Macht der Emotionen zu verdeutlichen, benutze ich heute den Begriff der Emotion. Der Grund dafür liegt darin, dass bis vor einigen Jahren „Emotion" oft mit „Gefühl" gleichgesetzt wurde. Emotionen sind aber viel mehr und weit wirkmächtiger als Gefühle — diese Einsicht hat sich inzwischen auch in der Wissenschaft durchgesetzt. Der Begriff der Emotion wird heute weit umfassender gesehen und entspricht damit meiner früheren Intention. Auch vom Begriff des „Reptilienhirns" habe ich mich verabschiedet, weil ich meine Leser nicht noch mehr erschrecken möchte. Die Erkenntnis, vom mächtigen Unbewussten gesteuert zu werden, ist für manche nämlich schon Schock genug.

Inzwischen habe ich weitere Bestseller geschrieben, wie z. B. „Brain View — Warum Kunden kaufen" oder „Emotional Boosting — Die hohe Kunst der Kaufverführung", die sich mit dem Marketing und dem Verkaufen beschäftigen. Da diese Werke beim Schreiben von „Think Limbic!" damals noch nicht absehbar waren, zudem das Thema Verkauf viel kompetenter und aktueller darstellen, verändert sich auch der Umfang dieses Buches: Das Thema Marketing und Verkauf bleibt zwar erhalten, das Management bekommt aber einen größeren Stellenwert.

Leser, die an den wissenschaftlichen Grundlagen des Limbic® Modells interessiert sind, finden die entsprechende Dokumentation unter dem Titel „Limbic Science" zum kostenlosen Download auf meiner Website www.haeusel.com. Dort findet sich auch ein kostenloser Persönlichkeitstest.

Ich wünsche Ihnen viel Spaß beim Lesen und beim Entdecken, was uns Menschen wirklich antreibt

Ihr
Dr. Hans-Georg Häusel

München, im April 2014

Bitte beachten Sie: Limbic® ist eine geschützte Marke. Eine Verwendung ist nur mit Zustimmung erlaubt.

Einführung

Globalisierung, Digitalisierung und Gentechnologie sind die Mega-Themen unserer Zeit. Mit der Begeisterung über die damit verbundenen wissenschaftlichen und technologischen Quantensprünge wird fast automatisch auch ein Quantensprung des Menschen vorausgesetzt. Er hat, so scheint es, mit diesen Leistungen ebenfalls eine neue, höhere Stufe seiner Entwicklung erreicht. Diese Euphorie macht sich auch im Management in allen Bereichen bemerkbar. Mit den neuen technologischen Möglichkeiten, glaubt man, gehören auch die Fragen und Probleme des heutigen Management-Alltags der Vergangenheit an.

- Das Unternehmen von morgen ist das vernetzte und lernende Unternehmen, das frühzeitig die Veränderungen in den Märkten erkennt und sich in einem permanenten Wandel darauf einstellt. Gleichzeitig arbeitet es eng mit anderen Unternehmen in virtuellen Netzwerken zusammen.
- Der Mitarbeiter von morgen ist ein intelligenter Brainworker, der im Team oder vernetzt mit Kollegen in aller Welt seine Ideen austauscht und seine Kreativität und sein Engagement zum Wohle des Unternehmens entfaltet.
- Und der Kunde von morgen schließlich ist der aufgeklärte, vernünftige Entscheider, der mit Hilfe des Internets und kognitiv-logischen Decision-Trees seinen Konsum steuert. Mit Behavioral Targeting, Datability, One-to-One-Marketing und computerbasierten Customer-Relationship-Management-Programmen wird seinen Anforderungen Rechnung getragen.

Anything goes? Alles easy in Zukunft? Sind die Menschen im neuen Jahrtausend andere als die, die wir mit ihren Eigenarten und Schwächen hinreichend kennengelernt haben? Sie sind es nicht. Diese Träume basieren leider auf einem kleinen, aber folgenschweren Fehler: Sie gehen letztlich von einem Menschen aus, der selbstbewusst und frei sein Leben gestaltet und dessen Vernunft und Weisheit fast parallel mit jeder neuen Chip-Generation zunimmt.

Im Laufe dieses Buches werden wir feststellen, dass dem nicht so ist. Unsere Gehirnstrukturen, verändern sich nämlich unendlich langsam. Man kann sagen: In den letzten 70.000 Jahren sind sie weitgehend dieselben geblieben.

Auch sollten wir im Auge behalten, wo und wie der Mensch entstanden ist. Gleichgültig ob Manager, Mitarbeiter oder Kunde — er ist das Ergebnis einer Milliarden Jahre langen Evolution, die zu 99,99 % in Zellen und Tieren erfolgte. Und so überraschend es auch klingen mag: Schon in den ersten Bakterien sind die Grundmuster zu erkennen, die bis zum heutigen Tag als biologische Imperative unser Denken und Verhalten für uns meist unbewusst prägen und bestimmen.

Doch wie funktioniert diese unbewusste Steuerung? Nur wenige wissenschaftliche Disziplinen haben in den letzten Jahren so viele Fortschritte erzielt wie die so genannten Life Sciences, zu denen neben der Molekularbiologie auch die Gehirnforschung gehört. Bei der Erforschung der neuronalen Prozesse, die in unserem Kopf ablaufen, wurde immer deutlicher, dass unsere Emotionen nicht ein unbedeutendes Nebenphänomen sind, sondern die zentrale Rolle bei der Steuerung des Verhaltens spielen.

Verknüpft man nun diese neurowissenschaftlichen Erkenntnisse mit aktuellen evolutionsbiologischen und psychologischen Forschungsergebnissen, offenbart sich ein völlig neues und faszinierendes Bild und Modell menschlichen Denkens und Handelns. Dieses Bild hebt den Gegensatz zwischen „Emotion" und „Ratio" auf. Gleichzeitig verschieben sich die Machtverhältnisse im Kopf. Das Unbewusste, oft als schwacher und kleiner Nebenspieler der großen übermächtigen Vernunft und Ratio gesehen, wird plötzlich zum Hauptdarsteller. Diese Veränderung des menschlichen Selbstverständnisses soll durch die Abbildungen 1 und 2 verdeutlicht werden.

Abbildung 1 zeigt, wie wir heute selbst glauben, unsere Welt wahrzunehmen: Die Außenreize treffen direkt auf unser Bewusstsein und unsere Vernunft. Dort werden sie „vernünftig" bearbeitet, wobei die Frage, was vernünftig ist, bis heute eine zentrale Frage der Philosophie darstellt. Die Emotionen, die wir dabei erleben, garnieren diesen Denkvorgang, ähnlich einem Spritzer Ketchup. Das Unbewusste und unsere biologischen Programme gibt es zwar, sie spielen aber kaum eine Rolle, weil wir uns durch unsere menschliche Vernunft längst davon befreit haben.

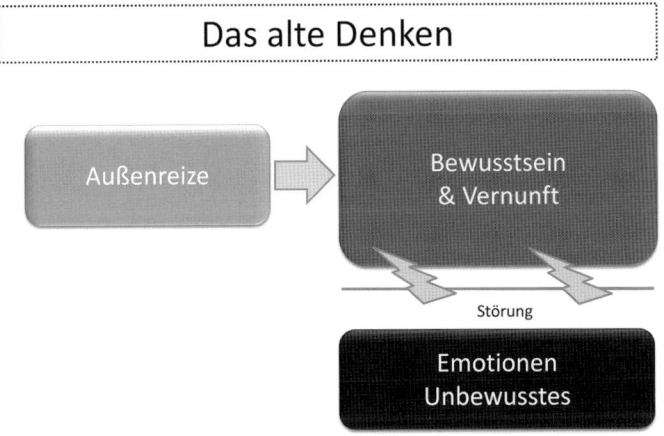

Abb. 1: Das Bewusstsein und die Vernunft bestimmen unser Verhalten; Emotionen stören dabei

Abbildung 2 stellt dar, wie das vorgeschlagene neue Weltbild aussieht, mit dem wir uns in diesem Buch näher beschäftigen wollen: Die Außenreize treffen auf ein Gehirn, das auf der Basis von biologischen Programmen operiert. Die Mechanismen und die Einflussnahme dieser biologischen Programme bleiben uns verborgen. Diese Einflussnahme geschieht weitgehend über Emotionen, die uns lenken und steuern. Und: Auch unsere menschliche Vernunft kann sich diesem System letztlich nicht entziehen — sie gehorcht denselben Regeln.

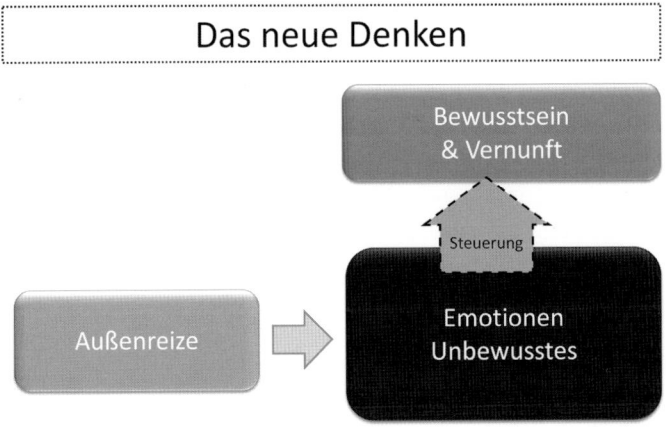

Abb. 2: Das Unbewusste und die Emotionen sind die wahren Herrscher im menschlichen Gehirn

Einführung

Mit dieser Machtverschiebung ist eine weitere Revolution verbunden: Nicht der vernünftige Neocortex, das Großhirn, ist das eigentliche Machtzentrum in unserem Kopf, sondern das entwicklungsgeschichtlich weit ältere limbische System.

Mit diesem neuen, interdisziplinären Ansatz wird aber auch der Mythos des Unbewussten entschleiert. Ausgehend von Sigmund Freud wurde dem Unbewussten in der menschlichen Existenz immer eine magische und geheimnisvolle Rolle zugeschrieben, die insbesondere in der psychoanalytischen Literatur des beginnenden 20. Jahrhunderts ihren mythischen Höhepunkt erreichte. Um sich von diesen heute überholten Theorien wie zum Beispiel dem „Ödipuskomplex" oder dem „Todestrieb" usw. abzugrenzen, spricht man heute in der aktuellen Forschung vom „Neuen Unbewussten" (New Unconsciousness).

Während unbewusste Mechanismen vor zehn bis fünfzehn Jahren nur eine geringe Rolle in der neuropsychologischen Forschung spielten — man glaubte ja noch an den „vernünftigen, bewussten Menschen" — hat sich das Forschungsinteresse mittlerweile völlig verändert: Das Unbewusste ist zum Star geworden!

Wir beschäftigen uns in diesem Buch mit dem Unbewussten und seinen wichtigsten Kräften, den Emotionen. Mit der Entschlüsselung der emotionalen Programme wird das Unbewusste greif- und berechenbarer. Zudem zeigt sich, dass das Grundprinzip unserer unbewussten Steuerung keineswegs so geheimnisvoll ist, wie manche glauben. Wie so vieles in der Natur ist es letztlich genial einfach, auch wenn die zugrunde liegenden neuronalen Prozesse und Mechanismen äußerst komplex sind. Ist das Programm des limbischen Systems aber erstmals entschleiert, finden viele Fragestellungen im Management, aber auch im Alltag, plötzlich eine neue, überzeugende Erklärung.

Welche Konsequenzen leiten sich nun daraus für die Management-Praxis ab? Die Bedeutung kann nicht groß genug eingeschätzt werden. Jedes Unternehmen wird von Menschen gegründet und betrieben, um für andere Menschen Produkte herzustellen oder Dienstleistungen zu erbringen. Zwangsläufig führt ein neues, anderes Verständnis des Menschen dann auch zu überraschenden Perspektiven für alle Bereiche des Managements. Einige davon sollen kurz skizziert werden, sie werden im Buch auch detaillierter beleuchtet:

- Jede Organisation und damit jedes Unternehmen basiert auf emotionalen Programmen. Diese inneren Kräfte und ihre Auswirkungen bleiben aber den Mitgliedern einer Organisation bzw. den Mitarbeitern meist verschlossen, weil ein System seine eigenen Regeln selbst nur schwer erkennen kann. Gesunde Unternehmen unterscheiden sich von kranken, also nicht mehr wandlungsfähigen Unternehmen, in einer für sie typischen Ausprägung dieser unbewusst wirkenden inneren Kräfte.

- Erfolgreiche Unternehmen pflegen eine Unternehmenskultur, die direkt das limbische System der Mitarbeiter anspricht. Dadurch wird aus dem „Ich" ein „Wir" und die inneren, aggressiven Kräfte werden zugleich nach außen auf den Markt gelenkt.
- Leistungsbereite und hoch motivierte Mitarbeiter bringen von Geburt an bestimmte Voraussetzungen und Persönlichkeitseigenschaften mit.
- Die klassischen Motivationstheorien, wie z. B. Maslow, sind veraltet, weil die Hirnforschung zeigt, dass Motivation so nicht funktioniert.
- Werbebotschaften und Marken können sich nur dann einen Logenplatz im Kopf des Verbrauchers erkämpfen, wenn sie möglichst direkt das limbische System und seine Präferenzen ansprechen.
- Erfolgreiche Produkte vermitteln durch ihre Form, Farbe, Materialien, Töne und Gerüche immer Botschaften, die direkt und ohne Umweg über die Sprache das limbische System aktivieren. Diese Botschaften müssen auf die Persönlichkeitsstruktur der Zielgruppe abgestimmt sein, um ihre größtmögliche Wirkung zu entfalten.
- Selbst das Business-to-Business-Geschäft ist hoch emotional: Wirkliche Kundenbindung entsteht nicht durch abstrakte Leistungen, sondern durch die direkte Ansprache des limbischen Systems. Durch seinen Auftritt, sein Image und seine Unternehmenskultur zieht ein Unternehmen zusätzlich bestimmte Kunden an bzw. stößt sie ab.
- Auch am Point of Sale (POS) im Einzelhandel zeigt sich die Macht des limbischen Systems. Verbraucher folgen seinem Einfluss unbewusst. Sie kaufen weit mehr, als sie geplant haben, wenn das Geschäft und die Verkaufsfläche entsprechend den limbischen Gesetzen inszeniert werden.

Zum Abschluss noch ein paar Worte zum Buch selbst. Es soll mehr sein als ein normaler Management-Ratgeber. Zwar steht die praktische Anwendung der Erkenntnisse im Mittelpunkt. Um aber den Transfer in viele andere Bereiche des Managements und in den Alltag zu erleichtern, die aus Platzgründen nicht erwähnt werden konnten, sind auch die wissenschaftlichen Hintergründe und die Überlegungen, die zu diesem Ansatz geführt haben, ausführlich genug dargestellt. Gleichzeitig wird auch die entsprechende wissenschaftliche Literatur für jene Leser angeführt, die mehr über die Zwangsläufigkeit einer limbischen Revolution wissen wollen.

Limbic Power: die große Macht des Unbewussten

Was Sie in diesem Kapitel erwartet

Viele Verhaltensweisen, die für uns ganz normal sind und über die wir schein-bar bewusst selbst entscheiden, sind das Ergebnis eines unbewussten, tief in uns verankerten Programmes, welches im Laufe der Evolution entstanden ist. Dieses Programm steuert uns von unserem limbischen System aus mit drei Emotionssystemen: Balance — Dominanz — Stimulanz. Diese drei Kräfte for-men für uns unbewusst unser Denken, bestimmen unsere Entscheidungen und prägen unser Verhalten. Ein kurzer Ausflug in die Evolutionsgeschichte macht deutlich, wie und warum sie entstanden sind und warum wir weit mehr, als wir glauben, dem unbewussten Einfluss unserer Vergangenheit unterworfen sind.

Darf ich Sie, verehrte(r) Leser(in), gleich mit einer Frage überfallen? Was glauben Sie: Wie viel Prozent unseres tagtäglichen Verhaltens gehen auf unbewusste Steu-erungsmechanismen zurück? Sind es 10 %, 20 %, 50 % oder gar 70 %? Vielleicht erstaunt Sie diese Frage über den Einfluss des Unbewussten ein wenig — weil Sie, wenn Sie in sich selbst hineinhorchen, doch letztlich gar keinen Einfluss feststellen können. Schließlich bestimmen Sie doch jeden Tag bei vollem Bewusstsein, was letztendlich geschieht. Aber kann es möglich sein, dass wir den Einfluss des Unbe-wussten gar nicht bemerken, weil wir uns von Geburt an daran gewöhnt haben? Wie wär's deshalb mit einem kleinen Gedankenexperiment, um eine Antwort auf diese Frage zu finden? Begleiten Sie dazu mit mir einen ganz normalen Manager durch seinen ganz normalen Alltag — der Beginn: 6.45 Uhr.

„Das Klingeln des Weckers beendet seinen Schlaf. Er steht auf, duscht und ra-siert sich, putzt sich die Zähne und zieht sich einen grauen Anzug nebst Kra-watte an. Er setzt sich an den Frühstückstisch. Entgegen aller Gewohnheit ist der Kaffee noch nicht fertig, weil seine Frau verschlafen hat. Er ärgert sich, schimpft mit seiner Frau und wird ungeduldig. Um sich die Wartezeit zu verkür-zen, wirft er einen Blick in die Zeitung. Mit dem Frühstück fertig, setzt er sich in sein Auto, hört nebenbei eine Musiksendung aus dem Autoradio. Vor ihm fährt ein Auto etwas langsamer als er selbst. Er überholt. Nach einigen Minuten steht er trotzdem im Stau. Er wird zunehmend nervös. Nach 20 Minuten biegt er in das Firmengelände ein. Der für ihn mit seinem Nummernschild beschriftete, reservierte Parkplatz wurde von einem Unbefugten okkupiert. Obwohl ein paar Schritte weiter einige freie Parkplätze zur Verfügung stehen, ärgert er sich. Im Empfang bittet er den Portier, dafür zu sorgen, dass sein Platz wieder frei wird.

In seinem großen Büro, er hatte es selbst mit Designermöbeln eingerichtet, serviert ihm seine gut aussehende Sekretärin in einem engen Kostüm die Post. Er ertappt sich beim Gedanken ...

In der Post findet er eine Einladung für das Golfturnier eines Lieferanten, zu dem nur ein ganz erlesener Kreis hochkarätiger Manager eingeladen wird. Er überlegt kurz und sagt zu. Kurz darauf, in der Vorstandssitzung, wird der Entschluss gefasst, einen Wettbewerber aufzukaufen, um die Marktanteile im Geschäftsfeld XY zu steigern. Er hatte dieses Projekt initiiert. Zur Entscheidungsabsicherung hatte er eine Business-Planung in Auftrag gegeben. Für die Ausführung dieser Arbeit standen zwei Unternehmensberatungen zur Auswahl. Er hatte sich für die große, renommierte Beratungsgesellschaft entschieden.

Nach dem Mittagessen betritt sein Kollege das Büro mit dem Vorschlag, die Abteilungen umzuorganisieren. Zwei seiner Mitarbeiter müssten dazu in den Bereich des Kollegen wechseln. Ihm gefällt dieser Vorschlag überhaupt nicht und er lehnt sofort ab. Auch dem weiteren Vorschlag des Kollegen, einen organisatorischen Ablauf in seinem Verantwortungsbereich zu verändern, stimmt er nicht zu.

Auf dem Rückweg von der Arbeit fährt er noch schnell an einem Modegeschäft vorbei, um sich ein neues modisches Sakko zu kaufen. Der Verkäufer präsentiert eine breite Auswahl. Er entscheidet sich für das teurere Modell eines bekannten italienischen Modedesigners. Jetzt freut er sich auf seine Frau, die ihm telefonisch ein schönes Abendessen angekündigt hatte. Der Ärger vom Frühstück ist längst verraucht. Nach dem Abendessen setzen sich beide vor den Fernseher und schauen sich noch einen spannenden Spielfilm an.

Angenommen, wir würden jetzt bei unserem Manager klingeln und ihn danach befragen, wie er den ganzen Tag und sein Verhalten erlebt habe. Er würde uns mit Sicherheit antworten, dass er a) alle Entscheidungen zu 100 % bewusst getroffen habe und b) den ganzen Tag über zu 100 % rational, also vernünftig, gehandelt habe.

Leider irrt sich unser Manager, denn fast alle seine während des Tages gezeigten Verhaltensweisen beruhen auf den drei emotionalen Hauptkräften

- Balance (Sicherheit, Ordnung, Stabilität, Konstanz),
- Dominanz (Durchsetzung, Erfolg, Macht, Status, Autonomie, territorialer Anspruch),
- Stimulanz (Reiz-/Risiko-Lust, Suche nach neuen Reizen)

sowie den eng damit verbundenen Teilkräften

- Bindung und Fürsorge (Harmonie, Geborgenheit, Nächstenliebe),
- Sexualität (Fortpflanzung, Lust)

und schließlich den physiologischen Vitalbedürfnissen

- Essen,
- Trinken,
- Schlafen,
- Atmen.

Diese emotionalen Steuermechanismen sind in seinem und unserem Gehirn, insbesondere im so genannten limbischen System verankert. Insbesondere diese Gehirnregion ist in ihren Grundstrukturen und Vorläufern bereits bei Reptilien und, in einer dem Menschen sehr ähnlichen Form und Funktion, bei Hunden, Katzen, Affen und Mäusen zu finden. Diese biologischen Imperative entstanden im Laufe der Milliarden Jahre langen Evolution. Sie sind es, die unser menschliches Verhalten, für uns weitgehend unbewusst, steuern. Die folgende Abbildung gibt einen Überblick über unser emotionales Betriebsprogramm in unserem Gehirn

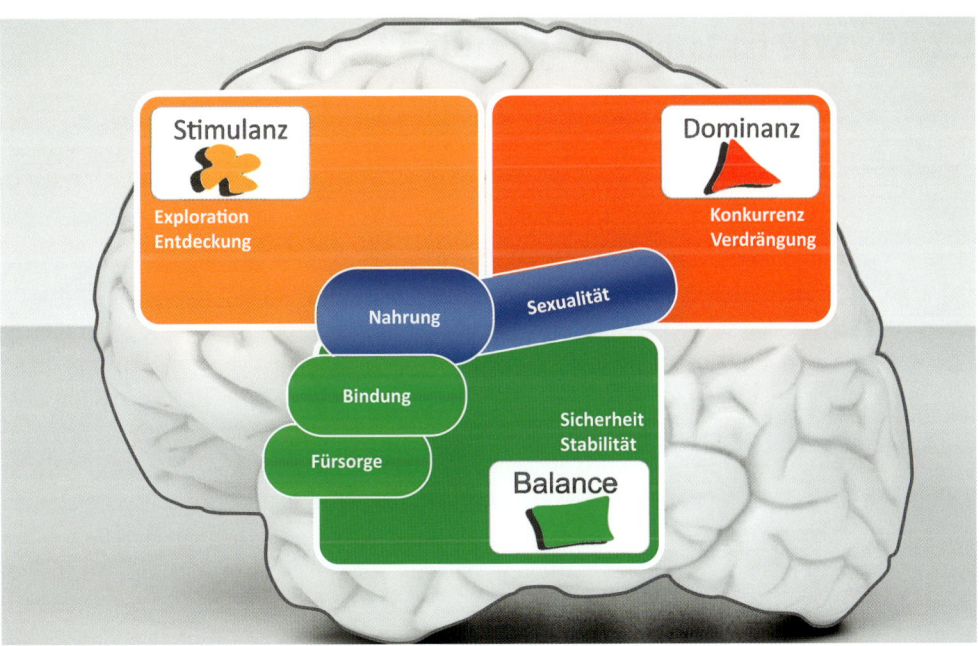

Abb. 3: Die wichtigsten Emotionssysteme im menschlichen Gehirn

Die drei Emotionssysteme Balance, Dominanz sowie Stimulanz und das limbische System als das eigentliche Machtzentrum in unserem Kopf sind sozusagen die Hauptdarsteller dieses Buches. Ihren Einfluss und ihre Wirkungsweise werden wir in den nächsten Kapiteln näher kennenlernen.

Wozu ich Sie ermuntern und einladen möchte, ist mit und in diesem Buch eine völlig neue Perspektive unseres Denkens und Verhaltens zu entdecken.

- Sie ist mitunter provokant, weil sie unser gewohntes Selbstbild in Frage stellt.
- Sie führt zu einer Zusammenführung und damit Vereinfachung vieler bis dato unzusammenhängender Theorien rund um den Menschen.
- Und besonders wichtig: Sie gibt viele, viele praxisnahe Anregungen und Umsetzungsbeispiele für das Marketing, das Management und die Mitarbeitermotivation.

1.1 Wie ist Limbic entstanden?

Während meiner Promotion über die Auswirkungen des Alters auf das Konsum- und Geldverhalten in den 1990er Jahren beim ehemaligen Direktor am Max-Planck-Institut für Psychiatrie Prof. Dr. mult. Johannes Brengelmann wurde mir deutlich, wie zersplittert und widersprüchlich die Theorienbildung innerhalb der Psychologie war. Die Motivationspsychologie arbeitete mit völlig anderen Konstrukten als die Persönlichkeits- und die Emotionspsychologie. Zudem fehlte damals in fast allen psychologischen Lehrbüchern eine Verknüpfung mit der Neurobiologie und Hirnforschung. Eine neuro- und biopsychologische Perspektive vermittelte mir mein Doktorvater. Er selbst war Arzt und Psychologe und hatte neben Forschungsaufenthalten in den USA auch längere Zeit in England mit dem deutsch-britischen Psychologen H. J. Eysenck zusammengearbeitet. Eysenck wiederum war weltweit bekannt als Pionier für die Verknüpfung von Neurobiologie und Psychologie im Hinblick auf die menschliche Persönlichkeit. Im Laufe der mehrjährigen Promotion und der intensiven Beschäftigung mit den verschiedenen Forschungsdisziplinen der Psychologie und Neurobiologie entstand die Idee, ein funktionales Grundmodell der Motive, Emotionen und Persönlichkeitsfaktoren zu entwickeln, das auf der einen Seite die verschiedenen psychologischen Disziplinen vereinte, gleichzeitig aber auch die Hirnforschung mit ihren verschiedenen Disziplinen integrierte.

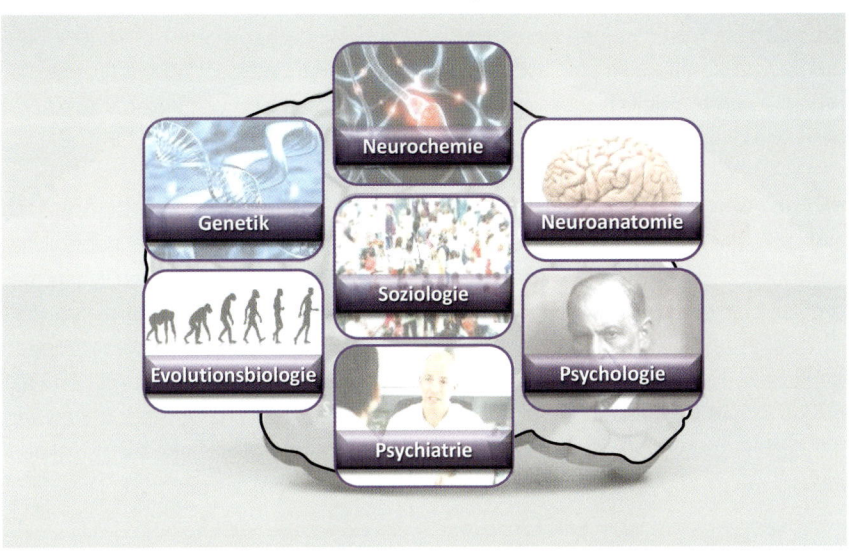

Abb. 4: Die wissenschaftlichen Disziplinen, die in den Limbic-Ansatz eingeflossen sind

Limbic ist ein so genannter Multiscience-Ansatz (siehe hierzu auch die Abbildung 4), weil er die Erkenntnisse verschiedenster Wissenschaftsdisziplinen in einem Gesamtmodell mit den folgenden Fragestellungen verknüpft:

Limbic: Multiscience-Ansatz

Wissenschaftsdisziplin	Fragestellung
Genetik	Gibt es genetische Grundlagen für die verschiedenen Emotionssysteme?
Neurochemie	Welche Neurotransmitter, Hormone, Peptide, Endorphine etc. sind mit den Emotionssystemen verbunden?
Neuroanatomie	Welche Hirnbereiche sind an der Verarbeitung der jeweiligen Emotionen beteiligt?
Psychologie	Welche entsprechenden Konstrukte gibt es in der Motivations-, Persönlichkeits- und Emotionspsychologie?
Psychiatrie	Welche psychiatrischen Krankheitsbilder sind mit einer Fehlfunktion der Emotionssysteme verbunden?
Evolutionsbiologie	Welche evolutionären Ziele sind mit den Emotionssystemen verknüpft?
Soziologie	Gibt es Konstrukte in der Soziologie, die auf die emotionalen Wirkkräfte zurückgehen?

Daraus folgt natürlich auch, dass die in Limbic beschriebenen Grundkräfte nicht alle neu sind. Neu dagegen sind zum einen die einzigartige wissenschaftliche Fundierung und zum anderen die Verknüpfung zu einem umfassenden und verständlichen Gesamtmodell. Es gibt weltweit kein Modell, das eine vergleichbar fundierte Basis wie Limbic hat.

Nach diesem kleinen „wissenschaftstheoretischen" Exkurs möchte ich Sie dazu einladen, die Geschichte unseres Managers noch einmal unter einer ganz anderen, höchst spannenden Perspektive zu betrachten: aus der des limbischen Systems und seinem unbewussten Einfluss auf das Verhalten unseres Managers. Vielleicht ahnen Sie, wenn Sie den folgenden Text nebst den „limbischen" Erklärungen durchgelesen haben, dass die Macht des Unbewussten über uns Menschen weit größer ist, als wir gemeinhin annehmen. Alle unterstrichen hervorgehobenen Verhaltensweisen wurden durch die Emotionssysteme (und die Vitalbedürfnisse) ausgelöst, wie gesagt, für unseren Manager mehr unbewusst als bewusst.

„Das Klingeln des Weckers beendet seinen Schlaf. Er duscht und rasiert sich (Befehl des limbischen Systems: nicht unangenehm auffallen, soziale Sicherheit und Zugehörigkeit nicht gefährden = Balance/Bindung), putzt sich die Zähne (Gesunderhaltung = Balance) und zieht sich einen grauen Anzug und eine Krawatte an (Anzug und Krawatte = Symbole der Macht [Dominanz] und der Zugehörigkeit = soziale Sicherheit = Balance/Bindung). Er setzt sich an den Frühstückstisch (Essen/Trinken = Vitalbedürfnisse), doch entgegen aller Gewohnheit ist der Kaffee noch nicht fertig, weil seine Frau verschlafen hat. Er ärgert sich, schimpft mit seiner Frau und wird ungeduldig (Abweichung von gewohnten Abläufen erzeugt Ärger, weil Balance-Struktur gestört wird, gleichzeitig wird Dominanz negativ aktiviert aufgrund des Warten-Müssens). Um sich die Wartezeit zu verkürzen, wirft er einen Blick in die Zeitung (Stimulanz aktiviert den Menschen bei Reizarmut). Mit dem Frühstück fertig, setzt er sich in sein Auto, hört nebenbei eine Musiksendung aus dem Autoradio (Reizarmut bei langweiligen Tätigkeiten aktiviert Stimulanz) und fährt zu seiner Firma. Vor ihm fährt ein Auto etwas langsamer als er selbst. Er überholt (Überholen = Verdrängen des Konkurrenten = Befehl der Dominanz-Kraft). Nach einigen Minuten steht er trotzdem im Stau. Er wird zunehmend nervös (eingeschränkte Autonomie aktiviert Dominanz). Nach 20 Minuten biegt er in das Firmengelände ein. Der für ihn mit seinem Nummernschild beschriftete, reservierte Parkplatz (Statussymbol = Dominanz) wurde von einem Unbefugten okkupiert. Obwohl ein paar Schritte weiter einige freie Parkplätze zur Verfügung stehen, ärgert er sich (unbefugtes Eindringen eines Konkurrenten in ein Territorium aktiviert Dominanz). Im Empfang bittet er den Portier dafür zu sorgen, dass sein Platz wieder frei wird (Festhalten an Gewohnheiten = Befehl der Balance-Kraft). In seinem großen Büro, er hatte es selbst mit Designermöbeln eingerichtet (Designermöbel = Machtsymbole = Dominanz), serviert ihm seine gut aussehende Sekretärin in einem engen Kostüm die Post. Er ertappt sich beim Gedanken ..... (Sexualität = Vitalbedürfnis).

In der Post findet er eine Einladung für das Golfturnier (Wettkampf ist Mischung aus Dominanz-/Stimulanz) eines Lieferanten, zu dem nur ein ganz erlesener Kreis hochkarätiger Manager eingeladen wird. Er überlegt kurz und sagt zu (VIP-Status aktiviert Dominanz). Kurz darauf, in der Vorstandssitzung, wird der Entschluss gefasst, einen Wettbewerber aufzukaufen, um die Marktanteile im Geschäftsfeld XY zu steigern. Er hatte dieses Projekt initiiert (Marktanteilssteigerung = Verdrängung des Konkurrenten = Dominanz). Zur Entscheidungsabsicherung hatte er eine Business-Planung in Auftrag gegeben (kognitive Unsicherheit aktiviert Balance, die auf Sicherheit drängt). Für die Ausführung dieser Arbeit standen zwei Unternehmensberatungen zur Auswahl. Er hatte sich für die große, renommierte Beratungsgesellschaft entschieden (Größe und Ruf der Beratungsgesellschaft signalisieren Sicherheit und Macht — damit werden die Balance- und die Dominanz-Vorgaben erfüllt).

Nach dem Mittagessen betritt ein Kollege sein Büro mit dem Vorschlag, die Abteilungen umzuorganisieren. Zwei seiner Mitarbeiter müssten dazu in den Bereich des Kollegen wechseln. Ihm gefällt dieser Vorschlag nicht und er lehnt sofort ab (drohender Machtverlust aktiviert Dominanz). Auch dem weiteren Vorschlag des Kollegen, einen organisatorischen Ablauf in seinem Verantwortungsbereich zu verändern, stimmt er nicht zu. (die drohende Veränderung von gewohnten Abläufen aktiviert Balance).

Auf dem Rückweg von der Arbeit fährt er noch schnell an einem Modegeschäft vorbei, um sich ein neues modisches Sakko zu kaufen (Mode = soziale Sicherheit + Status = Erfüllung Balance- und Dominanz-Vorgaben). Der Verkäufer präsentiert eine breite Auswahl. Er entscheidet sich für das teurere Modell eines bekannten italienischen Modedesigners (Marke reduziert kognitive Unsicherheit und gibt Status = Erfüllung Balance- und Dominanz-Vorgaben). Jetzt freut er sich auf seine Frau (Balance/Bindung & Sexualität), die ihm telefonisch ein schönes Abendessen angekündigt hatte. Der Ärger vom Frühstück ist längst verraucht. Nach dem Abendessen setzen sich beide vor den Fernseher und schauen sich noch einen spannenden Spielfilm an (Stimulanz und Balance/Bindung).

1.2 Emotionen sind der Schlüssel zum Unbewussten

Für unseren Manager verlief der Tag völlig normal. Genauso wenig wie er seine Wut über das verspätete Frühstück und über den besetzten Parkplatz nicht weiter beachtet hatte, schenkte er dem Ärger über das Ansinnen seines Kollegen Beachtung, zwei Mitarbeiter abzugeben. Auch alles andere, was er den ganzen Tag über tat, war immer mit mehr oder weniger starken Gefühlen verbunden.

Dem Griff zur Zeitung ging ein Gefühl der Unruhe voraus. Der Auftrag an die renommierte Beratungsgesellschaft geschah aus der Angst heraus, Fehler zu machen. Und die Entscheidung, den Konkurrenten zu kaufen, wurde schließlich von einem Gefühl der Macht und Überlegenheit begleitet.

Hätte man unseren Manager befragt, ob er sich bei seinen geschäftlichen Angelegenheiten von emotionalen Dingen beeinflussen ließe, hätte er auch hier im tiefen Brustton der Überzeugung mit „Nein" geantwortet. Seine Gefühle waren für ihn „normal" und wurden deshalb von ihm nicht weiter beachtet. Und das, obwohl alle seine Entscheidungen letztlich aufgrund dieser Gefühle, ausgelöst durch die Emotionssysteme, getroffen wurden. Mit dieser für uns oft unbewussten Einflussnahme des limbischen Systems auf unsere Entscheidungen werden wir uns im nächsten Kapitel intensiver befassen. Diesen Einfluss bemerken wir übrigens meist genauso wenig, wie wir im Alltag den Einfluss der Schwerkraft beachten.

Wie oft haben Sie im Laufe des heutigen Tages schon über die Schwerkraft nachgedacht? Wahrscheinlich genauso wenig wie ich, nämlich überhaupt nicht. Und trotzdem beeinflusst diese Kraft in einem ganz erheblichen Ausmaß unser Leben. Warum sitzen Sie wahrscheinlich im Moment auf einem Stuhl? Warum fahren Sie mit dem Aufzug in den 10. Stock? Warum müssen wir Lampen und Bilder an der Wand befestigen? Warum brauchen wir so ein großes Herz? Eben weil wir dem Einfluss der Schwerkraft unterliegen. Genauso verhält es sich auch mit dem unbewussten Einfluss der Emotionen. Weil wir uns daran gewöhnt haben, beachten wir diese Kräfte nicht. Trotzdem bestimmen sie unser Leben.

Uns interessiert jetzt natürlich die Frage, wie die Emotionssysteme in unserem Gehirn entstanden sind und warum sie einen so ungeheuren Einfluss auf uns Menschen haben. Dazu ist es notwendig, uns nochmals kurz die menschliche Entwicklungsgeschichte und die Evolutionstheorie in Erinnerung zu rufen.

1.3 Das Tier Mensch?

Mit seinem im Jahr 1859 erschienenen Werk „Über die Entstehung der Arten" veränderte Charles Darwin die Welt. Auch wenn er damals die tierische Abstammung des Menschen aus religiösen Gründen nur andeutete und nicht offen aussprach, wurde doch bald klar, dass sich auch die menschliche Existenz diesem Naturgesetz nicht entziehen kann. Natürlich erregte die Erkenntnis, die den Menschen auf eine ähnliche Stufe wie das Tier stellt, den Zorn im wertkonservativen Lager. Bis vor wenigen Jahren war es in einigen Staaten der USA sogar verboten, diese Theorie in Schulbüchern abzuhandeln. Im Laufe der letzten 150 Jahre bestätigte sich die Richtigkeit der Evolutionstheorie und deren Gültigkeit auch für den Menschen eindrucksvoll, vor allem durch die evolutions- und molekularbiologische Forschung. Trotzdem gibt es noch viele, die die Evolutionstheorie ablehnen und als Anhänger des so genannten Kreationismus alles einem Schöpfergott zuschreiben.

Die Kernaussagen der Evolutionstheorie sind: „Die Evolution basiert darauf, dass derjenige Organismus der Erfolgreichere ist, dem es gelingt, a) möglichst viele seiner Gene in die nächste bzw. übernächste Generation zu bringen und b) wenn diese Gene ihrem „Genträger" Eigenschaften verleihen, mit denen er am besten an die jeweiligen Umweltbedingungen angepasst ist".

Seit Charles Darwin wurde innerhalb der Biologie kontrovers darüber diskutiert, wie diese Genselektion erfolgt. Genauer gesagt, ob das einzelne Gen Angriffspunkt der Evolution ist, wie es z. B. Dawkins[25] mit seiner Theorie des „Egoistischen Gens" postulierte, ob das Individuum mit seinem gesamten Geninventar (Genom) oder gar eine ganze Gruppe/Art die maßgebliche „Selektionseinheit" sei. Angesichts der vielfältigen Abhängigkeiten und gegenseitigen Einflüsse zwischen Einzelgen, Genom und Gruppe geht die aktuelle Multilevel-Selektions-Theorie davon aus, dass alle diese Ebenen letztlich dem Selektionsdruck ausgesetzt sind.[90]

Für unsere Betrachtung ist dieser Aspekt von geringer Bedeutung. Viel wichtiger erscheint die Frage, was in den Genen eigentlich gespeichert ist. Heute weiß man, dass in den Genen nicht nur die „Hardware" (Anatomie, Physiologie etc.), in der Fachsprache Morphologie genannt, sondern auch die „Software" des Menschen, z. B. Verhalten, Fähigkeiten, Intelligenz und Charaktereigenschaften, mit angelegt ist. Zwar können die genetischen Vorgaben durch Umwelteinflüsse modifiziert werden, man spricht dann von Epigenese, aber diese Modifikationen sind nur im engen Rahmen möglich.

Obwohl unser Verhalten, unsere Fähigkeiten, unsere Intelligenz und unser Charakter durch Umwelteinflüsse und Lernen veränderbar sind, basieren sie auf einem biologischen Grundprogramm, eben unseren Emotionssystemen, das als übergeordnetes Steuersystem in uns eingebaut ist und letztlich die Spielregeln bestimmt. Wie es wirkt und wie es beeinflussbar ist, werden wir in den nächsten Kapiteln sehen.

1.4 Die Entwicklung des Menschen begann mit der Entstehung der Erde

Woher kommen aber unsere Gene, die unsere menschliche Erscheinung und unser Verhalten prägen? Wann sind sie entstanden? Vor 10.000 Jahren? Oder vor einer Million Jahren? Weder noch. Wenn wir das menschliche Verhalten wirklich verstehen wollen, müssen wir uns mit dem gesamten Zeitraum der Evolution, also der Zeit seit der Entstehung der Erde beschäftigen. Die Evolution des Menschen begann genau genommen vor 4,5 Milliarden Jahren in der Ursuppe (Abbildung 5).

Es dauerte eine Milliarde Jahre, bis sich aus Einzelmolekülen in der Ursuppe über größere replikationsfähige Molekülketten die ersten lebenden Zellen, nämlich Bakterien, herausgebildet hatten.[56, 58] Und so unglaublich es zunächst auch klingen mag: Schon in diesen ersten Bakterien sind die Grundstrukturen allen tierischen und damit auch menschlichen Verhaltens und damit der Emotionssysteme erkennbar! Dazu gleich mehr.

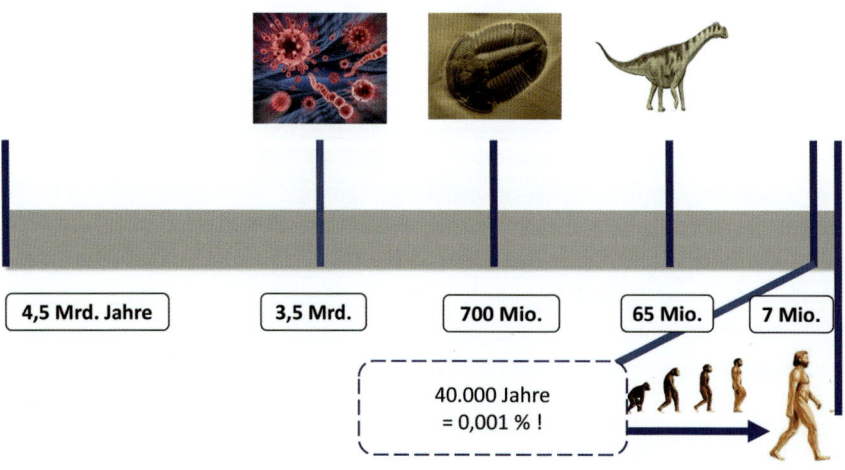

Abb. 5: Der Mensch ist 4,5 Mio. Jahre alt; der moderne Mensch sogar nur 40.000 Jahre. Über 99,99 % unserer genetischen Entwicklung erfolgte in Zellen und Tieren.

Im Laufe von weiteren 1,5 Milliarden Jahren diversifizierten sich die Bakterien in Arten, die sich von unterschiedlichsten Stoffen ernährten. Bis heute sind übrigens die Bakterien die wahren Herrscher der Welt, sowohl was ihre Anzahl als auch ihre Biomasse betrifft.

Neben der Diversifizierung der Bakterien erfolgte eine zweite, vor allem für die heutige menschliche Existenz wichtige Entwicklung. Durch Verschmelzung verschiedener Bakterien entstand eine völlig neue Zellgeneration, die so genannten Eukaryoten. Diese eukaryotische Zellform ist der Ursprung allen tierischen, pflanzlichen und menschlichen Lebens.

Und wieder verging eine Milliarde Jahre, bis sich eukaryotische Einzeller zu größeren Zellverbunden, den so genannten Mehrzellern zusammenschlossen. Aus diesen Mehrzellern entwickelten sich die ersten Tiere, die vor ca. 600 bis 800 Millionen Jahren entstanden.

Kennzeichnend für alle Tiere und Menschen bis zum heutigen Tag ist, dass es im Laufe der Evolution zu einer Funktionsspezialisierung der anfangs gleichen Zellen kam. Eine Reihe von Zellen entwickelte sich zu Gehirn- und Nervenzellen, andere zu Muskelzellen und wieder andere zu Knochenzellen usw. Allerdings, so unterschiedlich die Funktion dieser Zellen ist, eines haben sie gemeinsam: In jeder Zelle ist stets der gesamte Bauplan des ganzen Organismus gespeichert. Durch bestimmte chemische Signalstoffe wird aber jeweils nur der für die jeweilige Zellfunktion notwendige Teil der Gene aktiviert oder exprimiert, wie es korrekt in der Fachsprache heißt.[90]

Vor ca. 250 Millionen Jahren erschienen die ersten Säugetiere. Damals hatten sie noch die Größe einer Maus. Auch der über 35 Meter lange, tonnenschwere Blauwal stammt davon ab. Der Siegeszug und vor allem das Wachstum der Säugetiere begann mit dem Aussterben der Saurier vor 60 Millionen Jahren. Denn durch das Aussterben dieser Riesenechsen war auch der natürliche Feind verschwunden. Ungefähr zu dieser Zeit entwickelten sich auch die Vorfahren der heutigen Primaten, zu denen neben Lemuren, Gibbons, Orang-Utans, Gorillas und Schimpansen auch der heutige Mensch zählt.

1.5 Der aufrechte Gang: die erste „menschliche" Eigenschaft

Vor ca. 7 Millionen Jahren trennte sich die gemeinsame Entwicklungslinie von Gorilla, Schimpanse und Mensch. Und mit dem Erscheinen des so genannten Australopithecus (Südlicher Halbaffe) vor 4,5 Millionen Jahren in Afrika, der sich durch aufrechten Gang auszeichnete, begann die eigentliche „menschliche" Geschichte. Dieser menschliche Halbaffe dürfte aber noch mehr Affe als Mensch gewesen sein.

Vor 2,5 Millionen Jahren entwickelte sich daraus der „Homo habilis" („Geschickter Mensch"). Er erhielt seinen Namen, weil man bei seinen Fossilien auch die ersten Werkzeuge fand. Und vor etwa 1,8 Millionen Jahren bis vor ca. 300.000 Jahren betrat das Folgemodell, der „Homo erectus" („Aufrechter Mensch") die Bühne der Welt. Er war der erste Mensch, der Hütten baute, sich in Tierhäute kleidete, Feuer machte und von Afrika aus anfing, die Welt zu besiedeln.[52] Er war es auch, der in stärkeren sozialen Kooperationen lebte. Das Leben in der Gemeinschaft ermöglichte es ihm, gemeinsam zu jagen und in unwirtlichen und kälteren Gegenden zu überleben.

Woher und wie sich daraus der heutige Mensch, der so genannte Homo sapiens („Wissender Mensch") entwickelte, darüber streiten sich heute die Paläoanthropologen. Die „Multiregionalisten" gehen davon aus, dass sich diese intelligente menschliche Form zeitgleich an verschiedenen Orten der Welt entwickelt habe; die „Monogenetiker" dagegen behaupten, dass diese Form als eine besondere Linie in Afrika entstanden ist und dann im Laufe der Zeit alle anderen, weniger intelligenten menschlichen Arten verdrängt habe.[52, 16]

In einem sind sich aber beide Lager einig: Der Neandertaler, der vor etwa 130.000 Jahren bis vor 30.000 Jahren in Europa, dem Mittleren Osten und Teilen Asiens lebte und der aus dem Homo erectus heraus entstand, ist nicht unser direkter Vorfahr.[52] Deswegen ist auch die umgangssprachliche Bemerkung „Der Neandertaler in uns" falsch. Der Neandertaler wurde nämlich von einer intelligenteren Homo sapiens-Linie, dem Cro-Magnon-Menschen, verdrängt. Dieser erhielt seinen Namen von der südfranzösischen Höhle, in der seine frühesten Spuren durch Höhlenmalereien sichtbar wurden.

Erst vor ca. 200.000 Jahren lernte der Mensch richtig sprechen.[98] Und um uns deshalb noch stärker von unseren „tierischen" Vorfahren abzuheben, fügten die Paläoanthropologen dem Begriff „Homo sapiens" schnell ein weiteres „sapiens" hinzu. Und diese Bezeichnung „Homo sapiens sapiens" kennzeichnet heute alle Menschen auf der Welt. Dass sich der Mensch trotz dieser doppelten Weisheit seiner biologischen Vergangenheit und Steuerung möglicherweise nicht so einfach entledigen kann, hatten diese Paläoanthropologen allerdings nicht bedacht.

1.6 98,76 % unserer Gene haben wir mit dem Schimpansen gemeinsam

Soweit der kurze Ausflug in die Geschichte des Menschen. Trotz aller menschlichen Freude über unsere „Höherentwicklung" und einzigartigen Errungenschaften wie Feuer, Flugzeug, Computer und Handy sollten wir uns nun einigen wichtigen Evolutionsprinzipien und Zusammenhängen zuwenden, die letztlich erklären, warum auch wir Menschen von den drei biologischen Imperativen oder Emotionssystemen gesteuert werden, deren Einfluss und Auswirkung wir ja bereits zu Beginn dieses Kapitels kennengelernt haben:

- Alle menschlichen Gene und die darin gespeicherten Informationen (Morphologie/Verhalten) sind nicht erst vor 100.000 Jahren, sondern im Laufe einer Milliarden Jahre langen Evolution entstanden. Wer menschliches Verhalten wirklich verstehen will, beginnt aus diesen Gründen nicht mit der menschlichen Geschichte bei Christi Geburt, sondern mit der Entstehung der Erde vor ca. 4,5 Milliarden Jahren, denn unsere heutige Existenz wird von den genetischen Erfahrungen der gesamten Entwicklung vor uns bestimmt!
- Im Vergleich zu dieser unendlich langen Zeitspanne von 4,5 Milliarden Jahren ist die Zeit unserer menschlichen Existenz, je nachdem was man als Mensch bezeichnet — ob Homo habilis, ob Homo erectus oder Homo sapiens sapiens — extrem kurz. Es spielt dabei nur eine geringe Rolle, ob wir den Australopithecus vor 4,5 Millionen Jahren oder den Homo sapiens sapiens vor 40.000 Jahren als ersten Menschen bezeichnen. Setzen wir nämlich die Zeit der menschlichen Existenz ins Verhältnis zur gesamten Evolutionszeit, dann existiert der Mensch seit 0,1 % oder 0,001 % dieser Zeit, je nachdem was wir als Mensch definiert haben. Im Umkehrschluss bedeutet dies aber, dass unsere menschliche Entwicklung zu über 99,9 % in Makro-Molekülen, Zellen und Tieren erfolgte. Zu glauben, dass mit der menschlichen Sprache und mit der daraus scheinbar entstehenden Vernunft diese biologische Vergangenheit für immer abgelegt sei, ist deshalb ein großer anthropozentrischer Irrtum.
- Angesichts der rasanten technischen und kulturellen menschlichen Entwicklung könnte man ja meinen (oder hoffen), dass damit auch parallel eine beschleunigte genetische Entwicklung eingetreten wäre. Dies ist leider nicht der Fall. Gene bzw. Genome (Gesamtheit aller Gene eines Organismus) verändern sich unendlich langsam. Konkret: Vor ca. 7 Millionen Jahren trennten sich unsere Vorfahren von denen des heutigen Schimpansen. Trotz dieser langen getrennten Entwicklungszeit haben wir bis heute immer noch über 98,76 % der Gene mit dem Schimpansen gemeinsam.[26] Wir sind übrigens genetisch näher mit dem Schimpansen verwandt als der Schimpanse mit dem Gorilla.

- Unsere wesentlichen Verhaltensprogramme, unsere Emotionssysteme, sind bereits bei den ersten Zellen vor 3,5 Milliarden Jahren erkennbar:
  - Balance: Sicherheit und Schutz durch Ausbildung einer Zellwand und Aufrechterhaltung des energetischen Fließgleichgewichts zwischen Zellinnerem und Außenwelt
  - Dominanz: Durchsetzung gegen und Verdrängung von Konkurrenten /Autonomie
  - Stimulanz: aktive Erkundung und Aufsuchen neuer Umgebung und Hinwendung zu neuen (belohnenden) Reizen

Im Laufe der tierischen und menschlichen Evolution wurden diese Milliarden Jahre alten Verhaltensprogramme nicht grundsätzlich verändert, sondern nur an die speziellen Lebensformen der einzelnen Arten angepasst.

- Auch die kognitive Entwicklung des Menschen, also seine von sich selbst behauptete Erkenntnisfähigkeit, setzte diese Programme nicht außer Kraft. Genauso wenig wie wir aber die Schwerkraft wahrnehmen, weil sie ein gewohnter Teil unseres Lebens ist, bemerken wir diese genetisch tief in uns verankerten und uns meist unbewusst steuernden biologischen Imperative nicht.
- Selbst unser heutiges „modernes" Gehirn ist letztlich noch auf Steinzeit-Niveau! Durch die extrem langsame Genom-Veränderung haben wir immer noch dieselbe Gen- und damit auch Gehirnstruktur wie Attila, Nero, Sokrates und Cäsar. Und: Es ist kein Problem, den Sohn eines heutigen Neuguinea-Kannibalen zum Kapitän eines Jumbojets auszubilden. Seine Gehirnstrukturen sind aufgrund der Gen-Identität gleich den unseren. Genauso schnell werden wir, die selbst ernannten „kultivierten" Menschen, aber auch wieder zu Wilden (siehe Kosovo, Auschwitz, Ruanda, Syrien usw.)!

Nun werden Sie vielleicht einwenden: „Das kann doch nicht sein — unsere moderne Zeit und alle ihre Errungenschaften wie Internet, Medizintechnik etc. müssen sich doch auch in unseren Hirnstrukturen niederschlagen". Die Antwort ist einfach: Leider nicht — es handelt sich um kulturelle Entwicklungen, die keinerlei Spuren in den Grundstrukturen unseres Gehirns hinterlassen haben. Unser Gehirn, so wie wir es jetzt gerade nutzen, hatte seine letzte Veränderung vor ca. 70.000 Jahren. Sehnsüchtig warten wir nun gemeinsam auf ein neues Release — leider werden weder Sie noch ich das erleben.

1.7 Die zwei Seiten jedes Emotionssystems: Belohnung und Strafe

Unsere Emotionssysteme verfolgen stets ein Ziel und haben einen evolutionären Zweck: die so genannte evolutionäre Funktionalität. Das reicht aber noch nicht aus, um uns aus Sicht der Evolution erfolgreich durchs Leben zu navigieren. Damit wir auf dem richtigen Weg bleiben, brauchen wir Hinweise für „gut" oder „schlecht" bzw. auf „mehr davon" oder „Pfoten weg". Aus diesem Grund hat jedes Emotionssystem eine positive lustvolle und eine negative schmerzliche oder Abscheu auslösende Seite. Im Gehirn gibt es dazu zwei Systeme, die Teil der gesamten Emotionsarchitektur sind. Das (positive) Belohnungssystem und das (negative) Vermeidungssystem.

Beginnen wir mit dem Belohnungssystem. Wissenschaftlich korrekt besteht das Belohnungssystem sogar aus zwei Funktionen: Dem Belohnungs-Vorhersage/Erwartungssystem, das uns durch lustvolle Erwartung motiviert, die Belohnung aufzusuchen, und dem eigentlichen Belohnungssystem, das uns mit guten Gefühlen belohnt, wenn wir das ersehnte Objekt konsumieren. Das Belohnungserwartungssystem ist sehr stark vom Nervenbotenstoff Dopamin abhängig — die eigentliche Belohnung wird von so genannten Endorphinen, das sind Glückshormone, im Gehirn ausgelöst. Ein wichtiger Kern im Belohnungssystem ist der so genannte Nucleus accumbens. Das Belohnungserwartungssystem hat übrigens eine zusätzliche Eigenart: Es ist prinzipiell nie zufrieden und immer auf „Mehr" und „Steigerung" eingestellt.

▶ **BEISPIEL**

Wir kaufen uns ein Auto mit 100 PS — nach wenigen Wochen hat sich unser Belohnungserwartungssystem daran gewöhnt und fragt: Wann kaufst du das Auto mit 150 PS?

Dieser Belohnungs-Unzufriedenheitsmechanismus ist übrigens unser zentraler Konsumtreiber. Wir wollen immer mehr, reisen immer weiter und sind trotzdem nie glücklich und zufrieden!

Auf der Unlust-Seite — dem Vermeidungssystem — gibt es eine analoge Architektur. Auch hier existiert ein Subsystem für die Straferwartung und eines für die eigentliche Strafe. Wichtige Hirnbereiche sind hier die Amygdala und die Insula.

Nachdem wir jetzt die beiden Seiten jeder Emotion kennen, schauen wir uns nun in Abbildung 6 an, wie sich diese in unseren Gefühlen bemerkbar machen.

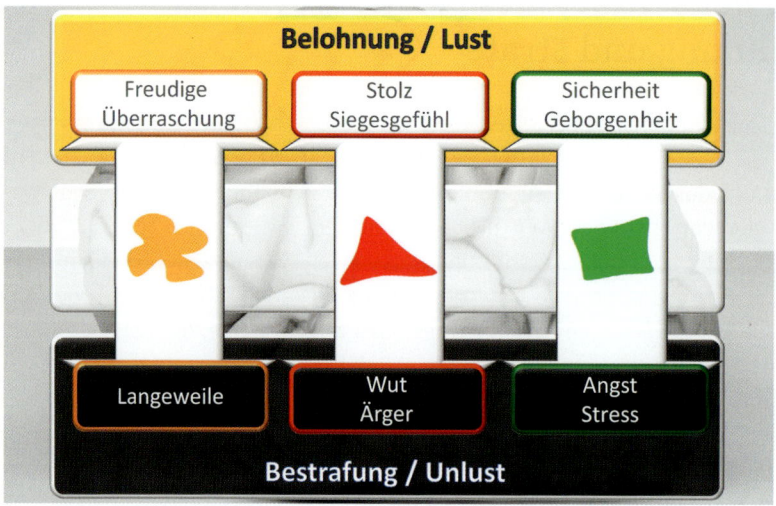

Abb. 6: Belohnung & Strafe

Die positive Seite des Stimulanz-Systems erleben wir als prickelnde Freude, die negative Seite als ätzende Langeweile. Das Dominanz-System belohnt uns mit einem Gefühl des Stolzes und der Macht; es bestraft uns durch Ohnmachtsgefühle und Wut. Das Balance-System schließlich vermittelt uns entweder das Gefühl der Sicherheit, oder es alarmiert uns durch Angst und Unsicherheit. Die positiven Seiten der Sozialemotionen Fürsorge und Bindung sind Liebe und soziale Geborgenheit, die negativen Seiten sind Verlassenheit und Einsamkeit.

1.8 Die Emotionssysteme bestimmen alle Ebenen unseres Lebens

Die drei großen Emotionssysteme lassen sich, wie angedeutet, schon in den frühen Einzellern vor 3,5 Milliarden Jahren nachweisen. Im Laufe der Entwicklung vom Einzeller zum Menschen und der damit verbundenen Funktionsspezialisierung der Zellen veränderten sich der Grundcharakter und vor allem der Einfluss der Emotionssysteme nicht. Mit der Differenzierung der Zellen wuchsen zwar die körperlichen und kognitiven Möglichkeiten der Organismen, beispielsweise wurden Beine und Augen ausgebildet, Gehirnstrukturen erweiterten und spezialisierten sich. Doch auch alle neu hinzukommenden Funktionen konnten sich nur innerhalb der von den Emotionssystemen vorgegebenen Strukturen und Zielsetzungen entfalten (siehe Abbildung 7). Auf diese Weise strukturiert bzw. bestimmt dieses einmal gebildete Grundgesetz auch alle neuen bzw. differenzierteren Ebenen des Lebens bis hin zu unserem heutigen menschlichen Denken.

Die von Platon und Descartes postulierte Trennung zwischen körperlichen und geistigen Prozessen, die bis zum heutigen Tag in der Philosophie des Geistes für reichlich Diskussionsstoff sorgt, verkennt diese Tatsache: Die geistigen Prozesse führen kein Eigenleben, sondern haben sich aus den Vorgaben der biologischen Imperative entwickelt, ohne die von diesen biologischen Vorgaben gesetzten Grenzen bis heute verlassen zu haben.[23, 28, 73] Dieser Grundgedanke ist übrigens nicht ganz so neu — er wurde schon von Arthur Schopenhauer Mitte des 19. Jahrhunderts formuliert! Schopenhauer kannte allerdings die Emotionssysteme nicht. In den Kapiteln 3 bis 5, die sich mit den drei großen Emotionssystemen befassen, werden wir diese Entwicklungsprozesse im Einzelnen näher betrachten. Hier soll nur das Grundprinzip dieser Prozesse deutlich werden.

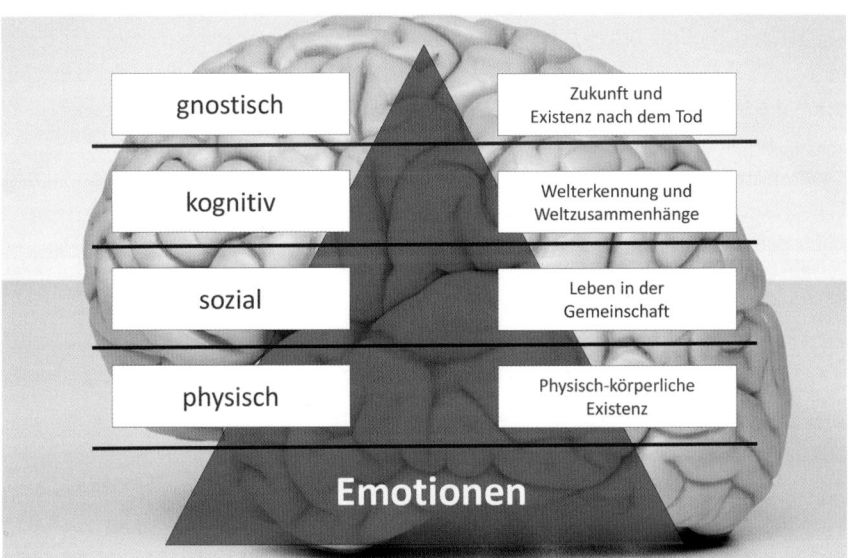

Abb. 7: Alle Ebenen der menschlichen Existenz werden von den Emotionssystemen gesteuert und geprägt

Zu Beginn des Lebens, also nach der Entstehung der ersten Zellen, waren die Emotionen als zentrale biologische Imperative auf eine überwiegend körperliche = physische Ebene beschränkt. Deren Ziel war die physiologische Lebenserhaltung der einfachen Organismen. Diese **physisch-körperliche Ebene** hat auch für uns heute nach wie vor eine wichtige Bedeutung. Mit der Entwicklung von Einzellern zu Mehrzellern bzw. Tieren und der weitergehenden Spezialisierung entstanden

Sinnesorgane wie das Auge. Auch unser Gehirn entwickelte sich durch Zell-Spezialisierung aus dem Neuralrohr unserer ganz frühen Vorläufer, den Chordaten, zu seiner heutigen Form und Funktionsaufteilung. Durch diese Spezialisierung waren Lebewesen zu wesentlich komplexeren kognitiven (erkennenden und informationsverarbeitenden) Leistungen in der Lage. Allerdings: Die gesamte kognitive Struktur, d. h. die Wahrnehmung und Bewertung der Außenreize, also das, was für den Organismus (= Körper) als wichtig und weniger wichtig gesehen wird, erfolgt streng nach den Gesetzen und Vorgaben der Emotionssysteme. Aus diesem Grund steuern die Emotionssysteme auch die **kognitive Ebene** des Menschen.

Parallel zur Differenzierung der Organe bei den Tieren erfolgte eine weitere Entwicklung, nämlich der Zusammenschluss zu Gruppen, weil das Leben in Gruppen auch für das an sich egoistische Individuum erhebliche evolutionäre Vorteile mit sich brachte und bringt. Natürlich wird auch das Zusammenleben der Individuen in Gruppen, die **soziale Ebene** unseres Lebens, von den Emotionssystemen bestimmt. Mit der Entwicklung der Sprache wurde der Mensch schließlich in die Lage versetzt, sich mit abstrakteren Themen auseinanderzusetzen: Besonders wichtig waren und sind die Beschäftigung mit der Zukunft, insbesondere Fragen nach der eigenen Existenz, der Macht des Schicksals und dem Weiterleben nach dem Tod. Auch die Struktur und die Inhalte dieser **gnostischen Ebene** entstanden und entwickelten sich streng nach den inneren Spielregeln der Emotionssysteme. Hauptsächlich aufgrund der Balance-Kraft sind die Religionen entstanden, von denen viele einen starken und beschützenden Gott und die Hoffnung auf ein „Leben" nach dem Tode anbieten.

Mit dieser Überlegung wird deutlich: Die Emotionssysteme sind biologische Imperative, die unsere körperliche und geistige Existenz, unser Denken und unser Verhalten ganzheitlich prägen und durchdringen. Als Grundgesetze des Lebens haben sie sich in Einzellern entwickelt, bestimmen aber gleichermaßen das Leben von vielzelligen Organismen wie dem Menschen und sind letztlich auch die konstituierenden Säulen jeder Gruppe und Organisation und ihrer Kultur. Auch unsere menschliche Kultur ist deshalb kein eigenständiges Phänomen, sondern wird letztlich von den Emotionssystemen entscheidend geprägt.

1.9 Emotionen, Motive und Gefühle: Worin liegt der Unterschied?

In den folgenden Kapiteln werden wir uns mit den drei Emotionssystemen Balance (inklusive der Bindung/Fürsorge), Dominanz und Stimulanz beschäftigen. Nun werden manche von Ihnen fragen, worin der Unterschied zwischen Emotionen, Motiven und Gefühlen besteht. Tatsache ist zunächst, dass Hirnforscher eher von Emotionen und die Psychologen eher von Motiven sprechen. Inzwischen nähern sich die Begriffe allerdings an. Die Hirnforscher erkennen, dass hinter Emotionen Ziele stehen, die erreicht werden sollen. Diese Zielkomponente ist aber ein wesentlicher Bestandteil des Motivs. Die Psychologen erkennen, dass Motive mit Gefühlen verknüpft sind und damit auch zu körperlich messbaren Veränderungen und Veränderungen des Gesichtsausdrucks führen. Diese Bestandteile sind aber wesentlich für den Begriff der Emotion. Ich benutze den Begriff der Emotion in einem breiteren und moderneren Verständnis: Emotionen sind viel mehr und weit wirkmächtiger als Gefühle.

Emotionen haben folgende Aufgaben und Merkmale:

Aufgaben und Merkmale von Emotionen	
Die zielvorgebende und aktivierende Aufgabe:	Emotionen sind unsere inneren Antriebe, die unser Verhalten so aktivieren, dass wir unser (Über-)Leben sichern und uns fortpflanzen. Im Gehirn gibt es unterschiedlichste Emotionssysteme mit unterschiedlichen Sub-Zielen, die in Summe die Erfüllung unseres Überlebens und der Fortpflanzung ermöglichen.
Die adaptive Aufgabe:	Emotionen aktivieren in kritischen Situationen schnell und unbewusst überlebenssichernde Handlungen.
Die bewertende Aufgabe:	Emotionen sind Detektoren, die uns (den Organismus) wissen lassen, was in unserer Umwelt von Wert und Bedeutung für unser (Über-)Leben ist. Sie richten unsere Aufmerksamkeit darauf.
Die präparierende Aufgabe:	Begegnen wir im Leben beispielsweise einer Gefahr, gilt es zu kämpfen oder zu flüchten. Dazu ist es notwendig, den Körper auf diese Aufgaben einzustellen. Die Muskeln müssen mit sauerstoffreichem Blut versorgt werden. Physiologische Prozesse müssen eingeleitet oder verändert werden.

Aufgaben und Merkmale von Emotionen	
Subjektives Erleben oder Gefühl:	Die Emotionssysteme in unserem Gehirn und Körper machen sich meist in unserem Bewusstsein über Gefühle bemerkbar. Aber: Emotionen wirken oft auch unbewusst, ohne dass wir im Bewusstsein davon etwas mitbekommen. Schon allein aus diesem Grund dürfen Gefühl und Emotion nicht gleichgesetzt werden. Gefühle sind lediglich begleitende Merkmale von Emotionen!
Gesichtsausdruck:	Der Mensch ist ein Sozialwesen und Sozialität setzt Kommunikation voraus. Wir zeigen unseren Mitmenschen, ob wir uns über sie ärgern oder ob wir uns über sie freuen und stärken so unsere sozialen Bindungen.

Nun noch eine weitere wichtige Bemerkung, die eng damit verbunden ist. Im Alltag erleben wir eine Vielzahl von Gefühlen. Wir freuen uns, wir sind glücklich, wir schämen uns, wir trauern um einen guten Freund, wir sind niedergeschlagen oder wir sind stolz. Wie hängen diese vielen Gefühle mit den Emotionssystemen zusammen? Die Antwort: Die Emotionssysteme mit den Submodulen sind meist zusammen aktiv. Aus diesem Grund kommt es auch zu Gefühlsmischungen, die sehr unterschiedlich sein können. Stolz, Gemütlichkeit und das freudige Prickeln bei einer Überraschung sind die relativ einfachen positiven Gefühle, die wir bei der Erfüllung der Dominanz-, Balance- und Stimulanz-Ziele erleben. Ähnlich verhält es sich mit Zorn, Angst oder Langweile. Sie sind die negativen Gefühlsseiten der Dominanz-, Balance- und der Stimulanz-Kraft. Bei komplexeren Gefühlen wie z. B Scham sind mehrere Emotionssysteme zeitgleich am Werk. Scham entsteht, wenn wir Normen und Erwartungen, die andere an uns gestellt haben, verletzt haben. Damit besteht die Gefahr, dass wir aus der sozialen Gemeinschaft ausgeschlossen werden. Bei Naturvölkern, die in enger Gemeinschaft und gegenseitiger Abhängigkeit leben, kann ein solcher Ausschluss tödlich sein. Durch die Scham gestehen wir unseren Fehler ein und dürfen dann (hoffentlich) in der Gemeinschaft bleiben. Woher kommt nun aber das Schamgefühl? Es ist eine Mischung: auf der einen Seite aus dem Bindungs- und Fürsorgesystem („Angst ausgestoßen zu werden"), aber auch die Dominanz-Kraft bringt eine Gefühlskomponente in den Mix ein. Das Gefühl nämlich, versagt zu haben oder schlecht zu sein. Ein weiterer emotionaler Zustand ist für uns Menschen besonders wichtig: Glück!

1.10   **Was ist Glück?**

Schon in der Antike wurde zwischen Fortunas und Felicitas unterschieden, im Englischen unterscheidet man zwischen Joy und Happiness.

Fortunas / Joy, das „schnelle Glück", entsteht, wenn unser Belohnungserwartungssystem aktiviert und befriedigt wird. Das kann durch den Kauf eines Produktes, durch Sex, durch Geldgewinn, durch einen Sieg, durch Drogen etc. erfolgen. Dieses Glücksgefühl ist meist nur von kurzer Dauer und schreit permanent nach Wiederholung und mehr.

Das „tiefe Glück" — Felicitas / Happiness — ist eher das Ergebnis einer gelingenden Lebensführung. Der Beruf macht Freude, die familiären und sozialen Beziehungen sind stabil, von Schicksalsschlägen, wie dem Tod von geliebten Personen bleibt man verschont, auch finanzielle Sorgen und Nöte sind minimal.

Für Philosophen und Theologen ist nur das „tiefe Glück" von Wert. Das „schnelle Glück" lehnen sie eher ab. Aber das ist zu kurz gesprungen: Ein Leben ohne die kleinen Glücksbelohnungen im Alltag wäre doch ziemlich öde und langweilig.

Think Limbic! Empfehlungen für den Alltag

1. Denken Sie immer daran: Die limbischen Kräfte prägen unser Verhalten!

Das gesamte menschliche Verhalten wird von den Vitalbedürfnissen wie Schlaf, Atmung, Essen, Trinken und Sexualität und vor allem von den drei biologischen Imperativen bestimmt, die sich im Laufe der Milliarden Jahre langen Evolution herausgebildet haben. Durch die Spezialisierung der Zellen und die Ausbildung des menschlichen Gehirns wurde diese Steuerung weitgehend auf das limbische System übertragen. Das limbische System steuert uns mit den drei Emotionssystemen:

- Balance (mit Bindung / Fürsorge)
- Dominanz
- Stimulanz

2. Die Emotionssysteme lenken uns unbewusst mit Gefühlen!

Die limbische Steuerung erfahren wir über Gefühle. Dadurch, dass wir von Geburt an dieser Beeinflussung unterliegen, bemerken wir diese genetisch in uns verankerten Steuerkräfte nicht. Alle Entscheidungen, die wir im Alltag treffen, gleichgültig, ob im Privat- oder Geschäftsleben, haben immer das Ziel, unsere Emotionssysteme zu erfüllen. Ihre Erfüllung gibt unseren Genen die größten Chancen im evolutionären Wettkampf.

3. Schulen Sie Ihren limbischen Blick!

Betrachten Sie Ihren Alltag mal aus der limbischen Brille. Fragen Sie immer: Welches Emotionssystem könnte dafür der Treiber sein? Sie werden wenige Dinge finden, die keinen emotionalen Hintergrund haben.

2 Limbic Revolution: der Thronsturz des Großhirns

Was Sie in diesem Kapitel erwartet

Von entscheidender Bedeutung ist nun die Frage, wie die unbewusste Steuerung eigentlich funktioniert. Die Antwort führt zu einer kleinen Revolution im Gehirn: Nicht der Neocortex ist das Machtzentrum im menschlichen Kopf, sondern das entwicklungsgeschichtlich weit ältere limbische System. Dieser Gehirnbereich, in ähnlichen Strukturen wie bei allen Säugetieren, steuert uns unbewusst mittels Gefühlen. Das Ziel: die Erfüllung der Vorgaben der Emotionssysteme. Aber auch der als „vernünftig" bezeichnete Neocortex führt kein Eigenleben, sondern gehorcht den Vorgaben unserer Emotionssysteme.

Die meisten Menschen sind der festen Meinung, das Großhirn, genauer ausgedrückt der Neocortex als Sitz der Vernunft, sei die wichtigste und bestimmende Hirnregion des Menschen. Zugegeben, unser Neocortex ist wichtig, ob er aber *die* bestimmende Hirnregion ist, darf und muss bezweifelt werden. Wenn wir nämlich den in Kapitel 1 begonnenen Gedankengang konsequent weiterführen und gleichzeitig alle Erkenntnisse der heutigen Neurowissenschaften ohne Scheuklappen betrachten, kommen wir fast automatisch zu einem anderen Schluss, nämlich dem, dass unser limbisches System weit mehr Einfluss hat als wir gemeinhin ahnen. Doch um diese Revolution im Kopf zu verstehen, und um diese geht es in diesem Kapitel, müssen wir uns etwas intensiver mit unserem Gehirn und mit den Ergebnissen der heutigen Neurowissenschaften beschäftigen.

Unser Rundgang durch das Gehirn (Abbildung 8) beginnt am unteren Eingang, genauer im so genannten Stammhirn. Verschiedene Funktionen werden hier gesteuert, wie beispielsweise die Kontrolle der Atmung, der Herzschlag, der Blutkreislauf, das Schlucken und die Verdauung. Über dem Stammhirn liegt das Mittelhirn. Verschiedene Nervenzentren sind hier beheimatet, die die sensorischen Informationen (Hören, Sehen, Tasten etc.) aufnehmen und an andere Gehirnbereiche weitergeben. Ebenso liegen in diesen unteren Hirnbereichen Kerne, die für das Aktivitätsniveau des Menschen und auch den Schlaf- und Wachrhythmus wichtig sind.[48] Über dem Mittelhirn sitzt das Zwischenhirn, zu dem auch Teile des limbischen Systems zählen.

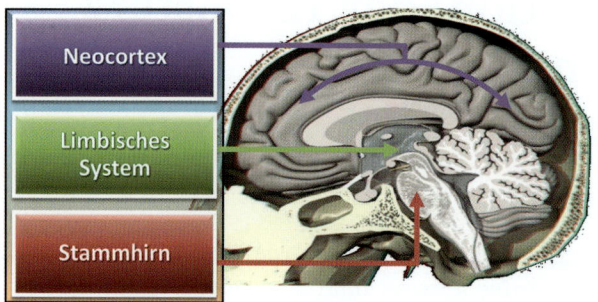

Abb. 8: Vereinfachter Aufbau des menschlichen Gehirns

Eine ganz besondere Rolle spielen der Thalamus und der Hypothalamus im Zwischenhirn. Im Thalamus werden die von den unterschiedlichen Sinnesorganen eingehenden Informationen bearbeitet und zur Weiterverarbeitung, Integration und Interpretation an höhere Gehirnzentren gesandt. Der Hypothalamus, der unterhalb des Thalamus liegt, ist das wichtigste Zentrum bei der Regelung des inneren physiologischen Gleichgewichts. Hier werden auch wichtige Hormone gebildet, die erregend oder dämpfend auf den menschlichen Körper wirken. Im Hypothalamus finden sich auch der Temperaturregler des Körpers sowie Zentren zur Steuerung von Hunger, Durst und anderen lebenswichtigen Funktionen des Körpers wie Schlaf, Biorhythmus, Tag-/Nacht-Rhythmus etc. Auch die Sexualität wird im Hypothalamus gesteuert. Teile des Thalamus und der ganze Hypothalamus werden dem limbischen System zugerechnet, zu dem noch weitere Areale und Kerne gehören, die teilweise neben oder unter Thalamus und Hypothalamus liegen. Doch davon später in diesem Kapitel mehr. Über dem limbischen System liegt schließlich der Neocortex, dem wir uns jetzt zuwenden.

2.1   Der Neocortex: der ganze Stolz des Menschen

Der Neocortex, neurologisch exakt: Cortex cerebri (Großhirnrinde), ist das einzigartige Markenzeichen der Gattung Mensch. Der Grund: Durch seine überragende Größe hebt er uns deutlich vom Affen ab. Im Laufe der Evolution vom frühen Australopithecus vor 4,5 Millionen Jahren bis zum heutigen Homo sapiens sapiens hat sich das menschliche Neocortex-Volumen von damals 300 ccm bis heute auf ca. 1200 ccm bis 1300 ccm vervierfacht.[28]

Der Neocortex unterteilt sich in zwei Hemisphären, die durch ein dickes Faserbündel miteinander verbunden sind. Die linke Hemisphäre ist eher für logisch-analytisches

Denken zuständig, die rechte dagegen eher für räumlich-intuitives Denken.[83] Die in der Management-Praxis oft gehörte Meinung, die rechte Seite sei auch Sitz der Emotionen, ist so allerdings nicht richtig, doch darüber erfahren wir gleich mehr.

Die Oberflächen der Hemisphären unterteilen sich in vier Lappen (Abbildung 9):

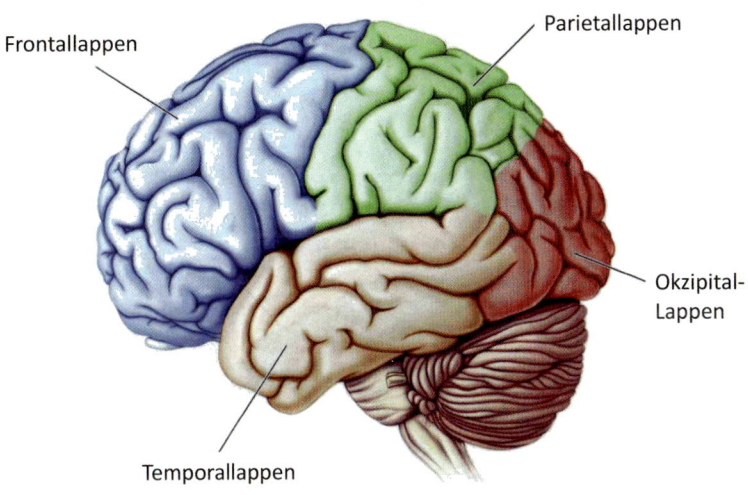

Frontallappen

Parietallappen

Okzipital-Lappen

Temporallappen

Abb. 9: Der Neocortex und seine verschiedenen Bereiche

- Im Frontallappen (Präfrontaler Cortex) laufen Denkoperationen ab, die mit Planung und Zukunft zu tun haben, sozial-emotionale Erfahrungen werden hier verarbeitet, aber auch die Intelligenz ist hier beherbergt.
- Im Parietallappen (Parietaler Cortex) werden sprachliche, geschmackliche und somatosensorische Assoziationen, aber auch auditive Eindrücke verarbeitet. Er ist mit zuständig für die Raumkoordination des Körpers.
- Zwischen Parietal- und Frontallappen liegen der motorische Cortex und der somato-sensorische Cortex. Der motorische Cortex sendet Kommandos an die Skelettmuskulatur, bestimmte Bewegungen auszuführen. Der somatosensorische Cortex ist ein Mosaik an Feldern, die Botschaften aus Tast-, Druck-, Schmerz- und Temperatur-Rezeptoren des gesamten Körpers erhalten und integrieren.
- Im Okzipital-Lappen (Okzipitaler Cortex) liegt das Sehzentrum des Menschen, hier kommen nach der Verarbeitung im Thalamus alle visuellen Botschaften an und werden daraufhin analysiert, ob sie bekannt/unbekannt sind. Auch die „Bildspeicherung" erfolgt teilweise hier.
- Der Temporallappen (Temporaler Cortex) beherbergt das auditorische Gedächtnis, auch Gerüche werden hier gespeichert. Der Temporallappen ist zudem wichtig für die Erkennung von Objekten und für viele Lernvorgänge.[48]

Warum sind wir nun auf den Neocortex so stolz? In der Tat unterscheidet er sich nicht nur durch seine Größe von dem des Affen, sondern vor allem durch den damit verbundenen enormen Zuwachs an Nervenzellen. Dadurch wird der Mensch nämlich befähigt, wesentlich komplexere Aufgaben zu lösen und kompliziertere Sachverhalte zu erkennen als es z. B. ein Schimpanse kann. Zudem hat der Mensch auch Vergangenheit und Zukunft, während Tiere stärker im Hier und Jetzt agieren.[42]

Auch die mit der Neocortex-Entwicklung verbundene Entstehung der Sprache versetzt uns zusätzlich in die Lage, logische Denkoperationen durchzuführen und uns komplizierte Sachverhalte gegenseitig mitzuteilen.

Aus unserer Sprachfähigkeit darf man aber nicht den Trugschluss ableiten, unser Gehirn sei ausschließlich sprachgesteuert. Das Sprichwort nämlich, dass ein Bild mehr sagt als tausend Worte, weist auf einen wichtigen Sachverhalt hin: Unsere Sprache ist maximal 250.000 Jahre alt. Unsere Augen und die mit der Bildverarbeitung beschäftigten Hirnregionen wie z. B. Thalamus sind aber 200-mal älter. Unser Gehirn ist aufgrund dieser Entwicklung in erster Linie ein visuell-sensorisches Gehirn, das konkrete Bilder und direkte sensorische Erfahrungen der abstrakten Sprache vorzieht.

2.2 Die Frage nach dem „Warum"

Kehren wir nun zurück zum Neocortex und den mit seiner Entwicklung ermöglichten menschlichen Leistungen: Der Mensch macht Musik, er geht zum Arzt, er fliegt auf den Mond, und mitunter wirft er Bomben auf seine Artgenossen. Alle diese Errungenschaften sind zweifellos dem Neocortex und der Sprachentwicklung zuzurechnen. So weit so gut, wenn da nicht noch eine wichtige Frage wäre, die man in diesem Zusammenhang keinesfalls vergessen sollte. Die Frage nach dem „Warum"! Warum hört er Musik? Warum geht er zum Arzt? Warum fliegt er auf den Mond? Warum wirft er Bomben?

Die Antwort auf diese Frage finden wir allerdings nicht im Neocortex, sondern ein Stockwerk tiefer: im entwicklungsgeschichtlich wesentlich älteren limbischen System.

Schon ein Altersvergleich dieser beiden Gehirnregionen gibt uns Hinweise auf den enormen Einfluss des limbischen Systems: Der Neocortex in seiner vollen Größe ist erst ca. 0,5 Millionen Jahre alt. Das limbische System ist aber mit ca. 300 bis 250 Millionen Jahren ca. 500-mal so alt.[61] Der Max-Planck-Hirnforscher Wolf Singer schreibt dazu:

„Die Grundstruktur des Gehirns von Säugetieren hat sich im Laufe der Evolution nur unwesentlich verändert. Das Gehirn des Menschen unterscheidet sich von den Gehirnen anderer Säugetiere lediglich durch eine gewaltige Zunahme des Volumens der Großhirnrinde und der mit ihr in Beziehung stehenden Strukturen. Selbst die Binnenorganisation der Großhirnrinde wurde seit ihrem ersten Auftreten im Wesentlichen beibehalten". [79]

Zudem dürfen wir bei dieser Betrachtung einen wichtigen Zusammenhang nie übersehen: Im Laufe der mit der Evolution einhergehenden Gehirnspezialisierung wurden im limbischen System ja jene Steuerungsfunktionen zusammengefasst, die sich bereits vorher über Milliarden Jahre gebildet und als erfolgreich erwiesen haben: die bereits bekannten biologischen Imperative Balance, Dominanz und Stimulanz.

Welche Veränderung in unserem Kopf ging nun wirklich mit der Entwicklung des Großhirns einher? Würden wir unser Gehirn mit einem Computer vergleichen, dann wäre das Neocortex-Wachstum in dieser Analogie mit einer Speichererweiterung und einer Prozessorbeschleunigung gleichzusetzen. All dies macht den Computer zwar schneller, verändert aber die grundsätzlichen Funktionsabläufe nicht, weil diese durch das Betriebssystem vorgegeben sind. Unser Betriebssystem, das limbische System mit seinen Emotionsprogrammen, ist aber gleich geblieben: Sowohl von der Struktur als auch von der Funktion her ist es, wie Abbildung 10 zeigt, fast identisch wie bei unseren tierischen Vorfahren aufgebaut.

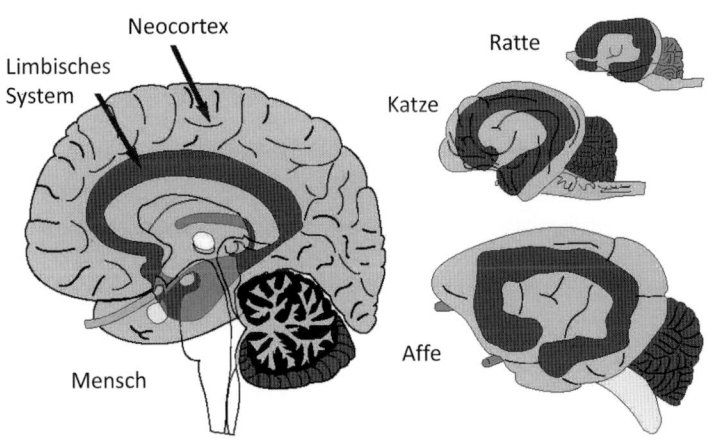

Abb. 10: In seinen wesentlichen Strukturen ist das limbische System bei Menschen und Säugetieren fast identisch

Damit klärt sich auch die Frage, die wir zu Beginn dieses Abschnitts gestellt haben. Wir hören Musik aufgrund der Stimulanz-Kraft, wir gehen zum Arzt aufgrund der Balance-Kraft, wir fliegen zum Mond aufgrund der Stimulanz- und Dominanz-Kraft und letztere ist gleichzeitig auch der Grund dafür, warum wir Bomben auf unsere Artgenossen werfen. Mit der Neocortex-Entwicklung hat sich die Komplexität unseres Verhaltens und Denkens erhöht — nicht aber deren grundsätzliche Zielsetzung! Genau das beweist auch die neuere Forschung, die der Frage nachgeht, warum beim Menschen der Neocortex so stark zugenommen hat. Die Antwort ist überraschend: Der Neocortex ist gewachsen, weil die Horden und Sippen, in denen unsere Vorfahren lebten, immer größer wurden. In diesen Horden und Sippen überlebte der, der sich in den Intrigen und Machtkämpfen am besten behaupten und Koalitionen schmieden konnte. Mit der steigenden Gruppengröße wurde es aber immer schwieriger, Freund und Feind zu erkennen und die sozialen Beziehungen vorteilhaft zu managen. Genau dafür, so die Forscher, ist das Großhirn gewachsen. Nämlich, um Intrigen besser zu erkennen, um andere besser zu täuschen und um vorteilhafte Koalitionen zu bilden. Aus dem limbischen System ist mit dem Großhirn also nicht ein moralisch integres und vernünftiges Gehirn heraus gewachsen, sondern, um mit den Forschern zu sprechen, ein „Macchiavelli-Gehirn" (!), das voll und ganz den limbischen Befehlen gehorcht.[98]

2.3 Aufruf zur Revolution im Kopf

Warum halten wir aber so vehement am Mythos des vernünftigen Neocortex fest? Dafür gibt es mehrere Gründe. Den ersten finden wir in der Systemtheorie. Schon in den 1930er Jahren hatte der österreichische Mathematiker Gödel ein Theorem formuliert, das nachwies, warum ein System seine eigenen Gesetze selbst nicht ergründen kann.[40] Für uns ist es deshalb schwierig, uns und unsere inneren Programme selbst zu erkennen. Der zweite Grund hängt eng mit dem ersten zusammen und liegt in unserem Selbstverständnis: Weil wir unser Handeln selbst als rational und vernünftig betrachten (weil wir die Frage nach dem „Warum" zu wenig stellen), kann nur der „vernünftige" Neocortex, also der Teil, der uns am stärksten vom Tier unterscheidet, für uns Menschen zuständig sein.

Zwar haben wir zähneknirschend akzeptiert, dass wir Menschen ebenso ein Produkt der Evolution sind wie andere Geschöpfe auch. Allerdings beschränkt sich dieses Zugeständnis nur auf weniger ehrverletzende und weniger problematische Bereiche wie Knochenbau und Physiologie. Die letzte Konsequenz, unser Denken, Fühlen und Handeln derselben Logik zu unterwerfen, ruft in uns so viel inneren Widerstand hervor, dass einfach nicht sein kann, was nicht sein darf!

Es verwundert daher nicht, dass selbst der berühmte, humanistisch geprägte Hirnforscher John Eccles in seinem 1982 gemeinsam mit dem Philosophen Karl Popper verfassten Buch „Das Ich und sein Gehirn"[73] dem limbischen System in seiner Buchhälfte, in der er sich mit dem menschlichen Gehirn beschäftigte, nur 3 von 200 Seiten widmete. Aber auch in der neurowissenschaftlichen Forschung wurde das limbische System bis vor einigen Jahren kaum beachtet. Inzwischen hat sich seit der ersten Auflage von „Think Limbic!" vor 15 Jahren in der Hirnforschung ein Wandel vollzogen. Durch die so genannte „Emotionale Wende" in der Hirnforschung, wird die Vormacht der Emotionen und des limbischen Systems zunehmend weniger in Frage gestellt.

Die eigentliche Ursache für die Verleugnung der Vormacht des limbischen Systems liegt aber, wie kann es anders sein, genau in dem, was verleugnet wird: im unbewussten Einfluss des limbischen Systems. Es gibt uns diese Reaktion letztlich nämlich vor: Die Dominanz-Kraft lässt den Thronsturz des Menschen nicht zu, die Balance-Kraft wehrt sich mit aller Kraft gegen jede Veränderung des fest in unserem Kopf verankerten Menschenbilds. Ob wir wollen oder nicht: Wir müssen uns an den Gedanken gewöhnen, wer die wirkliche Vormacht in unserem Kopf hat: nicht der Neocortex, sondern das limbische System.

Der Thronsturz des Neocortex ist ohne Zweifel eine Kränkung für den Menschen. Man könnte sie als „Neocortikale Kränkung" bezeichnen, weil damit zum Ausdruck kommt, dass nicht der „vernünftige Neocortex", sondern das limbische System der eigentliche Herrscher in unserem Gehirn ist. Der Begriff der Kränkung stammt übrigens von Freud und wurde von ihm unter dem Blickwinkel des menschlichen Selbstverständnisses formuliert, dem hinsichtlich seiner subjektiv erlebten zentralen Position in der Welt zunehmend größere Abstriche zugemutet wurden. Mit der ersten Kränkung, Freud bezeichnete sie als „kosmologische Kränkung", beschrieb er den Wechsel vom geozentrischen zum heliozentrischen Weltbild. Die zweite Kränkung war für ihn die „biologische Kränkung", deren Inhalt die Darwinsche Abstammungslehre war. Die dritte Kränkung bezeichnete er als „psychologische Kränkung", die mit seiner Entdeckung der Macht des „Es" vollzogen wurde. Die „neokortikale Kränkung" verbindet die beiden letzteren, indem das Unbewusste neu gefasst und mit der Evolutionstheorie verbunden wurde.

2.4   Das limbische System: die Supermacht in unserem Kopf

Um den großen Einfluss des limbischen Systems aber wirklich zu erkennen, reicht eine evolutions- und systemtheoretische Beweisführung nicht aus. Schlüssig wird die Beweiskette, wenn wissenschaftliche Ergebnisse über die neuronalen Prozesse, die in unserem Kopf und insbesondere im limbischen System ablaufen, diese Überlegungen untermauern.

Werfen wir deshalb zunächst einen Blick auf die wichtigsten Hauptakteure des limbischen Systems (Abbildung 11). Dazu zählen die Amygdala (Mandelkern), der Hippocampus, der Gyrus cinguli, der Hypothalamus sowie einige zum limbischen System gehörende Bereiche des Neocortex, insbesondere der orbitofrontale Cortex.[78] Nicht zu sehen auf der Abbildung sind weitere wichtige limbische Bereiche, wie z. B. der Kern des Belohnungszentrums, der Nucleus accumbens, oder Teile des Thalamus.

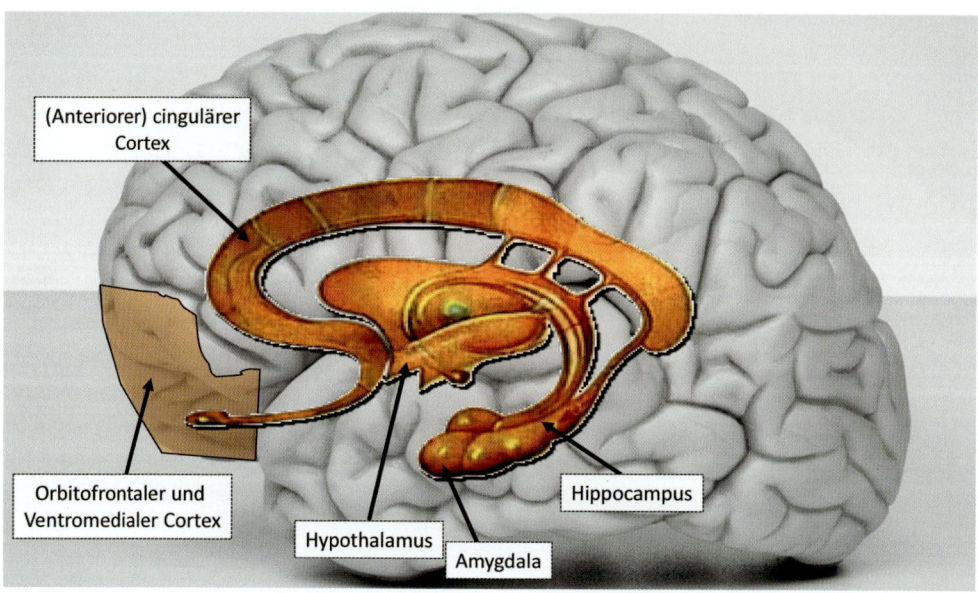

Abb. 11: Das limbische System ist eine Sammelbezeichnung für die Hirnstrukturen, die wesentlich an der Emotionsverarbeitung beteiligt sind

Das limbische System ist keine funktionale Einheit, wie der Name vermuten lässt. Es ist eine Sammelbezeichnung für die Hirnstrukturen, die wesentlich an der Emotionsverarbeitung beteiligt sind.

Auch wenn an allen Denkfunktionen stets viele Gehirnbereiche beteiligt sind, gibt es im Kopf doch einige Kerne und Bereiche mit ganz besonderer Bedeutung. Ein Kern übertrifft in seinem Einfluss und in seiner Wichtigkeit für unser Verhalten alle anderen: Es ist der Mandelkern, in der neurowissenschaftlichen Sprache Amygdala genannt. Die Bedeutung der Amygdala für das menschliche Verhalten kann nicht groß genug eingeschätzt werden. Sie ist die graue Eminenz in unserem Kopf. Diese unscheinbare Hirnregion ist (in enger Verbindung mit dem Hypothalamus, dem Hippocampus, den Basalganglien, dem Hirnstamm und dem präfrontalen Cortex) die zentrale Bewertungsinstanz und gleichzeitig ein wichtiges „emotionales" Auslösezentrum in unserem Gehirn.

Was heißt aber Bewertung? Alle von außen kommenden Reize und Informationen, aber auch alle vom Neocortex abgerufenen Erfahrungen werden vom limbischen System — insbesondere der Amygdala — auf ihre Bedeutung für uns hin analysiert. Und genau darin liegt der alles entscheidende Punkt: Erst durch diese Bewertung erhält die Welt für uns ihren Sinn und ihre Bedeutung!

Wie aber bewertet das limbische System? Seine Bewertungskategorien sind die Balance-, die Dominanz- und die Stimulanz-Kraft. Es prüft nämlich alle Reize daraufhin ab, inwieweit sie die Ziele und Vorgaben der Emotionssysteme erfüllen oder ihnen zuwiderlaufen.

Die Bewertung der Reize erfolgt durch elektrische Signale und durch Freisetzung von chemischen Stoffen, also Nervenbotenstoffen.[80] Ihre Freisetzung erleben wir in unserem Bewusstsein als Gefühle.[55] Reize, die positive Gefühle auslösen, weil sie die Emotionssysteme erfüllen, versuchen wir zu erhalten bzw. suchen wir auf. Reize, die negative Gefühle erzeugen, weil sie den Emotionssystemen entgegenlaufen, vermeiden wir dagegen oder versuchen sie zu eliminieren. Einige Beispiele verdeutlichen uns, wie dieser Bewertungsmechanismus für die einzelnen Emotionssysteme konkret abläuft, und vor allem was passiert, wenn er durch einen Unfall oder eine Krankheit zerstört wird.

▶ **BEISPIELE**

- **Die Aktivierung der Balance-Kraft:** Begegnen wir z. B. einer Gefahr, alarmiert die Amygdala den Hypothalamus, der sofort über Fluchthormone den Körper aktiviert. Erst dann erleben wir in unserem Bewusstsein das Gefühl der Angst.[54, 96] Ist die Gefahr sehr groß, zucken wir schon instiktiv zusammen, lange bevor unser Bewusstsein überhaupt realisiert, um was es geht.
- **Die Aktivierung der Stimulanz-Kraft:** Schauen wir z. B. einen spannenden Film an, dann ist auch hier die Amygdala mit beteiligt. Sie projiziert auf den Nucleus accumbens, einem wichtigen Kern im limbischen Belohnungssystem. Durch Freisetzung des Neurotransmitters Dopamin und durch Endorphine, die in unserem Bewusstsein ein Lustgefühl auslösen, erleben wir die Filmszene als lustvolles Vergnügen (Stimulanz-Kraft).[75, 96]
- **Die Aktivierung der Dominanz-Kraft:** Befinden wir uns dagegen in einer Konkurrenzsituation, so z. B, wenn jemand mit aggressivem Gesicht und aggressiver Körperhaltung auf uns zukommt, aktiviert die Amygdala wiederum den Hypothalamus, der den Körper durch Hormonausschüttung auf Kampf einstellt. In unserem Bewusstsein spüren wir ein Wut- und Ärgergefühl.[63, 96]

Welche enorme Bedeutung die Amygdala für den Menschen, aber auch für das Tier hat, erkennt man am besten bei Menschen, deren Amygdala durch Krankheit oder Unfall geschädigt, oder bei Tieren, bei denen die Amygdala entfernt wurde.

- Ist die Amygdala beidseitig vollständig zerstört, verfallen sowohl Mensch wie auch Tier in einen Zustand der Gleichgültigkeit und Unkontrolliertheit.[50] Der Grund: Erst die Bewertung durch die Amygdala gibt der Welt Sinn! Und erst durch diese Bedeutungsgebung wird unser Organismus dazu aktiviert, Reize mit negativer Bedeutung zu vermeiden und solche mit positiver Bedeutung aufzusuchen!
- Wird die Amygdala elektrisch über Sonden gereizt, erleben sowohl Mensch wie Tier, je nachdem in welchem Bereich der Amygdala diese Reizung erfolgt (Lust-, Aggressions-, Furchtbereich) extrem starke Lust- bzw. Wut- oder Angstgefühle.[67]
- Wird die Amygdala teilweise zerstört, können weder Mensch noch Tier Erfahrungen sammeln, die überlebenswichtig sind: z. B. ist kein Gefahrenlernen mehr möglich, aber auch das Gefahrenerkennen findet nicht mehr statt: Ein Affe z. B. hebt bedenkenlos eine gefährliche Giftschlange vom Boden auf.[53, 54] Aber nicht nur gefährliche Reize werden nicht gelernt oder erkannt, auch bei positiven Reizen verhält es sich nicht anders: Spannende Filmszenen lösen bei Amygdala-Schädigung keine Emotionen aus. Während sich normale Menschen noch lange an diese Filmszenen erinnern, vergisst der Amygdala-Patient diese Szenen schnell wieder. Uns ist klar warum: Weil sie keine Bedeutung für ihn haben.[54]

- Darüber hinaus gibt es noch ein weiteres wichtiges Phänomen: Weder Menschen noch Affen sind bei einer Amygdala-Schädigung in der Lage, den emotionalen Gesichtsausdruck von Artgenossen richtig zu deuten: Sie erkennen weder Wut noch Freude.[1, 63] Mit fatalen Folgen für die Geschädigten: Menschen verlieren ihren sozialen Anschluss, weil sie sich in allen Situationen unangepasst verhalten, Affen fallen aus dem gleichen Grund in der sozialen Rangordnung ihrer Sippe auf den letzten Platz zurück.

2.5 Auch das Großhirn ist emotional

Im Jahr 1937 stellte der Neurologe Papez die These auf, dass alle emotionalen, also gefühlsbetonten Hirnprozesse im „Papez-Kreis" und alle rationalen Denkprozesse im Neocortex stattfänden.[69] Er war damit letztlich der Erfinder des Neocortex-Mythos, der bis auf den heutigen Tag unser Denken bestimmt. Dieser Gedanke wurde vom amerikanischen Hirnforscher Paul MacLean weitergeführt, der den Begriff des limbischen Systems in den 1970-iger Jahren geprägt hatte. MacLean ging davon aus, dass im Hirnstamm die Instinkte, im limbischen System die Emotionen und im Neocortex die Vernunft beheimatet wäre. Diese Bereiche, so seine damalige Ansicht, würden wie Zwiebelschalen — lose gekoppelt — relativ unabhängig voneinander arbeiten.

Diese Theorie gilt heute als überholt. Insbesondere die Erkenntnisse der beiden amerikanischen Neurowissenschaftler António Damásio [23] und Joseph LeDoux[54] zeigen, dass dieser Gedankengang falsch ist. Eine Trennung zwischen „Emotionalem Hirn" und „Rationalem Hirn" macht wenig Sinn. Der Grund: Unser ganzes Gehirn inklusive Neocortex ist „emotional"!

Um dies zu verstehen, lohnt es sich, einen Blick darauf zu werfen, wie wir lernen und wie wir Erfahrungen in unserem Gehirn abspeichern. Auch in diesen Prozessen spielt das limbische System, wie nicht anders zu erwarten, eine zentrale Rolle. Unser Langzeitgedächtnis, in dem all unsere expliziten Lebenserfahrungen abgelegt sind, wird nämlich vom limbischen System aus organisiert. Hauptakteure in diesem Lernprozess sind insbesondere der Hippocampus und die direkt angrenzenden Neocortex-Areale.[7, 38, 64, 84]

In unserem Langzeitgedächtnis sind alle Erlebnisse, Sinneseindrücke und menschlichen Kontakte abgespeichert, die wir erlebt haben und die wir aus der Erinnerung abrufen können. Wie erfolgt nun die Speicherung neuer Erfahrungen? Die von außen kommende Information wird insbesondere von der Amygdala auf ihre emotionale Bedeutung bewertet.[15] Signale, die starke Angst auslösen, oder solche Signale, die mit Schmerz verbunden sind, werden zum Teil direkt in der Amygdala gespeichert. Tauchen diese Angst-Reize wieder auf, kann das Fluchtprogramm im Körper dadurch wesentlich schneller in Gang gesetzt werden. Gleichzeitig gibt die Amygdala diese Information an den Hippocampus weiter. Der Hippocampus verknüpft die emotionalen Erlebnisse zu räumlichen und zeitlichen Landkarten (Mental Maps). Er sorgt dafür, dass bereits vorhandene Erfahrungen im Neocortex durch die neuen Erfahrungen auf den neuesten Stand gebracht werden. Reine Wissensinformation dagegen, wie z. B. „Paris ist die Hauptstadt von Frankreich", lässt das limbische System kalt. Diese wird direkt ohne Amygdala und Hippocampus im Neocortex abgespeichert. Auch das Lernen von Bewegungen erfolgt ohne größere Beteiligung des limbischen Systems in den so genannten Basalganglien.[104]

Bei allen Informationen, die vom limbischen System als wichtig bewertet werden, wird, so die Überlegungen des Neurowissenschaftlers Damásio, die neue Information mit einem so genannten somatischen Marker gekoppelt.[23] Diese Marker setzen sich aus den verschiedensten Neurotransmittern, wie z. B. Serotonin, Dopamin, Acetylcholin und Noradrenalin zusammen. Und diese Neurotransmitter sind es, wie wir gesehen haben, die in unserem Bewusstsein Gefühle auslösen. Durch diese Marker werden der neuen Information sozusagen ein Gefühl und eine körperliche Reaktion angehängt. Die Information und ihre zugehörigen Marker werden dann über den Hippocampus an verschiedenen Stellen im Neocortex abgespeichert.[15, 64]

Werden diese markierten Informationen aus dem Neocortex abgerufen, erzeugen diese Marker im limbischen System wieder abgeschwächt jene Gefühle, die wir bei der Speicherung erlebt haben. Da fast alle unsere Erfahrungen „Mischerfahrungen" sind, werden solche Erfahrungen auch mit dem entsprechenden biochemischen Neurotransmitter-Gemisch abgespeichert.

▶ **BEISPIEL**

Eine Beförderung z. B. ist verbunden mit Stolzgefühlen (Status = Dominanz-Kraft), mit dem Prickeln, das neue, spannende Aufgaben mit sich bringen (Stimulanz-Kraft), aber auch der leisen Angst, möglicherweise zu versagen (Balance-Kraft).

In diesem ganzen Prozess spielt der Neocortex eine wichtige Rolle: So werden beispielsweise sozial-emotionale Erfahrungen im Stirnbereich unseres Neocortex (präfrontaler Cortex) abgespeichert. Wird dieser Bereich bei erwachsenen Menschen durch einen Unfall geschädigt, dann werden diese emotionalen Lebenserfahrungen gelöscht. Die Symptome sind fast gleich wie bei einer Amygdala-Schädigung selbst: Der Patient verhält sich orientierungslos und sozial unangepasst mit allen vorher beschriebenen negativen Folgen.[23]

Emotionale Erfahrungen werden mit leichtem Übergewicht der rechten Hirnhälfte abgelegt. Trotzdem ist es natürlich falsch, die rechte Hirnhälfte als „emotionales Gehirn" zu bezeichnen.

Unser ganzes Gehirn ist emotional: Die rechte Hirnhälfte ist eher pessimistisch, während die linke Hirnhälfte eher optimistisch ist. Die Regeln und die Struktur dazu werden aber aufgrund unserer biologischen Vergangenheit vom limbischen System und den Emotionssystemen vorgegeben!

2.6 Die Emotionssysteme halten uns unbewusst auf Kurs

Erinnern wir uns an die Geschichte im ersten Kapitel: Die Bewertung unserer Innen- und Außenwelt durch das limbische System erleben wir in unserem Bewusstsein in Form von Gefühlen. Negative Gefühle vermeiden wir, positive dagegen suchen wir auf. Doch diese unbewusste Beeinflussung bleibt uns meist verborgen. Wie schon im ersten Kapitel aufgezeigt, ist „Emotion" aber weit mehr als nur Wut, Trauer, Glück oder Angst. Diese Gefühle sind so massiv, dass sie für uns als außerordentliche Ereignisse wahrnehmbar und spürbar werden. Viel wichtiger im Alltag dagegen sind die sanften Tönungen, wie Lust und Unlust, leichte Gefühle der Unsicherheit, der Gereiztheit, aber auch der Sympathie und Zufriedenheit. Diese Tönungen beachten wir nicht oder kaum, aber genau diese Tönungen sind es, über die unser Verhalten weitgehend unbewusst gesteuert wird.

Die Funktionsweise dieser limbischen Steuerung kann man sich so vorstellen wie Leitstrahl und Autopilot in der Luftfahrt. Weichen wir vom limbischen Kurs nur ein kleines Stück ab, indem beispielsweise eine Gewohnheit gestört wird, dann wird uns diese Abweichung durch „Blinken" signalisiert. Dieses „Blinken" macht sich in unserem Bewusstsein durch leichte Unlust- bzw. leichte Ärgergefühle bemerkbar. Größere Abweichungen vom limbischen Kurs, wie z. B. eine drohende Entlassung oder ein Übergehen bei einer sicher geglaubten Beförderung, werden unserem Bewusstsein mit lauten „Warnungen" (Angst, Ärger und Wut) deutlich gemacht. Weil wir diese negativen Gefühle vermeiden bzw. verringern wollen, leiten wir entsprechende Handlungen ein, die zur Erfüllung unserer Emotionssysteme geeignet erscheinen. Negative Gefühle veranlassen uns also auf Steuerkurs zurückzukehren. Sind wir auf Steuerkurs, werden wir durch positive Gefühle (Lust, Spaß, Geborgenheit, Glück) belohnt.

Neben dieser Steuerung über Gefühle sind im limbischen System eine Vielzahl von Automatismen eingebaut, die unsere Wahrnehmung und unser Verhalten steuern, wie z. B. der Unterwürfigkeits-Mechanismus, die Freund-Feind-Erkennung, der Herdentrieb und vieles andere mehr. Diese Programme werden in bestimmten Situationen für uns völlig unbewusst aktiviert, ohne dass sie Gefühlsspuren in unserem Bewusstsein hinterlassen. Sie sind in ähnlicher Form bei vielen Säugetieren anzutreffen, was darauf schließen lässt, dass sie über 100 Millionen Jahre alt sind. In den folgenden Kapiteln werden wir uns näher damit beschäftigen.

Des Weiteren ist das limbisches System auch für die Dechiffrierung der Körpersprache in der zwischenmenschlichen Kommunikation zuständig. Dies erklärt auch, warum Körperhaltung, Gestik und Mimik oft eine weit stärkere Kommunikationswirkung haben als die Sprache selbst. Nicht vergessen dürfen wir in diesem Zusammenhang, dass die überwiegend im Neocortex lokalisierte Sprache erst „vor kurzem" entstanden ist. Die entwicklungsgeschichtlich weit ältere Körpersprache, die wir von unseren tierischen Vorfahren geerbt haben, hat auch in der menschlichen Entwicklung nichts oder nur wenig von ihrem früheren, meist unbewussten Einfluss verloren.

2.7   Unser Großhirn oder: Was ist Vernunft?

Wie wir gesehen haben, ist die Gegenüberstellung von „Ratio versus Emotion" falsch. Trotzdem haben wir das Bild im Kopf, wie z. B. ein zorniger Mann auf einen anderen losgeht, der ihm den Parkplatz weggeschnappt hat. Oder eine Angestellte, die, nachdem sie sich ungerecht behandelt fühlte, wutentbrannt den Arbeitsplatz verlässt, ihre Chefin erst beleidigt und dann kündigt. Der Mann handelt sich mit seinem Verhalten eine Strafe ein und die Frau steht arbeitslos auf der Straße. Beide haben extrem emotional gehandelt und damit scheinbar alles andere als rational. Aber was ist rationales Verhalten? Die Antwort: Rationales Verhalten ist ein optimal an die Situation und die damit verbundenen Konsequenzen angepasstes Verhalten. Das ist aber nicht das Gegenteil von emotionalem Verhalten. Man kann es auch so ausdrücken: Ich verhalte mich rational, wenn es mir gelingt, die Vorgaben aus meinen Emotionssystemen optimal in die Möglichkeiten und Anforderungen meiner Umwelt umzusetzen. Optimal bedeutet: Minimierung der (emotional) negativen Konsequenzen — Maximierung der (emotional) positiven Konsequenzen. Und hier kommt nun unser vorderes Großhirn ins Spiel. Denn seine Aufgabe ist es, diese emotionale Optimierungs- und Konsequenzen-Rechnung durchzuführen. Für diese Rechnung greift es auf unsere (emotionalen) Erfahrungen zurück, bewertet mit dem limbischen System die aktuelle Situation und rechnet die (emotionalen) Konsequenzen für die Zukunft aus. Gemeinsam wird dann eine Handlung aktiviert oder auch unterlassen.

2.8 Das vordere Großhirn optimiert die emotionalen Vorgaben

Unser vorderes Großhirn ist also eine komplexe, emotionale Rechen- und Optimierungsmaschine. Manche Wissenschaftler betrachten das vordere Großhirn als Vernunftzentrum, welches die bösen emotionalen Impulse von den unteren Hirnbereichen in Schach hält und hemmt. Das dahinter liegende Bild: von unten das Tier und oben der humane und ethische Mensch. Doch das ist zu kurz gedacht. Unser vorderes Großhirn ist kein „humanes Ethik-Zentrum" Es ist eine Output-Optimierungsmaschine, die mehr oder weniger in der Lage ist, die (emotionalen) Konsequenzen unserer emotionalen Vorgaben zu berechnen und Handlungen zu initiieren oder zu stoppen. Das vordere Großhirn schätzt also die Chancen und Risiken ab, die mit der Erfüllung unserer emotionalen Vorgaben verbunden sind und stellt Pläne auf, wie wir diese Vorgaben am Besten in Handlungen umsetzen können.

2.9 Wie aus normalen Menschen Massenmörder werden

Ein Beispiel soll das verdeutlichen: Insbesondere bei Revolutionen und Zusammenbrüchen der Staatsgewalt kommt es sehr häufig zu Plünderungen. Viele Berichte zeigen, dass sich an diesen Plünderungen nicht nur der Straßenmob beteiligt, sondern honorige Menschen, wie Professoren, hohe Beamte usw. Warum? Ganz einfach: Auch ihr vorderes Großhirn rechnet die zu erwartende Belohnung gegen die zu erwartende Strafe durch. Das Ergebnis ist klar: Belohnung hoch — Straferwartung gering, da es keine Ordnungsmacht mehr gibt.

Ähnliches beschreibt auch der Sozialpsychologe Harald Welzer in seinem Buch „Täter: Wie aus ganz normalen Menschen Massenmörder werden". Er untersuchte, wie es dazu kam, dass ganz normale Bürger, Familienväter usw. sich skrupellos an den Nazi-Morden beteiligten. Ein wichtiger Grund dafür war, dass ihr vorderes Großhirn durch die staatliche Legitimation dieses Tuns keinerlei negative Konsequenzen erkannte und der tiefer im limbischen System verankerte „Herdentrieb" unbewusst das Verhalten der anderen kopierte. Das Schlimme daran: Was aus ethischer Sicht die größte Katastrophe der Menschheitsgeschichte war, war aus Sicht des Gehirns „rationales und vernünftiges Verhalten"! Die jüdische Philosophin Hannah Arendt, die aus Israel vom Eichmann-Prozess berichtete, wurde erheblich angefeindet, weil sie Adolf Eichmann nicht als Monster schilderte, sondern als mittelmäßigen Beamtentyp, der sich keinerlei Schuld bewusst war, sondern angab, nur seine Pflicht getan und seine ihm vom Staat übertragenen Aufgaben erledigt zu haben — also aus seiner Sicht höchst rational gehandelt zu haben! Daraus darf nicht der Schluss gezogen werden, dass durch diese naturwissenschaftliche Erklärung das böse Verhalten entschuldigt sei. Es zwingt uns aber zu überlegen, wie man diese (un-)menschlichen Eigenschaften durch Gesetze, ethische Normen im Zaum halten kann. Auf das Gute im Menschen zu hoffen, ist blauäugig. Der Mensch (und sein Gehirn) ist weder grundsätzlich gut noch grundsätzlich böse — er ist ein System, das eigene Lebenschancen maximiert und Risiken minimiert. Wer sich mit diesem Gedankengang tiefer beschäftigen möchte, dem empfehle ich das faszinierende Buch von Norbert Bischof „Moral. Ihre Natur, ihre Dynamik und ihr Schatten".

2.10 Von Quick and Dirty zu Sophisticated

Bleiben wir nochmals kurz bei unserem Mann, dem ein Parkplatz weggeschnappt wurde und der den anderen Fahrer angreift und damit sogar eine Gefängnisstrafe riskiert. Was ist da in seinem Kopf passiert? Die Antwort: Die unteren Stockwerke im Gehirn haben die Regie übernommen. Entsprechend der Ausdifferenzierung unseres emotionalen Gehirns bis hin zum Großhirn gibt es von unten im Stammhirn bis nach oben zum Großhirn eine emotionale Reiz-/Reaktionsbereitschaft, die unten im Gehirn „Quick and Dirty", also schnell und undifferenziert abläuft, während sie im Großhirn langsam, aber dafür sophisticated und ausdifferenzierter geschieht. Die entwicklungsgeschichtlich älteren unteren Bereiche mussten bei Gefahren oder Jagdchancen schnell und unmittelbar reagieren (ohne lange über etwas nachzudenken). Diese schnelle, aber unreflektierte Reaktion sahen wir bei unserem Parkplatz-Verlierer. Wenn das emotionale Großhirn mit ins Spiel kommt, dauert es viel länger, die Reaktionen sind dafür besser angepasst und eine Chancen-Risiko-Rechnung ist meist durchgeführt.

Ein anderes Beispiel soll das verdeutlichen: Sie laufen durch den Wald und treten auf einen nassen, schwarzen, glitschigen Ast — sofort springen Sie panisch zurück. Im unteren Quick-and-Dirty-Kreis des limbischen Systems wurde der Ast zunächst als Schlange bewertet. Nun schauen Sie (und Ihr Großhirn) genauer und länger hin: Es ist nur ein Ast. Hätte das langsame Großhirn zuerst diese Bewertung durchgeführt, wären Sie bei einer richtigen Schlange tot gewesen.

2.11   Ist ein Eingriff in die limbische Steuerung möglich?

Ohne Zweifel: Unser limbisches System ist weit mächtiger, als wir das jemals geahnt hätten. Heißt dies aber nun, dass wir ihm völlig ausgeliefert sind und überhaupt nicht eingreifen können? Das bedeutet es nicht. Im Vergleich zum Tier hat der Mensch die Möglichkeit, seinen „Autopiloten" zumindest kurzzeitig bewusst zu umgehen. Allerdings bedarf dies doch einiger Anstrengung. Auf lange Sicht können wir uns aber kaum davon befreien, weil unser Autopilot unmerklich von selbst wieder das Kommando übernimmt. Wir wären letztlich auch handlungsunfähig, wenn wir vor jeder Aktivität und Entscheidung eine limbische Analyse über das „Wozu" und das „Warum" durchführen würden. Dabei dürfen wir nämlich nicht vergessen, dass durch das limbische System ja Programme aktiviert werden, die sich aus Sicht der Evolution als höchst erfolgreich erwiesen haben.

Trotzdem haben wir Menschen auch innerhalb des Autopilot-Modus eine gewisse Entscheidungsfreiheit. Denn der aufgezeigte limbische Steuermechanismus ist ja kein deterministisches System wie z. B. ein Uhrwerk, in dem jede Bewegung vorhergesagt werden kann. Unsere Umwelt ist viel zu komplex und für einzelne Menschen so verschieden, dass eine hohe Verhaltensflexibilität gewährleistet sein muss. Allerdings ist diese Freiheit eingeschränkt. Gleichgültig, welche Ziele wir uns setzen, gleich welche Entscheidungen wir treffen: Sie müssen im Einklang mit unseren Emotionssystemen stehen!

Aus diesem Grund sind die Emotionssysteme auch unabhängig von unserer individuellen Lebenssituation oder der Kultur, in der wir leben: Dem limbischen System ist es gleichgültig, ob wir Vorstandsvorsitzender oder Stammeshäuptling werden, Hauptsache, die Dominanz-Kraft ist erfüllt. Es kümmert sich nicht darum, ob wir lieber Pizza, Hamburger oder Käfer und Schlangen essen. Solange diese Speisen Energie bereitstellen und mit Genuss verbunden sind, erfüllen sie die Stimulanz-Kraft.

Nach alledem wird deutlich: Das limbische System ist die zentrale Bewertungsinstanz, die unserer Außen- und Innenwelt erst durch Emotionalisierung ihre Bedeutung verleiht. Diese Bewertung erfolgt auf der Basis unserer vorgegebenen biologischen Programme. Die von Kant postulierten Apriori-Kategorien, also die angeborenen Erkenntnisstrukturen der Wahrnehmung und Welterkennung, wie Zeit und Raum, erfahren auf diese Weise eine Erweiterung und gleichzeitig eine Rückstufung in ihrer Wichtigkeit: Die für den Menschen zentralen Bewertungs-

und Erfassungskategorien seines Denkens und Wahrnehmens heißen nämlich: Balance, Dominanz, Stimulanz!

Damit wird auch der Gegensatz zwischen „Ratio" und „Emotio" aufgehoben: Alle unsere Entscheidungen beruhen letztlich auf der Erfüllung der Emotionssysteme. Ihre Erfüllung ist letztlich vernünftig (= Ratio), weil wir damit Regeln einhalten, die sich über Milliarden Jahre bewährt haben. Wir handeln rational, wenn wir die Vorgaben aus unseren Emotionssystemen optimal in die Bedingungen und Möglichkeiten unserer Umwelt umsetzen — wir handeln irrational, wenn uns dies nicht gelingt und wir so körperlichen oder seelischen Schaden erleiden.

2.12 Unser Bewusstsein: ein Bildschirm voller Illusionen?

Wenn solche Entscheidungsprozesse nur zu einem Teil unserem Bewusstsein zugänglich sind, dann fragt man sich natürlich, was unser Bewusstsein überhaupt ist? So schwer es uns fallen wird dies zu akzeptieren: Was wir in unserem Bewusstsein erleben, ist nur ein kleiner Teil dessen, was sich in unserem Kopf wirklich abspielt. Eine Analogie soll uns helfen, dies zu verstehen.

Auch der Bildschirm eines Computers macht uns ja nur einen kleinen Teil der tatsächlich im Computer ablaufenden Prozesse sichtbar. Beim Betrachten des Bildschirms und beim Bedienen der Tastatur sind wir aber davon überzeugt, den ganzen Computer vollständig zu beherrschen. Tatsächlich ist dies aber ein Trugschluss: Unsere Autonomie existiert nur innerhalb der vorgegebenen Programmstrukturen, in denen genau festgelegt ist, welche Autonomie uns erlaubt ist.

Beim Computer bemerken wir diese Einschränkung unserer Entscheidungsfreiheit manchmal. Zum Beispiel zu Beginn, wenn wir erstmals mit einem neuen Programm konfrontiert werden, aber auch dann, wenn wir zu einer neuen Softwareversion mit anderen Programmstrukturen überwechseln. Doch schon nach relativ kurzer Benutzungsdauer fällt uns diese Beschränkung nicht mehr auf, weil wir uns an die vorgegebenen Strukturen gewöhnt haben.

Im Gegensatz zu diesem Computerbeispiel wechseln wir aber bei unserer Geburt nicht von einem Programm zum anderen, sondern wachsen mit unserem Programm auf. Weil wir kein anderes Programm kennen und weil uns der Bildschirm „Bewusstsein" nur einen kleinen Teil der in uns ablaufenden Prozesse zeigt, haben wir das

Gefühl der völligen Entscheidungsfreiheit. Doch dies ist letztlich eine Illusion, weil wir auf die zentralen und biologisch vorgegebenen Entscheidungsparameter genauso wenig Einfluss haben wie auf die neuronalen Prozesse in unserem Kopf. Unsere Entscheidungsfreiheit besteht darin, innerhalb des biologisch vorgegebenen Handlungsrahmens und der dem Bewusstsein zur Verfügung gestellten Alternativen für die jeweilige Entscheidungssituation eine optimale Lösung zu suchen und zu verwirklichen. Eine optimale Lösung ist aber immer eine solche, die möglichst alle drei Emotionssysteme zugleich erfüllt. Und: Sowohl der Handlungsrahmen und seine Begrenzungen als auch das Zustandekommen der Alternativen entziehen sich weitgehend unserem Bewusstsein.

2.13 Wie unser Unbewusstes aufgebaut ist

Wie wir gesehen haben, sind unsere Emotionssysteme die zentralen Steuer- und Entscheidungskräfte in unserem Unbewussten. Aber damit ist das Unbewusste noch längst nicht erklärt, denn dort tut sich noch weit mehr, wie die Abbildung 12 zeigt.

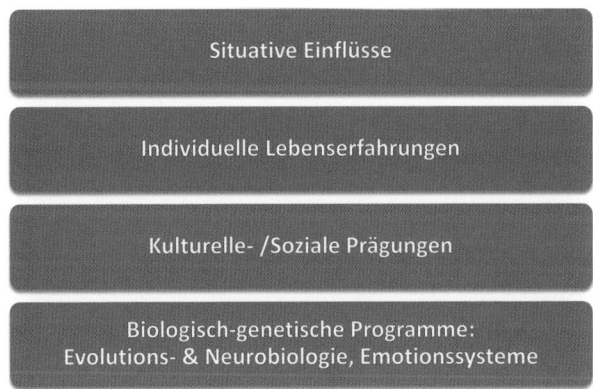

Situative Einflüsse

Individuelle Lebenserfahrungen

Kulturelle- /Soziale Prägungen

Biologisch-genetische Programme:
Evolutions- & Neurobiologie, Emotionssysteme

Abb. 12: Der Aufbau des Unbewussten

Auf der untersten Ebene des Unbewussten, der **biologischen Ebene,** werden, wir von unseren Emotionssystemen gesteuert. Damit haben wir uns ja bereits umfassend beschäftigt. Auf dieser Ebene gibt es aber noch viele weitere unbewusste Mechanismen, die sich im Laufe der Evolution entwickelt haben und unser Verhalten steuern. Denken wir dabei z. B. an das Kindchenschema, wenn es uns also warm ums Herz wird, wenn wir ein Menschen-, Katzen- oder Hundebaby sehen.

Die nächste Ebene des Unbewussten ist unsere **kulturelle Ebene**. Der Mensch ist ja auch ein Kulturwesen, und Kulturen sind, wie wir wissen, sehr unterschiedlich und haben vor allem verschiedene Regeln, die das Miteinander in geordneten Bahnen halten. Alle diese Regeln lernen wir in unserer Kinder- und Jugendzeit „nebenher", und auch diese Regeln sind in unserem Unbewussten gespeichert und beeinflussen unser Verhalten, ohne dass wir lange darüber nachdenken. Während wir z. B. in Deutschland aufrecht und geräuschlos unser Essen zu uns nehmen, schlürft und schmatzt ein Chinese und befindet sich mit seinem Gesicht oft direkt über dem Teller. Selbst wie wir ein Bild anschauen, ist kulturell höchst unterschiedlich. Während wir uns im Westen mehr auf einen Bildmittelpunkt konzentrieren und den Hintergrund eher ausblenden, betrachten Asiaten den Hintergrund viel stärker als wir. Unser gesamtes Verhalten ist mit kulturellen Regeln durchzogen, die in unserem Unbewussten gespeichert sind und automatisch zur Anwendung kommen.

Kommen wir zur nächst höheren Ebene, der **individuellen Ebene**. Jeder Mensch hat eine eigene Lebensgeschichte. Er hat im Laufe seines Lebens viele soziale, individuelle und beruflichen Erfahrungen gemacht, die meist völlig anders als die seiner Mitmenschen sind. Alle diese (emotionalen) Erfahrungen sind in unserem Unbewussten gespeichert und beeinflussen unsere Entscheidungen in hohem Maße, ohne dass wir merken, warum wir gerade so und nicht anders entschieden hätten. Eine schöne und wahre Geschichte stammt von dem amerikanischen Entscheidungsforscher Gary Klein, der unter anderem das Entscheidungsverhalten von Professionals untersuchte, unter anderem auch das von Feuerwehrkommandanten. Bei einem Großbrand beorderte ein Kommandant plötzlich alle seine Männer vom brennenden Gebäude weg. Die Feuerwehrleute schauten ihren Chef fragend an und verstanden diese Entscheidung nicht. Wenige Sekunden später stürzte das brennende Gebäude zusammen. Wie konnte das der Kommandant wissen? Die Erklärung: Er und sein Unbewusstes hatten Hunderte von Bränden mit einstürzenden Gebäuden erlebt. Offensichtlich hatte sein Unbewusstes dabei gelernt, dass sich kurz vor dem Einstürzen bestimmte Geräusche ereignen. Das Unbewusste hatte dieses Geräuschmuster wiedererkannt und den Kommandanten veranlasst, seine Männer zurückzuziehen. Er selbst übrigens konnte seine Entscheidung nicht erklären — ihm war nicht klar, welches Wissen in seinem Unbewussten vorhanden war.

Die letzte und flexibelste Ebene ist die so genannte **situative Ebene** des Unbewussten. Unser Unbewusstes verarbeitet aktuelle Signale aus unserer Umgebung und verändert unser Verhalten, ohne dass wir es merken — und das in allen Lebensbereichen. Greifen wir mal einen Lebensbereich heraus. um zu verdeutlichen, wie wir von kleinen Veränderungen in einer Situation erheblich beeinflusst werden: Essen. Psychologen luden Testpersonen zum Eisessen ein. Die Testpersonen durften sich selbst ihre Portionen nehmen. Dabei schoben die Forscher ihnen zwei Schüsselgrößen und zwei verschieden große Eislöffel unter. In die großen Schüsseln packten sich die Probanden im Schnitt 31 % mehr Eiscreme als in die kleine Schüssel, mit großen Löffeln fiel die Portion um 14,5 % größer als mit kleinen Löffeln aus — ohne dass die Testpersonen die Mengenunterschiede bemerkten. Mit großem Löffel und großer Schüssel geriet die Portion sogar um 56,8 % größer als mit den kleinen Varianten. In einer anderen Studie wurde die Form von Trinkgläsern variiert. Testpersonen schütten sich 77 % mehr Saft ins Glas, wenn dieses breit und niedrig war statt schmal und hoch. In Vergleichstests zeigte sich: Die Probanden mit hohen Gläsern glaubten dagegen mehr getrunken zu haben. Gerade die situative Ebene des Unbewussten ist Stoff vieler populär-wissenschaftlicher Bücher. Leser, die sich für die vielfältigen Effekte dieser Ebene interessieren, finden in den Büchern von Robert Cialdini, Dan Ariely, Daniel Kahnemann und Art Dijksterhuis reichhaltigen Lese- und Unterhaltungsstoff.

Think Limbic: Empfehlungen für den Alltag

1. Lösen Sie sich vom vermeintlichen Gegensatz Emotio versus Ratio.

Denken Sie daran, dass Emotion nicht das Gegenteil der Vernunft ist. Sie handeln höchst vernünftig, wenn es Ihnen gelingt, die Vorgaben aus den Emotionssystemen optimal in Ihrem Leben umzusetzen.

2. Versuchen Sie Ihren limbischen „Autopiloten" öfter bewusst auszuschalten.

Denken Sie vor wichtigen Entscheidungen oder in schwierigen Situationen daran, dass wir in der Regel im Autopilot-Modus agieren, der unsere Entscheidungen unbewusst stark beeinflusst. Analysieren Sie die Situationen bewusst auf ihre limbische Bedeutung. Kontrollieren Sie Ihr eigenes Verhalten ebenfalls nach dem gleichen Muster. Wer in der Lage ist, seinen Autopiloten auszuschalten, ist anderen stets überlegen und kann auch schwierige Situationen besser beherrschen!

3. Seien Sie toleranter gegenüber Mitarbeitern und Kollegen!

Genauso wie Sie selbst werden auch Ihre Mitarbeiter und Kollegen unbewusst von ihren Emotionssystemen geleitet. Vieles, was diese tun und was Sie möglicherweise ärgert, machen Ihre Mitmenschen nicht bewusst. Ein einmaliger Appell an die „Vernunft" hilft nicht weiter, weil es erstens keine Vernunft gibt und zweitens ein Mensch nicht einfach so aus seiner limbischen Haut heraus kann. Wenn Sie etwas verändern wollen, helfen nur Geduld und der Weg über viele kleine Schritte.

3 Balance: die Kraft der Beharrung und Erhaltung

Was Sie in diesem Kapitel erwartet

Menschen und Organisationen haben einen extrem starken Drang zur Beharrung und zum Festhalten am Gewohnten. Ursache dafür ist aber nicht Ignoranz oder Widerspenstigkeit, sondern der unbewusste Einfluss der mächtigsten emotionalen Kraft: der Balance-Kraft. Auf dieser Kraft basieren letztlich aber auch unser Gesundheitswesen und der Glaube. Mit einer Vielzahl von unbewussten Automatismen steuert diese Kraft darüber hinaus unsere Wahrnehmung und nimmt zugleich Einfluss auf unsere Entscheidungen.

Warum verlieren viele Unternehmen den Marktanschluss? Warum scheitern über 70 % aller Veränderungsprojekte oder bringen lange nicht den gewünschten Erfolg? Warum wehren sich Mitarbeiter oft so vehement gegen alles Neue?

Im Alltag sind wir leicht versucht, diese Phänomene mit einfachen Beschreibungen und Kausalitäten zu erklären: Unternehmen verlieren den Marktanschluss — also haben ihre Manager die Warnsignale verschlafen. Veränderungsprojekte scheitern, Mitarbeiter wehren sich gegen das Neue — also sind die Mitarbeiter stur und engstirnig. Doch diese vordergründigen Erklärungen verstellen den Blick auf eine unbewusste starke Kraft in uns, die uns genau dazu anhält, neue Informationen zu ignorieren, möglichst viele Gewohnheiten aufzubauen und diese beizubehalten. Es ist die Balance-Kraft (Abbildung 13). Sie ist die mächtigste Kraft in unserem Kopf. Ihre Befehle lauten:

- Vermeide jede Gefahr!
- Vermeide jede Veränderung, baue Gewohnheiten auf und behalte sie bei!
- Vermeide jede Störung und Unsicherheit!
- Strebe nach innerer und äußerer Stabilität!
- Optimiere deinen Energiehaushalt und vergeude nicht nutzlos Energie!

Die eng mit dem Balance-System verknüpften sozialen Emotionssysteme Bindung und Fürsorge geben uns folgende Anweisungen:

- Suche Sicherheit in der Gruppe und achte auf stabile soziale Beziehungen!
- Falle nicht unangenehm oder störend auf!
- Sorge dich um deine Familie, Freunde, Bekannte!

Entwicklungsgeschichtlich ist die Balance-Kraft die älteste limbische Kraft. Sie ist mehr als 3,5 Milliarden Jahre alt! Schon bei den ersten Zellen war der Schutz gegen Außeneinwirkungen und die Vermeidung von Störungen durch Außenreize von zentraler Bedeutung, was zur Ausbildung von Zellwänden führte.[56] Gleichzeitig diente die Zellwand der Aufrechterhaltung/Sicherstellung des energetischen Fließgleichgewichts, der inneren Stabilität und der Optimierung der Energieressourcen. Auch durch den Zusammenschluss zu Zellverbänden, aus denen der Mensch letztlich entstanden ist, wurde der Einfluss dieser zentralen Kraft nicht verändert: Die Balance-Kraft ist ein zentrales Konstitutionsprinzip jedes Organismus und jedes lebenden Systems. Beide Aspekte, der Schutz- und der Stabilitätsaspekt, machen sich deshalb auf allen Ebenen unser Lebens bemerkbar, wie Abbildung 13 verdeutlicht:

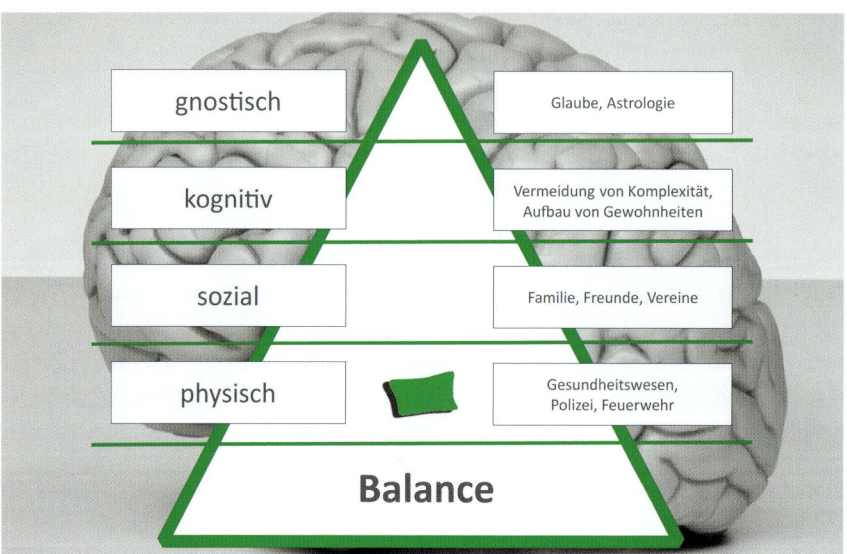

Abb. 13: Das Balance-System ist das stärkste Emotionssystem im menschlichen Gehirn

- Auf **der physisch/körperlichen Ebene** zeigt sich diese Kraft auf vielfältige Weise. Zunächst einmal ist sie der Auslöser der Furcht und Angst. Unser Wunsch, gesund zu bleiben, und die damit verbundene Bereitschaft, große Teile unseres Einkommens in die Gesundheit zu investieren, haben ihre Ursache ebenfalls in dieser Kraft. Der Schutzaspekt der Balance-Kraft sichert Versicherungen, Industriebereichen, die Sicherheitsprodukte herstellen, aber auch öffentlichen Dienstleistern wie z. B. Polizei und Feuerwehr auch zukünftig eine solide Existenz.
- Auf der nächsten, der **sozialen Ebene,** ist diese Kraft ein Auslöser dafür, dass sich der an sich „egoistische" Mensch zu Gruppen zusammenschließt. In der Gruppe ist seine Sicherheit um ein Vielfaches höher als die von Einzelgängern. Gruppen erhöhen deshalb die Chancen des Individuums, seine Gene zu ver-

breiten.[2, 86, 88] Unser Wunsch nach der Geborgenheit in der Familie oder der Zugehörigkeit zu einem Verein hat darin seine genetische Ursache. Weil für den Menschen die Gruppe überlebensnotwendig ist, hat sich auch das Gehirn im Laufe der Evolution darauf eingestellt.

- Innerhalb der Balance-Kraft sind im Gehirn zwei Submodule entstanden, die uns Menschen „sozialisieren". Es gibt ein „Bindungsmodul", das ausgehend von der frühen Mutter-Kind-Bindung dafür sorgt, dass wir uns an andere binden, um Geborgenheit zu erlangen. Zusätzlich gibt es ein „Fürsorgemodul", das uns anhält, uns um andere, insbesondere unsere Kinder zu kümmern.[102]

- Wie alle Kräfte durchdringt auch die Balance-Kraft unsere Wahrnehmung und unser Denken: Auf der **kognitiven Ebene** gibt uns diese Kraft vor, Komplexität und Unsicherheit zu vermeiden bzw. nach kognitiver Harmonie zu streben. Alles, was dazu dient, Störungen in Form von Problemen oder verunsichernden Fragen zu vermeiden oder zu reduzieren, ist deshalb herzlich willkommen. Die Balance-Kraft kümmert es dabei wenig, ob die Erklärung richtig im wissenschaftlichen Sinne ist. Ihr kommt es einzig und allein darauf an, dass sie für uns einleuchtend ist. In der Psychologie finden sich mehrere Theorien, die den Bereich der kognitiven Balance ansprechen. Beispiele dafür sind Fritz Heiders Konzept des kognitiven Gleichgewichts. Er geht davon aus, dass kognitive Systeme immer zu einem Gleichgewichtszustand tendieren.[46] Charles Osgoods Kongruenz-Konzept besagt, dass Bewertungen durchwegs in Richtung Kongruenz mit dem vorhandenen Bezugssystem verlaufen.[68] Und schließlich die Theorie der kognitiven Dissonanz von Leon Festinger. Kognitive Dissonanz löst, so Festinger, eine innere Aktivität aus, die darauf gerichtet ist, die Dissonanz zu verringern.[36]

- Die letzte Ebene, die **gnostische Balance-Ebene**, ist eng verwandt mit der kognitiven. Während „kognitive" Elemente auch bei Tieren bereits angelegt sind,[42] ist der gnostische Bereich an die Entwicklung der Sprache gebunden. Denn erst mit der Entwicklung der Sprache war es dem Menschen möglich, sich Gedanken über die Zukunft und seine Existenz nach dem Tod zu machen. Die daraus entstehende Unsicherheit lässt das limbische System nicht zu: Über 98 % der Menschen gehören deshalb einer Religion, Sekte, Sinngemeinschaft an und/oder glauben an Astrologie, Wahrsager oder geheime Mächte. Auch menschliche Begräbnisrituale, die fast zeitgleich mit der Entwicklung der Sprache entstanden sind, zeigen die enge Verbindung der Sprache mit dieser Balance-Ebene.

Hauptaufgabe unserer Balance-Kraft ist, ein Höchstmaß an Sicherheit, Stabilität und Konstanz in unserer äußeren Lebensumwelt, in unserem Denken und in unserem Körper zu erreichen bzw. zu erhalten. Um dieses Ziel zu erreichen, sind über die gerade aufgezeigten allgemeinen Wirkprinzipien hinaus in unserem limbischen System eine Reihe zusätzlicher unbewusster Programme verankert. Diese haben sich im Laufe von einigen Millionen Jahren gebildet und machen sich in unserem Alltag deutlich bemerkbar. Einige dieser Automatismen werden wir nun etwas näher kennenlernen.

3.1 Warum Männer im Business graue oder schwarze Anzüge tragen

Ein für uns Menschen häufiges und wichtiges Problem ist die Einschätzung anderer Menschen, insbesondere von Fremden, denen wir erstmals begegnen. Die Frage, die wir uns — ausgelöst durch unser limbisches System — stellen, lautet: Handelt es sich um einen gefährlichen Feind oder um einen guten Freund?

Es ist ja hinlänglich bekannt, dass wir Menschen schnell zu Vorurteilen neigen, getreu dem alten Sprichwort: „Der erste Eindruck zählt." Weniger bekannt ist, welche Funktion mit diesen Vorurteilen verbunden war und ist: Die schnelle und richtige Freund-/Feinderkennung entschied bei unseren Vorfahren nämlich oft über Leben und Tod, wenn fremde Stämme aufeinander trafen. Hier war es wichtig, sofort, ohne den langen Umweg über den Neocortex, schnelle Entscheidungen zu treffen.

Unser limbisches System arbeitet deshalb mit einem höchst einfachen Mechanismus, um die mit der Freund-/Feindentscheidung verbundene kognitive Unsicherheit zu reduzieren. Es orientiert sich an Merkmalen unseres Gegenübers, die unseren eigenen gleichen, wie Hautfarbe, Kleidung und Sprache etc. Je mehr diese äußeren Merkmale mit unseren eigenen übereinstimmen, desto sympathischer finden wir ihn. Je weiter sie von unseren eigenen abweichen, desto größer ist die unbewusste Ablehnung, die sich in unserem Bewusstsein durch Gefühle wie Angst oder Antipathie bemerkbar macht. Dieser Freund-/Feind-Mechanismus erfüllt gleichzeitig noch einen weiteren wichtigen Zweck. Weil das Leben in Gruppen, wie wir gesehen haben, auch den egoistischen Genen hohe Vorteile bietet, wird durch die Sympathie, die ähnliche Menschen aufgrund dieses unbewussten Mechanismus in uns auslösen, der Zusammenhalt von Gruppen gefördert. Uniformen, gemeinsame Zeichen, Stammestätowierungen, Vereinsfarben und Kriegsbemalungen sind aus diesem Mechanismus heraus entstanden.

Zurück nun in die Gegenwart: In den Business-Alltag. Ziel ist ja hier, mit Fremden schnell ins Geschäft zu kommen. Ungebremst würde die Freund-/Feind-Kennung aber manches Geschäft verhindern. In der Praxis hat sich deshalb ein Trick bewährt, der das angeborene Misstrauen elegant aushebelt: Alle tragen die gleiche Kleidung — nämlich einen grauen oder schwarzen Anzug. Damit wird dem anderen vorgegaukelt, dass man zur gleichen Sippe wie er selbst gehört. Unbewusst baut sich so ein Vertrauensvorschuss für den Geschäftspartner auf. Ob dieser dann hält, was uns das Unbewusste verspricht, steht auf einem anderen Blatt.

Ein zentrales Ziel der Balance-Kraft ist, wie wir gerade gesehen haben, kognitive Unsicherheit zu vermeiden und für schnelle Orientierung zu sorgen. Offensichtlich gibt es in unserem limbischen System also spezielle unbewusste Programme, die genau diesen Zweck erfüllen. Ein weiteres, für uns Menschen sehr wichtiges Programm lernen wir nun kennen.

3.2 Das Diktat des Herdentriebs

Nehmen wir an, wir sind in einer fremden Stadt, haben Hunger und gehen durch die Straßen, um ein Restaurant zu suchen. Dabei kommen wir an zwei Gasthäusern vorbei: In dem einem sitzen viele Menschen, das andere ist weitgehend leer. In welches werden wir gehen? Mit großer Wahrscheinlichkeit werden wir das bevölkerte Restaurant wählen, ohne dass uns bewusst ist, warum wir dieses Restaurant betreten haben. Der Grund: Entscheidungsunsicherheit lässt unser limbisches System nicht zu. Zum einen, weil es die damit verbundene Spannung reduzieren will, zum anderen, weil zu lange Entscheidungszeiten auch Handlungsunfähigkeit bedeuten, was in unserem tierischen Vorleben mit großer Gefahr verbunden war. Aus diesem Grund orientiert sich unser Unbewusstes am Verhalten unserer Artgenossen, umgangssprachlich auch Herdentrieb genannt.

Als Marketing-Instrument wurde dieser Mechanismus bereits vor über hundert Jahren systematisch eingesetzt: In der Pariser Theaterszene entschied die Premiere darüber, ob ein Stück erfolgreich oder zum Flop werden würde. Bei bekannten Autoren war das Risiko weit geringer, ganz gleich ob das Stück gut oder schlecht war. Den Grund ahnen wir: Bekannte Namen reduzieren die Unsicherheit. Was konnte man aber tun, um bei unbekannten Autoren die Flop-Rate zu reduzieren? Man engagierte so genannte Claqueure, also Menschen, die auf Bestellung klatschten. Weil es für die meisten Besucher schwierig war (und bis heute ist), die Qualität eines neuen Stückes zu beurteilen, baute sich bei den Zuschauern am Ende der Vorstellung eine ungeheure kognitive Spannung bzw. Unsicherheit auf, weil keiner sagen konnte, ob das Stück nun gut oder schlecht war. In dem Moment traten die bezahlten Klatscher in Aktion. Bevor die Zuschauer selbst reagieren konnten, sprangen sie an verschiedenen Orten aus dem Zuschauerraum auf und applaudierten mit lauten Bravo-Rufen. Damit lösten sie den Herdentrieb-Mechanismus in der Masse aus: Nach kurzer Zeit applaudierte der ganze Raum.

Wenn Sie, verehrter Leser, eine wichtige Präsentation mit unsicherem Ausgang vor sich haben: Bitten Sie einfach einen befreundeten Kollegen, sofort nach der Präsentation das Wort zu ergreifen und als erster Ihre Präsentation zu loben. Der erste, der zu und über Ihre Präsentation spricht, etabliert den Rahmen für alle anderen.

Auch im Fernsehen wird dieser Mechanismus sehr bewusst eingesetzt — eingespieltes Lachen oder Klatschen von Zuschauern insbesondere bei amerikanischen Soap-Operas macht langweilige Sendungen attraktiver. Sie werden als weit lustiger und spannender erlebt, als sie es ohne diese Beeinflussung tatsächlich wären.

3.3 Wie man anderen das Geld aus der Tasche ziehen kann

Diese im Unbewussten verankerten Orientierungsprogramme können, wie wir im Beispiel oben gesehen haben, natürlich auch dazu genutzt werden, andere zu beeinflussen und zu manipulieren. Ein weiterer, fast immer wirkender Mechanismus ist der Ankereffekt. Das Wirkprinzip kann man schon an dieser optischen Täuschung erkennen (Abbildung 14).

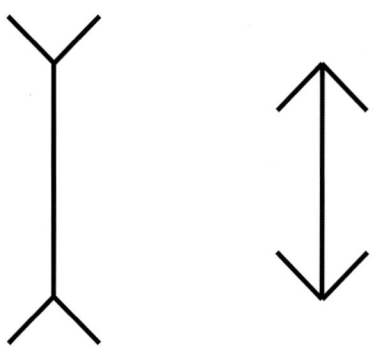

Abb. 14: Das Balance-System versucht kognitive Unsicherheit zu vermeiden und orientiert sich an Bezugsankern

Obwohl die Linien in der Mitte gleich lang sind, wird diese visuelle Botschaft in unserem Gehirn so umgeformt, dass sie für uns plausibel erscheint und kognitive Unsicherheit reduziert. Unser Gehirn orientiert sich nämlich an Bezugsrahmen oder Ankern. Auch dieser Orientierungsprozess bleibt unserem Bewusstsein verborgen. Selbst wenn man ihn kennt, hat man oft keine Chance sich dagegen zu schützen, wie ich selbst kürzlich als „Opfer" erleben durfte.

Wie jedes Jahr zum Münchner Oktoberfest bat meine Tochter um einen elterlichen Zuschuss. Ich fragte sie, mit welchem Betrag sie denn rechne. Ohne lange zu überlegen, antwortete sie: „100 Euro". Damit war in meinem Gehirn ein Preisanker gesetzt. Natürlich war mir das viel zu hoch und wir einigten uns auf 50 Euro. Im lockeren Gespräch am Abend eruierte ich bei meinem „Ausbeuter", mit wie viel Geld sie denn gerechnet habe und zufrieden gewesen wäre. „25 Euro", war ihre Antwort und mir war klar, dass ich in die Ankerfalle getreten war. Im Vergleich zu 100 Euro, das war der gesetzte Anker, hatte mein Gehirn unterbewusst die 50 Euro als günstig erkannt, obwohl diese Summe für mich als sparsamen Vater viel zu hoch war. Clevere Verkäufer nutzen übrigens die Ankerfalle genauso schamlos aus wie meine Tochter, indem sie im Verkaufsgespräch stets mit dem teuersten Angebot beginnen und damit den Preisanker in den Kopf des Kunden programmieren. Alle Preise, die darunter liegen, werden so vom Kunden unbewusst als günstig beurteilt.

In diese Ankerfalle tappen übrigens auch die meisten Autokäufer. Wir gehen zum Autohändler und kaufen zunächst das Grundmodell um 20.000 Euro und mehr. Damit ist der Preisanker fest in unserem Unbewussten etabliert. Die zusätzlichen 1.000 Euro für die Klimaanlage, die 1.000 Euro für die Automatik und die 100 Euro für Fußmatten erscheinen unserem limbischen System aufgrund dieses Mechanismus vergleichsweise niedrig. Dass wir am Schluss fast den gleichen Betrag wie für das Grundmodell in Zubehör investiert haben, verdanken wir unserer Ankerfalle.

Auch im Management-Alltag beeinflusst die Balance-Kraft mit ihren unbewussten Orientierungsmechanismen viele, zum Teil schwerwiegende Entscheidungen.

3.4 Warum harte Zahlen oft zu falschen Entscheidungen führen

Vor einiger Zeit nahm ich als Unternehmensberater an der Vorstandssitzung eines Kunden teil. Meine Aufgabe war es, eine neue Geschäftsidee unter marktpsychologischer Sicht zu bewerten. Mit bzw. vor mir präsentierte auch ein Mitarbeiter des Konzern-Controllings eine Business-Planung für dieses Projekt für die nächsten fünf Jahre. Im fünften Jahr sollte, so der Controller, das Projekt einen Gewinn von 1.117.258 Euro machen. Der Vorstand war begeistert und sich sicher, dass das Geschäft ein Erfolg werden würde. Warum? Sein Gehirn hatte die Sicherheit, die diese auf den Euro genaue Prognose auslöste, unbewusst auf das ganze Projekt übertragen. Der Unsinn einer solchen Prognose wurde zunächst nicht erkannt. Zu groß war die gefühlsmäßige Belohnung des Vorstands durch sein limbisches System für die scheinbare Reduzierung der kognitiven Unsicherheit.

Erst, als ich auf diese Falle aufmerksam machte und auch sonst noch einige Zweifel streute, konnte die Euphorie gebremst werden. Dieser Glaube an die harten Zahlen führt aber noch zu einem weiteren Problem — den für den Unternehmenserfolg viel wichtigeren weichen Prozessen bleibt die notwendige Aufmerksamkeit versagt. Weil sie sich nicht messen lassen, erzeugen sie kognitive Unsicherheit, was die Balance-Kraft unter allen Umständen zu verhindern versucht. Belohnt wird vom limbischen System der Manager, der sich an harte Zahlen klammert, selbst wenn sie wie im Beispiel oben völlig unsinnig sind.

3.5 Neuronaler Darwinismus oder unser Weg zum Starrsinn

Neben diesen fast reflexartigen Orientierungsmechanismen unseres limbischen Systems ist es eine seiner Hauptaufgaben, neue Informationen zu verdrängen oder Tatsachen zu ignorieren, die nicht der eigenen Meinung entsprechen. Oder — im umgekehrten Fall — nur solche Informationen zuzulassen, die die eigene Meinung bestätigen. Sicher fallen Ihnen auf Anhieb viele solcher Gelegenheiten ein, bei denen Kollegen und Kolleginnen durch nichts zu überzeugen und von ihrer Meinung abzubringen waren. Dieser Ausblendungs- und Ignorierungsmechanismus des limbischen Systems wird zusätzlich durch die neuronalen Prozesse der Informationsspeicherung im Neocortex verstärkt. Der amerikanische Zellbiologe und Nobelpreisträger Gerald Edelmann[30] hat diesen Vorgang als neuronalen Darwinismus beschrieben. Je öfter eine unsere Meinung bestätigende Information ins Gehirn kommt, desto stärker wird die neuronale Verschaltung in den Gehirnbereichen, in denen diese Meinung abgespeichert wird. Konkurrierende Nervennetzwerke dagegen sterben ab. Je fester diese neuronalen Strukturen, desto schwieriger wird es für neue Informationen, diese Strukturen aufzulösen. Da unser limbisches System nur Erfahrungen zulässt, die keine Unsicherheit mit sich bringen, und unser Neocortex deshalb nur Erfahrungen abspeichern kann, die immer wieder dieselben neuronalen Strukturen verstärken, werden wir aufgrund dieses sich selbst verstärkenden Regelkreises, ob wir wollen oder nicht, von Tag zu Tag etwas starrsinniger. Der älteren Leuten nachgesagte Widerstand gegenüber Neuem ist also keine „bewusste" Blockade, sondern ein unbewusst ablaufender neuronaler Prozess.

Angesichts der „beharrenden" Funktionsweise unseres Balance-Systems wird deutlich, wie schwierig Einstellungs- und damit auch Verhaltensänderungen in Organisationen sind. Mit der wichtigste Grund, warum Veränderungsprozesse scheitern, ist der, dass diese unbewussten Beharrungsmechanismen gewaltig unterschätzt werden. Man glaubt, dass die Information in der Mitarbeiterzeitung oder in einem eintägigen Workshop, verbunden mit dem Appell an die „Vernunft", ausreichen, um einen Mentalitätswandel zu bewirken. Dieser Irrtum schlägt direkt auf die Budgetierung von Veränderungsprozessen durch: Bei der Gestaltung von Transformationsprozessen werden enorme Summen in harte Faktoren wie Maschinen und IT gesteckt, die Investition in den Faktor Mensch wird dagegen oft sträflich vernachlässigt.

3.6   Wie Gehirnwäsche funktioniert

Die mitunter radikalen Abwehrmechanismen des limbischen Systems lassen uns nun vermuten, dass die Veränderungen von tief verankerten Wertesystemen oder Einstellungen nicht möglich sind. Weit gefehlt: Sie sind möglich. Jeder von uns kann vom Saulus zum Paulus gedreht werden — aber auch ein Switch in die andere Richtung ist kein Problem. Denn der Widerstand des limbischen Systems lässt sich elegant aushebeln. Die Methode dazu wurde von den Chinesen erfunden und erfolgreich im Korea-Krieg als „Gehirnwäsche" eingeführt.

Für den amerikanischen Generalstab war es damals ein großer Schock, als er bemerkte, dass viele aus der Kriegsgefangenschaft heimgekehrte amerikanische Offiziere zu fanatischen Kommunisten geworden waren.

Was war geschehen? Zunächst vermutete man operative Eingriffe ins Gehirn oder die Verabreichung bewusstseinsverändernder Drogen. Keine der Hypothesen traf zu. Die Offiziere berichteten nämlich übereinstimmend, dass sie zu ihrer kommunistischen Überzeugung aus freien Stücken gekommen wären. Diesen radikalen Meinungswandel konnte sich keiner erklären. Deshalb wurden Psychologen mit der Untersuchung dieser spektakulären Fälle betraut. Sie klärten den zugrunde liegenden Mechanismus auf.

Über viele Wochen lang wurden die Offiziere streng voneinander abgeschirmt, aber auch die Kontakte zu Chinesen wurden auf das Äußerste reduziert. Weil nun die Stimulanz-Kraft stets auf der Suche nach neuen Reizen ist, stellte sich bei den Offizieren durch diesen Reizentzug extremes psychisches Unwohlsein ein, in leichter Form auch als „Langeweile" bekannt.

Umso dankbarer waren die Offiziere, als man ihnen anbot, freiwillig an Diskussionsrunden teilzunehmen. Auf diese Freiwilligkeit wurde sehr viel Wert gelegt. Auf diese Weise hatten die Offiziere das Gefühl, alles im Griff zu haben, ohne zu ahnen, dass sie längst zu Marionetten in einem perfiden Psychospiel geworden waren. Wie ging es nun weiter? Wer vermutet, die Chinesen hätten harte Propaganda serviert, liegt falsch. Nichts dergleichen geschah. Die Amerikaner durften ihr geliebtes Amerika nach Herzenslust loben, ohne dass die Chinesen merklich eingriffen. Ab und zu eine zweifelnde Nachfrage, mehr nicht. Am Ende der Stunde mussten die Offiziere wieder zurück in ihr „reizarmes" Lager. Diese Diskussionsrunden wurden zweimal in der Woche angeboten und ab und zu gab es einen Aufsatzwettbewerb über politische Fragen. Auch die Teilnahme daran war freiwillig. Prämiert und vorgelesen wurden am Anfang auch Aufsätze, die Amerika lobten, allerdings ohne den Kommunismus zu beleidigen. Doch Woche für Woche wurden die Offiziere, für sie unbemerkt, in kleinen Schritten immer etwas stärker für prokommunistische Aussagen belohnt. Und nach einigen Monaten war für die Chinesen das Ziel erreicht: Aus stolzen amerikanischen Offizieren wurden überzeugte und fanatische Kommunisten.

An diesem Beispiel kann man erkennen, wie die Veränderungen von tiefgreifenden Werten und Einstellungen erreicht werden können.

- Erstens: Kein Zwang! Er hätte das Dominanz-System aktiviert, das sich gegen einen Eingriff in die eigene Meinung gewehrt hätte.
- Zweitens: Reizentzug bzw. Einschränkung ablenkender Reize und Informationen.
- Und drittens: Viele kleine Schritte der langsamen Meinungsveränderung. Hätten die Chinesen nämlich mit plumper Propaganda begonnen, hätte die Balance-Kraft nach dem Motto „Man merkt die Absicht und ist verstimmt", rebelliert. So aber wurde der Widerstand gegen Neues in vielen kleinen Schritten unterlaufen.

Dieses Beispiel zeigt auf der einen Seite, warum sich Einstellungen und Werthaltungen nicht durch einfache Anordnungen verändern lassen und tiefgreifende Veränderungen in Organisationen große Geduld brauchen. Auf der anderen Seite wird aber auch deutlich, warum unter den entsprechenden Rahmenbedingungen Menschen immer von und durch Ideologien verführt werden können und selbst tief verankerte Überzeugungen und Werthaltungen keinen Schutz dagegen bieten.

Think Limbic: Empfehlungen für den Alltag

1. Wenn Sie in Ihrem Unternehmen größere Veränderungen planen: Budgetieren Sie mindestens 60 % für Maßnahmen zur Mentalitätsveränderung!

Die Balance-Kraft ist das stärkste Emotionssystem im menschlichen Gehirn. Ihr Widerstand gegen alle Veränderungen ist der Grund, warum Transformationsprozesse scheitern. Um die limbische Blockade zu brechen und somit einen Mentalitätswandel zu erreichen, brauchen Sie Geduld und Geld.

2. Verankern Sie das Ziel und seine Begründung in allen Köpfen!

Implantieren Sie frühzeitig einen kognitiven Anker der Veränderung: Beginnen Sie erst mit größeren Veränderungen, wenn Sie sicher sind, dass alle Mitarbeiter sowohl das Ziel als auch den Grund für die Veränderung kennen. Reduzieren Sie so die kognitive und gnostische Unsicherheit, die Veränderungsprojekte mit sich bringen.

3. Großartige Visionen scheitern oft an kleinen Gewohnheiten!

Es sind nicht die großen Visionen, die den Widerstand Ihrer Mitarbeiter bei Veränderungsprozessen auslösen, sondern die kleinen, täglich immer wiederkehrenden Abläufe und Routinen am direkten Arbeitsplatz, die nicht mehr so wie vorher sind, und damit die Rebellion der Balance-Kraft auslösen. Achten Sie darauf, dass Ihre Mitarbeiter nicht ins kalte Wasser geworfen werden, sondern in Trainings und Seminaren genügend Zeit haben umzulernen.

4. Machen Sie lieber 100 kleine als eine große Veränderung!

Warten Sie nicht, bis Sie zu großen Veränderungen gezwungen sind, denn dann ist heftiger Widerstand durch Großalarm der Balance-Kraft bei allen Beteiligten zu erwarten und damit die Gefahr des Scheiterns groß. Denken Sie an die Funktionsweise der Gehirnwäsche und unterlaufen Sie mit vielen kleinen, fast unmerklichen Veränderungen das Alarmsystem des limbischen Systems.

5. Kämpfen Sie täglich bewusst gegen Ihren wachsenden Altersstarrsinn!

Das Problem: Wir selbst bemerken nicht, dass wir aufgrund der Balance-Kraft jeden Tag ein winziges Stück starrer und unbeweglicher werden. Genauso wie Sie Ihre Muskeln durch Sport fit halten, können Sie auch etwas für die Fitness Ihres Gehirns tun. Gehen Sie auf Kongresse, stellen Sie sich bewusst und regelmäßig neuen Themen und hören Sie nicht damit auf, die neueste Fachliteratur zu lesen.

4 Dominanz: die Kraft des Wachstums und der Zerstörung

Was Sie in diesem Kapitel erwartet

Die Dominanz-Kraft, der innere Drang nach Macht und zur Spitze, wird gerne ignoriert oder moralisch verurteilt. Dabei ist es dieselbe Kraft, auf der letztlich der Erfolg jedes Unternehmens beruht. Die Dominanz-Kraft hat ihre eigenen Gesetze: Sie ist bei Männern stärker ausgeprägt als bei Frauen und ist gleichzeitig ein mächtiger Gegenspieler der emotionalen Intelligenz. In unserem limbischen System wurden darüber hinaus im Laufe der Evolution viele unbewusste Mechanismen gespeichert, die bis heute den Unternehmensalltag erheblich beeinflussen.

Die Dominanz-Kraft ist mit Sicherheit die ideologisch umstrittenste, weil sie im Kern auf Verdrängung des Konkurrenten abzielt. Sie steht damit am stärksten im Widerspruch zu einem humanistisch geprägten Menschenbild. Doch es hilft nichts: Wir müssen der Wahrheit ins Gesicht sehen. Diese Kraft ist fest im limbischen System verankert und hat nichts von ihrem Einfluss verloren, was folgende Zahlen verdeutlichen:

- So hat sich die Anzahl der Kriege im Zeitraum von 1900 bis 2000 im Vergleich zum vorigen Jahrhundert mehr als verdoppelt (von 200 auf 400 Kriege) und die Anzahl der Kriegstoten sogar mehr als verzehnfacht (von 6 Millionen auf 60 Millionen Opfer).
- Seit 1945 und Auschwitz haben sich in der Welt mehr als 10 weitere Genozide ereignet, bei denen jeweils mehr als 100.000 Opfer zu beklagen waren. (Im gesamten 20. Jahrhundert waren es mehr als 35.)[26]

Welche Befehle gibt sie uns vor? Die Anweisungen der Dominanz-Systems lauten:

- Setze dir große Ziele!
- Setze dich durch!
- Vergrößere deine Macht!
- Verdränge deine Konkurrenten!
- Erweitere dein Territorium!
- Erhalte deine Autonomie!
- Sei aktiv!
- Strebe nach Status!

Dominanz: die Kraft des Wachstums und der Zerstörung

Auch diese Kraft ist so alt wie das irdische Leben selbst: Bereits die ersten Zellen bildeten chemische Gifte aus, die andere Zellen lähmten bzw. töteten.[27] Darüber hinaus waren sowohl Kraft und Stärke von großem evolutionären Vorteil, um andere Zellen zu jagen bzw. zu verdrängen.

Doch diese Kraft hat nicht nur negative Seiten. Es wird nämlich völlig verkannt, dass sie letztlich der Motor des Fortschritts ist: Unser angenehmes und im Vergleich zu unseren Vorfahren bequemes Leben verdanken wir diesem Emotionssystem: Ohne die Dominanz-Kraft gäbe es keine Autos, keine Flugzeuge, keine Antibiotika und keine Computer. Dieser Fortschritt basiert letztlich darauf, dass wir, gleich ob wir Wissenschaftler, Politiker, Techniker, Sportler oder Schauspieler sind, an die Spitze unserer Zunft wollen. Und um an die Spitze zu kommen, müssen wir uns mit außerordentlichen Leistungen durchsetzen.

Wirkliche Quantensprünge und wirkliche Veränderungen gehen deshalb in der Regel immer von Einzelnen aus, die an die Spitze wollen, und weniger von Teams. Teams können Ideen verbessern, komplexe Probleme lösen und die Koordination optimieren, der wirkliche Motor des Fortschritts sind sie in der Regel nicht.

Schließlich basiert auch unser Wirtschaftssystem, die freie Marktwirtschaft, auf der Dominanz-Kraft. Treibender Motor ist nämlich, besser zu sein als der Wettbewerb und diesen, wenn möglich, zu verdrängen. Auch die durch Fusionen immer größer werdenden globalen Konzerne sind auf diese Kraft zurückzuführen. Wenn man die Wirkungsweise der Emotionssysteme kennt und weiß, dass sie stets auf „mehr" drängen und niemals mit dem Status quo zufrieden sind, bleibt offen, wie sich diese wirtschaftliche Machtkonzentration einmal auswirken wird. Eines ist aber sicher: Die Hoffnung auf Vernunft und Selbstbeschränkung der Konzerne wird ein frommer Wunschtraum bleiben.

Auch die Dominanz-Kraft strukturiert alle Ebenen unseres Lebens, wie Abbildung 15 zeigt.

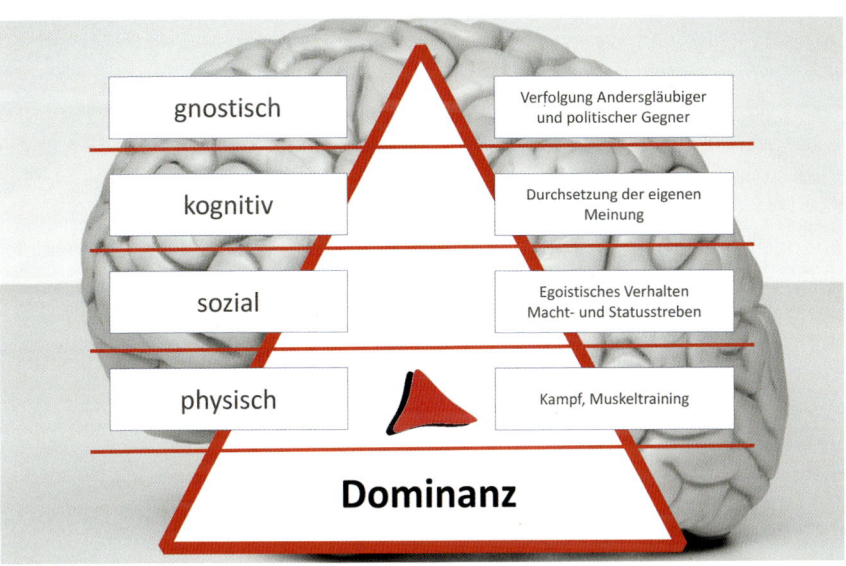

Abb. 15: Das Dominanz-System: die ungeliebte aber trotzdem wichtige Kraft

Auf der **körperlich/physischen Ebene** versuchen wir den „Konkurrenten" durch physische Gewalt zu verdrängen, Kriege sind dafür das beste Beispiel. Unseren inneren Drang nach physischer Autonomie erleben wir am deutlichsten, wenn wir im Gefängnis sitzen oder gefesselt werden. Und mit welcher Inbrunst wir physische Territorien verteidigen, zeigt ein Blick von unserem Fenster in den Garten, den wir mit hohen Gartenzäunen vom Nachbarn abgrenzen.

Die **soziale Ebene** der Dominanz-Kraft ist geprägt vom Kampf um Führungs- und Machtpositionen (Durchsetzung, Verdrängung) und dem Wunsch nach hohem sozialen Status. Der soziale Territorialanspruch zeigt sich auch in dem im Parkinsonschen Gesetz persiflierten Drang, möglichst viele Mitarbeiter zu befehligen. Darüber hinaus ist die Dominanz-Kraft auch eine wichtige Ursache dafür, warum wir uns zu Gruppen zusammenschließen, nämlich immer dann, wenn von Gruppen als Kollektiv ein starkes Machtversprechen ausgeht.

Der Einfluss der Dominanz-Kraft auf der **kognitiven Ebene** zeigt sich in unserem Bestreben, unsere Meinung und unsere Ideen durchzusetzen und Recht zu behalten. Natürlich gibt es auch kognitive Territorien: Denken wir nur an Profit-Center, Wissensgebiete oder Aufgabenbereiche, die von ihren Besitzern hartnäckig gegen Eindringlinge verteidigt werden. Und wie wichtig schließlich kognitive Autonomie ist, enthüllt ein Blick in die Geschichte: Viele Kämpfe und Revolutionen sind letztlich aus dem Wunsch nach Meinungsfreiheit heraus entstanden.

Bleibt schließlich noch die **gnostische Dominanz-Ebene**. Sie äußert sich in Ideologien und Religionen, die eine goldene Zukunft versprechen und so versuchen, die Macht über den Menschen zu erhalten und auszubauen. Welchen enormen Machtfaktor die gnostische Macht darstellt, erkannten übrigens auch schon die Herrscher zu Beginn unserer Zeitrechnung. Im dritten Jahrhundert nach Christus ließ z. B. der römische Kaiser Diokletian alle Wahrsager, Astrologen und Heiler hinrichten, weil er sah, dass sie einen weit größeren Einfluss auf die Bevölkerung hatten als er selbst. Aus dem gleichen Grund arrangieren sich die weltlichen Herrscher bis heute mit den Religionsführern und machen ihnen große Zugeständnisse. Kaiser Konstantin erklärte das Christentum zur Staatsreligion, obwohl er selbst kein Christ war. Die Mehrzahl seiner Soldaten lief nämlich zum christlichen Glauben über. Ihm war klar: Wollte er seine Macht behalten, musste er sich an die Spitze dieser Bewegung setzen.

4.1 Ist Macht männlich?

Die Dominanz-Kraft ist in allen Menschen, gleich welcher Nation und Hautfarbe und gleich welchen Geschlechts vorhanden. Sie gehört zu unserer genetischen Grundausstattung, um unsere eigene Existenz zu sichern. Allerdings ist diese Kraft bei Männern stärker ausgeprägt als bei Frauen, wie folgende Zahlen eindrucksvoll beweisen:

- 90 % aller Kriege werden von Männern begonnen und geführt.
- 88 % aller Gewaltverbrechen und fast 80 % aller Straftaten gehen auf das Konto von Männern.[9]

Woher kommen diese Unterschiede? Sicherlich lassen sich solche Differenzen nicht auf eine geschlechtsrollen-spezifische Erziehung zurückführen. Eine plausible Begründung dafür bietet die Evolutionsbiologie.[89, 93] Der unterschiedliche Aufwand, den ein Mann bzw. eine Frau für die Aufzucht des Nachwuchses bringen muss, und die sich daraus ergebenden Spielregeln bei der Partnerwahl führen danach zu einer höheren Aggressivität bei Männern.

Um diese Zusammenhänge zu verstehen, betrachten wir die Kosten-/Nutzen-Rechnung der Partnerwahl kurz aus weiblicher Sicht. Ziel jedes Individuums ist, wie die Evolutionstheorie gezeigt hat, möglichst viele Gene/Nachkommen in die nächste Generation zu bringen. Im Körper einer Frau sind aber alle im Laufe ihres Lebens zur Verfügung stehenden Eizellen bereits bei der Geburt vorhanden. Sie verfügt also nur über ein begrenztes Reservoir an Nachkommen, mit dem sie deshalb sehr sparsam umgehen muss.

Zusätzlich gibt es eine weitere, noch wichtigere Einschränkung: die Investition von körperlichen Ressourcen in den Nachwuchs. Eine Frau trägt das befruchtete Ei aus, stillt das Kind und sorgt für es, bis es aus eigenen Stücken lebensfähig ist, was bei Menschen viele Jahre dauert. Das heißt, die weibliche Investition in die eigenen Nachkommen ist enorm hoch und die möglichen Kapazitäten, Kinder zu bekommen, sind aufgrund der langen Tragezeit enorm begrenzt. Aus diesem Grund darf eine Frau bei der Partnerwahl weder ein genetisches Risiko (d. h. die vom Mann kommenden Gene dürfen keinen Defekt haben) noch ein Ressourcen-Risiko eingehen (d. h. der Mann trägt nicht zur Aufzucht der Kinder bei bzw. stellt keine Nahrung zur Verfügung). Eine Frau muss also bei der Partnerauswahl enorm vorsichtig sein und eine strenge Selektion der Männer vornehmen.[93] Frauen wählen deshalb bevorzugt Männer mit Besitz und Status, weil diese diejenigen Ressourcen zur Verfügung stellen können, die wichtig für die Aufzucht des Nachwuchses sind. In vielen interkulturellen Untersuchungen hat sich dieses Auswahlmuster immer wieder eindrucksvoll bestätigt.[26]

4.2   Der große Unterschied: das Dominanz-Hormon Testosteron

Die genetische Rechnung des Mannes sieht anders aus: Er hat unbeschränkt viele Spermien zur Verfügung und muss relativ wenig in die Aufzucht der Nachkommen investieren. Seine optimale Strategie, um möglichst viele eigene Gene in die nächste Generation zu bringen, ist demnach, mit möglichst vielen Frauen möglichst viele Kinder zu zeugen. Da aber Frauen weit weniger Fortpflanzungskapazitäten zur Verfügung stellen, als männliche Angebote vorliegen, ist der „männliche Wettkampf um das Ei" Teil des männlichen genetischen Programms. Gewinner sind in der Regel Männer mit höherer Durchsetzungsfähigkeit und Status. Aufgrund dieses evolutionären Mechanismus ist deshalb die Dominanz-Kraft bei Männern stärker ausgeprägt als bei Frauen. Genau deswegen sind Männer sexuell aktiver und leichter erregbar als Frauen. Die höhere Aggressivität des Mannes zeigt sich auch in seinem Blutbild — genauer im Sexual- und Dominanzhormon Testosteron. Im Gehirn des Mannes und in seinem Blut ist dieser besondere „Treibstoff" in einer ca. 10-mal stärkeren Konzentration vorhanden als bei einer Frau.[44, 65, 85, 99]

Die Stärke der Konzentration dieses Hormons im männlichen Blut steht im direkten positiven Zusammenhang mit dem beobachteten männlichen Macht- und Aggressionsverhalten. Männer sind deshalb im Durchschnitt aggressiver, ungeduldiger und machtorientierter als Frauen.

Übrigens: Es gibt im Tierreich auch Arten, bei denen die Weibchen wesentlich aggressiver als ihre Männchen sind, z. B. bei den Mormonenheuschrecken, den panamesischen Giftpfeilfröschen oder dem nordischen Odinshühnchen.[93] Der Grund: Nachdem die weiblichen Vertreter ihre Nachkommen auf die Welt gebracht haben, lassen sie ihre Männer damit sitzen, die von jetzt an für Nahrung und Aufzucht zuständig sind. Dadurch, dass die Männer jetzt ein Vielfaches in die Nachkommen investieren müssen und damit die männliche Ressourcen begrenzt sind, zeigt sich der umgekehrte Effekt: Die Weibchen prügeln sich um die Männchen.

Kommen wir zurück zur Spezies Mensch. Der „männliche Kampf um das Ei" und die damit verbundene weit höhere männliche Kampfbereitschaft sind fest und tief in unserem genetischen Programm verankert. Die Folge: Männer sind im Durchschnitt machtorientierter als Frauen und kämpfen deshalb mit stärkerem innerem Antrieb und verbissener um Führungspositionen als Frauen. Entsprechend der Wirkungsweise der Emotionssysteme ist aber weder den Männern bewusst, warum Karriere eine so hohe Bedeutung für sie hat, noch den Frauen, warum sie sich den mit Karriere meist verbundenen Rangkämpfen häufig eher entziehen.

Der hohe Anteil von Männern in Führungs- bzw. Spitzenpositionen in der Wirtschaft hat wohl auch in diesem genetisch verankerten Unterschied eine Ursache. In der obigen Betrachtung liegt die Betonung übrigens auf „im Durchschnitt". Denn tatsächlich gibt es ja auch Frauen, die machtorientierter und durchsetzungsfähiger als Männer sind. Denken wir nur an Angela Merkel, Margret Thatcher oder an Hillary Clinton. Unsere Untersuchungen zeigen übrigens, dass der starke Wunsch nach Macht und Karriere zwischen Männern und Frauen ungefähr im Verhältnis 65:35 verteilt ist. Wenn wir dieses Verhältnis mit den heutigen 95 % männlichen Spitzenpositionen in Beziehung setzen, wird eines deutlich: Es gibt immer noch eine sehr starke kulturell bedingte Benachteiligung von Frauen! Die in der heutigen Politik diskutierten Quotenregelungen von 70:30 bzw. 60:40 würden der tatsächlichen „Dominanz-Verteilung" im Gehirn zwischen Männern und Frauen ziemlich genau entsprechen.

Frauen unterscheiden sich von Männern zusätzlich in der Art der Umsetzung der Dominanz-Kraft: Während Männer sehr direkt um Macht kämpfen, findet der Kampf bei Frauen eher politisch statt, indem sie z. B. Allianzen bilden und ein stärkeres Beziehungsmanagement betreiben. In einer Zeit, in der man immer stärker auf Netzwerke und Kooperationen setzt, könnte gerade diese weibliche Fähigkeit für alle Unternehmen von großem Nutzen sein.

Der ausgeprägtere Drang nach Macht bringt Männern aber nicht nur Vorteile, sondern auch erhebliche Probleme.

4.3   Ohnmacht macht Männer krank

Ein hochrangiger Manager beschreibt seinen Tagesablauf wie folgt:[66]

> *„Mit der einen Hand halte ich meinen Stuhl fest, mit der anderen Hand drücke ich die Tür zu, um keinen Konkurrenten hereinzulassen, und mit den verbleibenden Kapazitäten arbeite ich."*

Tatsächlich gehören Konkurrenzkampf und das „Sägen am Stuhl" des Vorgesetzten also zum prägenden Bestandteil jeder Organisation. Sind nun die Mitarbeiter, die nach oben wollen und ihre Chance in der Verdrängung des anderen suchen, egoistisch, böse oder illoyal? Sie sind es nicht, denn sie können nicht anders, weil sie unterbewusst vom limbischen System dazu angehalten werden.

Dieser innere Drang ist so stark, dass man ihn sogar in Blutuntersuchungen feststellen kann. In solchen Untersuchungen in der amerikanischen Armee fand man folgendes Ergebnis: Die Serotonin-Konzentration im Blut von Rekruten war wesentlich niedriger als der Wert ihrer Vorgesetzten. Serotonin ist ein Neurotransmitter, der in höherer Konzentration ruhig und gelassen macht. Ein niedriger Serotonin-Spiegel ist so, neben Testosteron, wesentlich mitverantwortlich für höhere Aggression, weil Menschen reizbarer werden. Sobald nun die Rekruten ebenfalls zu Offizieren befördert wurden, erhöhte sich sofort ihr Serotonin-Spiegel.[44] Sie wurden auf der Stelle ruhiger. Bestätigt wurde dieser Zusammenhang auch bei Experimenten mit Affen: Rangniedere Affen hatten einen wesentlich geringeren Serotonin-Spiegel als ihr Anführer. Wurde nun die Rangordnung in der Affenhorde künstlich derart verändert, dass ein rangniederer plötzlich zum Hordenchef gemacht wurde, veränderten sich auch sofort seine Serotonin-Werte: Beim neuen Führer stiegen sie, er wurde ruhiger, beim alten, jetzt gestürzten Führer fielen sie dagegen, er wurde sofort aggressiver.[44]

Der amerikanische Psychologe McClelland kam in seinen Studien zum gleichen Ergebnis: Männer in untergeordneten Positionen litten weit häufiger an Bluthochdruck und Schwächung des Immunsystems als ihre Vorgesetzten.[60] Dieses „blocked power syndrom"[37] konnte auch der deutsche Max-Planck-Forscher Brengelmann in seinen umfangreichen europäischen Stress-Untersuchungen nachweisen: Untergebene zeigten weit höhere Neurotizismus- und Psychotizismus-Werte als ihre Führungskräfte, zusätzlich klagten sie weit öfter über Herz- und Kreislaufbeschwerden.[12]

Da verstärkt Männer unbewusst und permanent durch die Dominanz-Kraft zum Kampf nach Führungspositionen angehalten werden, aber oft weder im Beruf noch in der Freizeit die Möglichkeit haben, diese Kraft zu erfüllen, sind sie wesentlich anfälliger für Herz-Kreislauf- und Immunerkrankungen als Frauen. Das Sexual- und Aggressionshormon Testosteron dürfte der wichtigste Grund dafür sein, warum sie im Durchschnitt um fünf bis sechs Jahre früher sterben müssen als Frauen. Etwas salopp könnte man das auch so ausdrücken: Ihren wesentlich höheren Anteil an Spitzenpositionen bezahlen Männer mit einem geringeren Anteil am Leben. Ausgleichende Gerechtigkeit sozusagen.

Es ist offensichtlich, wie stark sich die Dominanz-Kraft auf uns auswirkt und wie wenig wir diese Kraft letztlich beeinflussen können. Der Ruf beispielsweise nach moralisch integren Politikern, die verantwortungsvoll mit Macht umgehen, basiert auf diesem Trugschluss. Von einem Politiker/Manager zu erwarten, dass er die Chance zur Machterweiterung nicht nutzt, besonders wenn dies illegal ist, ist ungefähr so, wie wenn man einen heißhungrigen Menschen tagelang in ein unbewachtes Feinkostgeschäft einschließt und nachher empört ist, wenn er seinen Hunger ohne zu bezahlen gestillt hat.

Über die gerade beschriebenen Wirkmechanismen hinaus finden sich bei der Dominanz-Kraft, ähnlich wie bei der Balance-Kraft, ebenfalls eine ganze Reihe fast automatisch ablaufender Vorgänge, die sich im Laufe der Evolution gebildet haben und vom limbischen System aus gesteuert werden. Diesen wenden wir uns nun etwas näher zu:

4.4 Warum wir Anführern oft blind und kritiklos folgen

Einer dieser Mechanismen ist die „Unterwürfigkeits-Automatik". Sie trägt dazu bei, dass Menschen ranghohen Führungspersonen oft willenlos folgen. Voraussetzung für deren Wirksamkeit ist allerdings eine gefestigte und unumstrittene Position des Führers.

Dazu ein Beispiel: Vor einigen Jahren wurde im Frankfurter Raum ein Prokurist zu einer Haftstrafe auf Bewährung und einer hohen Geldbuße verurteilt. Das Gericht sah es als erwiesen an, dass er hochgiftigen Müll entgegen den Vorschriften und wider besseres Wissen unrechtmäßig auf eine normale Mülldeponie kippen ließ. Sein Anwalt argumentierte, der Angeklagte habe dies auf Befehl des Geschäftsführers getan. Er plädierte deshalb auf Freispruch. Darauf ging aber das Gericht nicht ein und verurteilte den Angeklagten mit der Begründung, er hätte ja die

Möglichkeit gehabt, diesen Auftrag zu verweigern. Wären dem Richter die Ergebnisse des Experiments des amerikanischen Psychologen Milgram[62] bekannt gewesen, sein Urteil wäre sicher gnädiger ausgefallen.

Angesichts der Nazigräuel hatte die amerikanische Regierung Ende der 1950er-Jahre an Milgrams Forschungsinstitut den Auftrag gegeben herauszufinden, durch welche besonderen Persönlichkeitseigenschaften der Deutschen sich diese Taten erklären ließen.

Man ging von der Hypothese aus, die Deutschen seien zum einen besonders obrigkeitshörig und zum anderen besonders grausam. Um interkulturelle Vergleichswerte zu bekommen, plante Milgram, zuerst einige Versuche in den USA durchzuführen und dann die gleichen Versuche in Deutschland zu wiederholen.

Sein Versuchsaufbau war relativ einfach. In einem Warteraum wurden scheinbar zufällig die Versuchsperson, ein Student aus höherem Semester, und das spätere Opfer (ein Schauspieler) zusammengebracht, um gemeinsam auf den Beginn des Versuches zu warten. Die beiden kamen bald in ein freundschaftliches Gespräch. Nach einiger Zeit trat der Versuchsleiter in den Raum, der sich als „ranghoher Professor" vorstellte. Als Versuchsziel, so der Professor, wolle man Bedingungen des Lernens unter Strafe erforschen. Das „Opfer"(= der Schauspieler) wurde in einem durch eine transparente Glasscheibe getrennten Raum auf eine Art elektrischen Stuhl gesetzt. Über dem Stuhl hing ein Mikrofon, mit dem die Stimme des Opfers übertragen wurde. Der Student wurde nun vom „Professor" angewiesen, dem Opfer bei jedem Fehler einen kleinen Stromschlag zu versetzen. Auf dem Spannungs-Drehregler waren Voltzahlen angegeben und Bereiche markiert: „harmlos", „leicht schmerzhaft", „gefährlich" und „lebensgefährlich/tödlich". Im Laufe der Sitzung, die zunächst mit schwachen Stromschlägen für das Opfer begann, gab der Professor die Anweisung, die Stärke der Stromschläge immer weiter zu steigern. Der Schauspieler, der natürlich nur scheinbar an den Strom angeschlossen war, spielte diese Schläge zunächst mit schmerzhaftem Zucken und bei zunehmender Stärke mit lauteren Schreien. Doch der Professor gab nicht nach und verlangte vom Studenten, bis in den lebensgefährlichen/tödlichen Bereich zu gehen. Das Erschreckende daran: Die meisten der vielen Studenten, die den Versuch absolvierten, folgten dem Befehl des Professors und quälten ihre Opfer mit teilweise „lebensgefährlichen" Stromstößen.

Milgram selber war von diesem Ergebnis so beeindruckt, dass er darauf verzichtete, dieses Experiment in Deutschland zu wiederholen. Ihm war nämlich klar geworden, dass fast jeder Mensch in dieser Welt unter bestimmten äußeren Bedingungen zu einem willenlosen Werkzeug der Macht werden kann.

Welche unbewussten Mechanismen spielten sich aber nun tatsächlich im limbischen System der Studenten ab? Wie wir bereits wissen, ist unser limbisches System mit aller Kraft bestrebt, kognitive Unsicherheit zu vermeiden (Balance-Kraft). Für den Studenten aber war die Versuchssituation mit extrem hoher kognitiver Unsicherheit verbunden.

Um insbesondere Gruppen handlungsfähig zu machen, indem sie schnell gemeinsam reagieren, gibt es in unserem limbischen System den Unterwürfigkeits-Automatismus, der diese kognitive Unsicherheit dadurch unterdrückt, dass er uns die Anweisung gibt, einfach dem Führer zu folgen. Ohne diesen Automatismus würden Gruppen sonst stundenlang diskutieren, um kognitive Sicherheit über den richtigen Weg zu gewinnen.

4.5 Das Dilemma der emotionalen Intelligenz

Die Wirksamkeit des Unterwürfigkeits-Mechanismus wurde in einem anderen Versuch bestätigt, der gleichzeitig aber auch ein wichtiges Problem der Dominanz-Kraft enthüllte: das damit verbundene Dilemma der emotionalen Intelligenz. Doch zunächst zum Versuch:

Im Keller des Stanford-Instituts bauten die amerikanischen Psychologen Haney, Banks und Zimbardo[45] ein Gefängnis auf: 24 Studenten, die sich vorher gut kannten, wurden willkürlich in zwei Gruppen aufgeteilt. Die eine Gruppe wurde zu Wärtern ernannt, die andere Gruppe wurde zu Gefangenen degradiert. Während die Gefangenen keinerlei Anweisungen erhielten, wurden die Wärter angehalten, streng, aber fair zu sein.

Die Professoren zogen sich danach zurück, um mit Abstand das Verhalten sowohl der Gefangenen wie auch der Wärter zu beobachten. Schon nach wenigen Tagen musste der Versuch vorzeitig abgebrochen werden. Was war passiert: Die Wärter be- und misshandelten ihre Gefangenen mit unglaublicher Brutalität. Die Gefangenen wiederum ließen dies alles mit sich geschehen und verfielen in tiefe depressive Apathie.

Schon nach kurzer Zeit hatte also das limbisches System die Macht über beide Gruppen übernommen. Das Verhalten der Wärter wurde von der Dominanz-Kraft, das der Gefangenen von der Balance-Kraft bestimmt, die sich nicht trauten, gegen die Autorität ihrer vormals gleichrangigen Freunde zu rebellieren.

Kommen wir nun zum Problem der emotionalen Intelligenz, also der Fähigkeit, soziale Situationen richtig zu beurteilen und zu managen und auf die Gefühle seiner Mitmenschen richtig einzugehen.[41] Von vielen Künstlern, Politikern und Vorständen wird berichtet, wie mit zunehmender Macht und Popularität in gleichem Maße auch ihre Arroganz und Menschenverachtung zunahm. Den Mechanismus dafür beschreibt der geschilderte Versuch. Je größer und unangreifbarer die Macht zu sein scheint, desto weniger braucht man sich um seine Gefolgschaft zu bemühen und umso direkter kann man seiner Dominanz-Kraft freien Lauf lassen. Zusätzlich wird diese Tendenz, wie wir gerade gesehen haben, dadurch verstärkt, dass die Untergebenen aufgrund des Unterwürfigkeits-Automatismus nicht dagegen rebellieren, also kein Feedback geben, sondern sich diese Behandlung apathisch gefallen lassen.

Doch damit nicht genug. Menschen mit einer stark ausgeprägten Dominanz-Kraft — und diese Eigenschaft ist notwendig, um Spitzenpolitiker oder Vorstandschef zu werden — haben noch ein weiteres Problem mit der emotionalen Intelligenz: Sie sind oft extrem unzufrieden mit sich selbst, genauso wie mit ihren Untergebenen, deren Leistung ja dem Ausbau ihrer Macht und ihrem Fortkommen dient. Diese Unzufriedenheit kommt bei den Mitmenschen als Arroganz und Kälte an.

Welche Folgerungen können daraus abgeleitet werden?

1. Je stärker der Drang nach oben, desto geringer in der Regel die „emotionale Intelligenz".
2. Personen mit starkem Drang nach oben sind nicht in der Lage, ihr eigenes „soziales Handicap" zu erkennen, und verändern sich deshalb von selbst nicht.

Übrigens: Aufgrund ihrer geringer ausgeprägten Dominanz-Kraft haben Frauen dieses Problem weit weniger als Männer — sind in puncto emotionaler Intelligenz Männern deshalb überlegen.

Nach diesem kurzen Exkurs über die Gefahren, die mit der Zunahme von Macht verbunden sind, kehren wir nun zurück zum Thema „Unbewusste Orientierung an Führungspersonen".

4.6 Die ungeheure Macht des Chefs als Vorbild

Dieser aufgezeigte Mechanismus hat für Organisationen nämlich eine weitere wichtige Bedeutung: die ungeheure unbewusste Macht der Vorbildfunktion von Führungskräften, insbesondere vom Chef des Unternehmens.

Dazu ein weiteres Beispiel: In zwei Unternehmen sollten Zeitkarten eingeführt werden. Im ersten Unternehmen sollten die Zeitkarten nur bei den gewerblichen Arbeitern eingeführt werden, weil das Management es sich verbat, „kontrolliert" zu werden.

Im zweiten Unternehmen dagegen ging das oberste Management inklusive des Chefs zuerst mit gutem Beispiel voran und erst dann wurden die Karten auch im gewerblichen Bereich eingeführt. Während die Einführung im ersten Unternehmen zu erbitterten Kämpfen und Streiks führte, verlief die Einführung im zweiten Unternehmen fast problemlos.

Ein kurzer Ausflug in das Schimpansenreich zeigt, wie tief die Orientierung am Gruppenführer im limbischen System verankert ist.

Zwei Schimpansengruppen wurden zum ersten Mal in ihrem Leben mit Karamellbonbons in Berührung gebracht. Bei der ersten Gruppe wurde einem rangniederen Weibchen gezeigt, wie die Bonbonpapiere zu öffnen waren, um in den Genuss auch der für Schimpansen wohlschmeckenden Belohnung zu kommen.

In der zweiten Gruppe dagegen wurde zuerst der Anführer in das süße Geheimnis eingeweiht. Das Ergebnis: Während in der ersten Gruppe selbst nach vielen Stunden nur wenige Schimpansen Bonbons aßen, labten sich in der zweiten Gruppe alle Schimpansen bereits nach einer Stunde an den Köstlichkeiten. Beide Beispiele zeigen, welchen wichtigen unbewussten Einfluss das Verhalten und die Vorbildfunktion von Führern in Gruppen und Organisationen hat.

Bleiben wir noch etwas bei Schimpansen, denn an ihnen können wir einen weiteren Macht-Mechanismus beobachten, der auch bei Menschen gleicherweise hervorragend funktioniert und deshalb sowohl im politischen wie auch im wirtschaftlichen Alltag gerne und erfolgreich zum Ausbau der Macht benutzt wird.

4.7   Geschenke erhalten die Macht

Primatenforscher entdeckten bei ihren Schützlingen eine merkwürdige Verhaltensweise: Hordenchefs, die zunächst alle anderen von der frisch erlegten Beute vertrieben, verteilten, bevor sie selbst satt waren, wertvolle Beutestücke an ihre stärksten Horden-Konkurrenten. Zunächst wurde dieses Verhalten als selbstloser Altruismus gedeutet und oft als Beweis dafür zitiert, warum die Evolution doch nicht ganz so egoistisch sei, wie immer behauptet.

Leider hielt diese Hypothese nicht lange. In einer Langzeitbeobachtung wurde nämlich erkannt, dass von den Affen, die vorher mit Beutestücken belohnt wurden, signifikant weniger Rangkämpfe ausgingen, um den alternden Oberaffen abzulösen, als von Affen, die neu zur Gruppe stießen und damit noch nicht oder weniger in den Genuss von solchen Geschenken gekommen waren.

Damit ist auch klar, warum schwarze Kassen wie die „Reptilienfonds" von Bismarck oder die schwarzen Spendenkassen von Parteien so wichtig sind: Sie sind ein wichtiges Instrument des Machterhalts bzw. zum Ausbau der eigenen Macht, weil sie beim Beschenkten unbewusst eine innere Verpflichtung zur Rückzahlung und Wiedergutmachung aufbauen. Wie dieser unbewusste Mechanismus funktioniert, hat der amerikanische Psychologe Cialdini in vielen Versuchen und Beobachtungen gezeigt: Die Sekte Hare Krishna beispielsweise setzte diesen Mechanismus geschickt bei ihren Spendensammlungen ein. Sie schenkte den prospektiven Spendern zunächst eine Rose. Der „Rückzahlungsmechanismus" des limbischen Systems verlangte nun vom Spender, möglichst bald den Ausgleich wiederherzustellen. Das Ergebnis: Die Spenden waren auch nach Abzug der Beschaffungskosten für die Rosen um ein Vielfaches höher als ohne vorheriges Geschenk.

Cialdini führte übrigens auch das Scheitern des amerikanischen Präsidenten Jimmy Carter im Wesentlichen auf diesen Mechanismus zurück. Als Quereinsteiger und Außenseiter hatte er keine Möglichkeiten, durch politische Gefälligkeiten Verpflichtungen im Washingtoner Politik-Netzwerk aufzubauen.

Das genaue Gegenteil in puncto Gefälligkeiten zum Machtaufbau zu nutzen, war übrigens der frühere Bundeskanzler Helmut Kohl. Er war nicht nur sehr großzügig mit materiellen Zuwendungen aus der Parteikasse an Parteigenossen, er war auch ein Meister der sozialen Zuwendungen. Wann immer möglich, gratulierte er als Bundeskanzler fast allen (oft auch unbedeutenden) Funktionsträgern seiner Partei persönlich per Telefon zum Geburtstag. Der Lohn: fast unterwürfige Treue dieser so reich beschenkten Funktionsträger.

Echte Machtprofis nutzen dieses Instrument virtuos: Sie verteilen viele Geschenke, gleichzeitig achten sie aber sehr darauf, dass die Rückzahlung erst dann erfolgt, wenn sie es für nützlich halten.

> **Think Limbic: Empfehlungen für den Alltag**

1. Hüten Sie sich vor übertriebenem „Teamismus"!

Dominanz ist die zentrale innere Kraft unserer Wirtschaft und damit auch des Wachstums. Die großen Taten und Quantensprünge entstehen aber meist nicht im Team, sondern durch Einzelkämpfer, die nach oben wollen! Diese Kräfte gilt es zu wecken und nicht durch falsch verstandenen „Teamismus" zu zerstören. Die Arbeit im Team ist ein wertvolles Hilfsmittel zur Koordination von Prozessen und zur Einbindung der Mitarbeiter. Teams haben aber den Nachteil, dass sie Verantwortung und Ehre sozialisieren.

2. Veränderung bedeutet immer: Veränderung der Machtstrukturen

Jede größere oder kleinere Veränderung in einem Unternehmen ist fast immer mit einer Veränderung der Machtstrukturen verbunden. Bei Machtverlust rebelliert aber das limbische System Ihrer Mitarbeiter! Gehen Sie deshalb in vertraulichen Einzelgesprächen direkt auf diese Problematik ein.

3. Profit-Center sind mitunter gefährlich

Zwar mobilisiert die Ausgliederung in Profit-Center die Energie Ihrer Mitarbeiter. Doch ausgegliederte Einheiten sind gleichzeitig soziale Territorien, die von ihren Inhabern hartnäckig verteidigt werden. Profit-Center entwickeln sich aufgrund der Dominanz-Kraft ihrer Inhaber zu autonomen Fürstentümern mit eingebautem Revolutions- und Separationspotenzial.

4. Ohne Zustimmung von oben geht nichts

Größere Veränderungen funktionieren nur, wenn das oberste Management geschlossen dahinter steht. Beginnen Sie erst mit der Umsetzung von größeren Projekten, wenn Sie diese Voraussetzung geschaffen haben.

5. Das wichtigste Leitbild sind Sie!

Gedruckte Leitbilder bleiben wertlos, wenn das Verhalten der Führungskräfte eine andere Sprache spricht. Mitarbeiter orientieren sich nicht an abstrakten Worten, sondern an konkreten Taten ihrer „Anführer": Sie sind gefordert.

6. Machen Sie Karriere: Bleiben Sie gesund!

Viele Menschen haben aufgrund ihrer Erziehung Skrupel, wenn sie den eigenen Machtdrang spüren. Legen Sie Ihre Skrupel ab, freuen Sie sich auf Ihren Weg nach oben. Denn: Menschen, die nach oben kommen, leben gesünder!

7. Sorgen Sie vor: Geschenke/Gefälligkeiten schaffen Chancen

Wenn Sie von Ihren Kollegen um etwas gebeten werden: Verschließen Sie sich nicht. Allerdings: Verkaufen Sie Ihre Gefälligkeit nicht unter Preis. Schildern Sie in farbigen Worten, welche Anstrengung dies für Sie bedeutet hat.

8. Schauen Sie selbstkritisch in den Spiegel!

Je stärker Ihr Drang nach oben ist, desto geringer sind in der Regel Ihre sozialen Fähigkeiten und Ihre emotionale Intelligenz. Weil wir uns selbst gegenüber blind sind, brauchen wir deshalb Feedback von außen. Bitten Sie Freunde und Kollegen gezielt um offene Rückmeldung bezüglich Ihrer Außenwirkung und Sensibilität und nutzen Sie die Chancen eines Coachings.

5 Stimulanz: die Kraft der Innovation und der Kreativität

Was Sie in diesem Kapitel erwartet

Warum boomen die Unterhaltungsindustrie und der Tourismus? Der Grund: Schon vor einigen Milliarden Jahren waren die besonders neugierigen und vorwitzigen Bakterien genetisch erfolgreicher. Daraus ist die dritte, den Menschen bestimmende Kraft entstanden: Stimulanz. Sie gibt uns vor, nach neuen Reizen zu suchen. Stimulanz ist die treibende Kraft jeder Innovation und gleichzeitig wichtigster Gegenspieler gegen die jeder Organisation innewohnende Tendenz zur Erstarrung.

Der durchschnittliche Bundesbürger verbringt mehr als drei Stunden täglich vor dem Fernseher. Medien, Tourismus und Unterhaltungsindustrie gehören heute zu den größten und schnell wachsenden Bereichen unserer Wirtschaft. Für uns ist dies selbstverständlich, denn erstens sind wir damit aufgewachsen und zweitens buchen wir mit gleicher Freude wie alle anderen unseren Urlaub, gehen ins Kino oder genießen beim Italiener oder Chinesen exotische Speisen. Schon das Ausmaß der wirtschaftlichen Bedeutung lässt erahnen, dass die Stimulanz-Kraft offensichtlich ein zentraler Bestandteil der menschlichen Existenz ist.[95] Welche Befehle gibt sie uns nun vor? Im Vergleich zu den beiden anderen Kräften mit einer ganzen Reihe von Befehlen ist die Stimulanz-Kraft eher einfach. Ihre Befehle lauten:

- Suche nach neuen, unbekannten Reizen!
- Sei neugierig!
- Suche nach Abwechslung!
- Suche nach neuen Genüssen!
- Vermeide Langeweile!
- Sei anders als alle anderen!

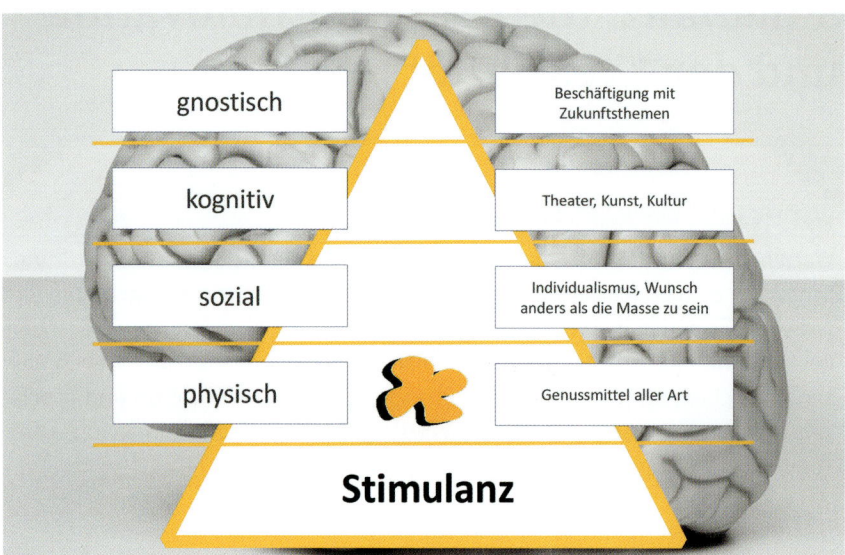

Abb. 16: Die Stimulanz-Kraft – der emotionale Motor für Innovation und Entdeckung

Der scheinbar ziellose „Genuss- und Lust-Charakter" dieser Kraft verstellt aber den Blick auf eine für jedes Unternehmen weit wichtigere Konsequenz dieser Kraft: Sie ist, wenn sie von der Dominanz-Kraft unterstützt wird, der stärkste Motor für Innovation. Jede Innovation entsteht nämlich durch den Ausbruch aus Gewohntem und aus der Suche nach Neuem. Mit diesem Aspekt werden wir uns gleich noch näher befassen, vorher werfen wir aber noch einen kurzen Blick auf die Entstehungsgeschichte dieses Emotionssystems.

Die Stimulanz-Kraft ist fast genauso alt wie die Balance- und die Dominanz-Kraft: nämlich über 3 Milliarden Jahre. Schon für die ersten Einzeller brachte die aktive Erkundung ihrer Umgebung oder das Aufnehmen und vorsichtige Probieren neuer Nahrungsstoffe wichtige Evolutionsvorteile.[16, 27] Im Kampf um knappe Nahrung, der schon in jener Zeit des Beginns der biologischen Entwicklung voll im Gange war, gab und gibt es bis heute zwei primäre Strategien des Überlebens: entweder den Konkurrenten verdrängen (Dominanz), oder neue Nahrungs- bzw. Energiequellen erschließen. Sowohl dieses Aufsuchen chemisch leicht veränderter Umgebungen (so genannte positive Chemotaxis), aber auch das Aufnehmen neuer Nahrung war für die Zelle mit einem leichten elektrophysiologischen Spannungsgefälle (= leichte Erregung) verbunden.[16]

Diese leichte positive Erregung ist das, was wir heute als „Lust" spüren. Mit dieser leichten positiven Erregung wurden diese Zellen dafür belohnt, dieses Wagnis eingegangen zu sein. Hauptsächlich aufgrund der Stimulanz-Kraft entstanden bei den frühen Zellen Bewegungsorgane wie Cilien, Geißeln und Flagellen, die ihren Aktionsradius wesentlich erweiterten. Wie eng die Stimulanz-Kraft mit Bewegung verbunden ist, zeigt sich auch in ihrer neurochemischen Basis, dem Dopamin. Ein Mangel dieses Nervenbotenstoffes in bestimmten Hirnbereichen führt zu einer weitverbreiteten Bewegungskrankheit, nämlich Parkinson.

Wenn Sie, liebe(r) Leser(in), das nächste Mal voller Vorfreude eine Urlaubsreise buchen oder einen Tisch im Feinschmecker-Restaurant reservieren, dann wissen Sie jetzt, wem Sie dies zu verdanken haben: einigen vorwitzigen Bakterien in der Ursuppe!

5.1 Langeweile kann tödlich sein

Was geschieht nun, wenn wir längere Zeit keine neuen Reize mehr bekommen oder gar in eine völlig reizlose Umgebung wie z. B. einen schalldichten, kahlen Raum geführt werden? Solche Versuche wurden in der psychologischen Forschung als so genannte Deprivationsexperimente durchgeführt.[81] Die Resultate: Schon nach kurzer Zeit, nach ca. 10 Minuten, wurden die ersten Personen unruhig (= starke Langeweile), doch diese Unruhe steigerte sich nach einigen Stunden zu Schweißausbrüchen, Herzrasen und Halluzinationen. Spätestens hier wurden die Versuche abgebrochen.

Berichte aus Kriegsgefangenenlagern, in denen Gefangene in engen Zellen über Wochen und Monate ohne Außenreize zubringen mussten, schildern völlige Nervenzusammenbrüche, die teilweise sogar tödlich ausgingen, oft aber mit unheilbaren psychischen Störungen wie Orientierungs- und Antriebslosigkeit verbunden waren. Auch die strafende Wirkung unserer Gefängnisse beruht im Wesentlichen auch auf diesem Mechanismus. Neben der Einschränkung der Autonomie (Dominanz) ist Reizentzug offensichtlich für den Menschen mit die größte Strafe, die es gibt. Und während wir auf Reisen mit Kollegen auf unser Einzelzimmer großen Wert legen, verändert sich dieses Bedürfnis im Gefängnis schlagartig: Isolierende Einzelhaft wird als besonders grausam erlebt.

All dies zeigt und unterstreicht den gewaltigen Einfluss dieser, aber auch aller anderen Emotionssysteme. Ihr unbewusster Einfluss ist so stark, dass wir nicht dagegen ankommen. Schauen wir uns nun dieses Emotionssystem etwas näher an.

Stimulanz: die Kraft der Innovation und der Kreativität

Genauso wie die anderen Kräfte beeinflusst auch sie alle Ebenen unserer menschlichen Existenz, wie wir in Abbildung 16 sehen können.

- Auf der **körperlich/physischen Ebene** suchen wir neue Reize durch gutes Essen und Trinken; auch das erfrischende Bad im kühlen Meer oder der Besuch einer Sauna haben ihre Ursache in dieser Kraft. Die Einnahme von Stimulanzien und Drogen, wie z. B. Alkohol, Nikotin oder Koffein, sind ebenfalls unter diesem Aspekt zu sehen. Gleichzeitig haben solche Drogen, neben dem primären Erlebnis-Reiz z. B. eines frischen kalten Biers oder eines heißen Kaffees noch eine weitere wichtige Wirkung. Die in diesen Getränken enthaltenen Stoffe verstärken unsere Gefühle und Empfindungen.
- Wenn wir abends z. B. mit Freunden ausgehen und die Unterhaltung über Gott und die Welt genießen, uns über den Klatsch oder die Witze freuen, die am Tisch erzählt werden, zeigt sich der Einfluss der Stimulanz-Kraft auf der **sozialen Ebene**. Auch der gemeinsame Spaß in der Gruppe bei sportlichen Aktivitäten oder im Urlaub zählt dazu. Das Stimulanz-System hat noch eine weitere soziale Eigenschaft: Ausbrechen aus dem Konformismus der Gemeinschaft. Unsere Vorliebe für schrille Mode ist daher ebenfalls dieser Kraft geschuldet.
- Genießen wir abends die Spannung eines Buches, eines Theater- oder eines Musikstückes, ist dies der **kognitiven Ebene** der Stimulanz-Kraft zu verdanken. Genauso freuen wir uns über die Entdeckung neuer unbekannter Zusammenhänge in einem Fachbuch oder sitzen nächtelang im Labor, um eine Hypothese aufzustellen und durch Versuche zu bestätigen (allerdings ist dabei meist auch die Dominanz-Kraft beteiligt).
- Auf der **gnostischen Ebene** letztlich forschen und suchen wir nach der Erkenntnis, was die „Welt im Innersten zusammenhält" und beschäftigen uns mit Zukunftsfragen.

Bis heute hat sich das Grundmuster der Stimulanz-Kraft nicht sonderlich verändert: Erlebnissuche, Suche nach Sensationen, Neugier, all dies sind Bezeichnungen und Verhaltensweisen, die direkt auf sie zurückgehen. Hinsichtlich der Neugier gibt es zwar Diskussionen. Einige Wissenschaftler sehen in der Neugier ein Verhalten, das eigentlich der Balance-Kraft zuzurechnen ist, weil kognitive Spannung reduziert wird. Richtig dagegen ist, zwischen „diversiver" und „explorativer" Neugier zu unterscheiden.[8] Während die diversive Neugier frei, ungezwungen und ohne Ziel die Welt erforscht, dient die explorative Neugier eher dazu, Probleme und offene Fragestellungen zu erkunden und die kognitive Unsicherheit zu reduzieren. Sicher ist deshalb, dass Neugier eine leichte Balance-Komponente besitzt, ihr eigentlicher Kern ist aber die Suche nach neuen Reizen.

5.2   Warum gehen wir Risiken ein?

Oft ist das Neue mit einem gewissen Risiko verbunden. Es spielt dabei keine Rolle, ob wir eine neue Sportart ausprobieren oder uns auf die Suche nach einem neuen technischen Verfahren begeben. Offensichtlich wird nicht nur das Neue, sondern auch das damit verbundene Eingehen von beherrschbaren Risiken zusätzlich als lustvoll empfunden, denken wir dabei nur an Glückspiele wie Lotto oder Roulette in der Spielbank.

Weil Risikobereitschaft für eine erfolgreiche Unternehmensentwicklung unabdingbar ist, sollten wir das „Risiko" vor dem Hintergrund der Emotionssysteme etwas näher analysieren, um diesen Mechanismus besser zu verstehen. Das Eingehen von Risiken bedeutet, der Balance-Kraft zuwiderzuhandeln, die ja auf Bewahrung des Gewohnten drängt. Doch die Balance-Kraft hat zwei wichtige Gegenspieler: die Stimulanz- und Dominanz-Kraft, die letztlich für die Expansion und für den Aufbruch zuständig sind.

Das Zusammenspiel beider Kräfte ist deshalb dafür verantwortlich, dass wir Risiken eingehen. Auf der einen Seite werden wir durch die Stimulanz-Kraft mit einem Gefühl lustvollen Kribbelns dafür belohnt, uns auf das Neue einzulassen. Auf der anderen Seite wird unsere Dominanz-Kraft durch die mögliche zusätzliche Macht aktiviert, die durch das Eingehen eines Risikos gewonnen werden kann.

5.3   Stimulanz: die einzige Chance gegen „multiple Organisationssklerose"

Alle Organisationen sind, wenn die Krankheit nicht präventiv behandelt wird, von einem teuflischen Leiden befallen: der „multiplen Organisations-Sklerose". Sklerose bezeichnet einen langsamen und schleichenden Prozess der Verknöcherung und Erstarrung, der von den Betroffenen oft erst bemerkt wird, wenn es zu spät für eine Therapie ist. Für Unternehmen heißt das, dass ein Kurswechsel oder eine Sanierung nicht mehr möglich ist, weil die Veränderung der verkrusteten Strukturen zu viel Zeit und Geld bei geringer Aussicht auf Erfolg kosten würde.

Was sind die Ursachen für diese tödliche Unternehmenskrankheit? Sie liegen in der Balance- und in der Dominanz-Kraft!

Stimulanz: die Kraft der Innovation und der Kreativität

Wie wir bereits gesehen haben, drängt die Balance-Kraft auf Erhaltung des Bestehenden, konserviert Gewohnheiten und blendet störende Nachrichten rigoros aus. Sowohl für das Individuum als auch für eine Organisation ist die Balance-Kraft die wichtigste und mächtigste Kraft. Die Balance-Kraft belohnt zusätzlich alle absichernden Verhaltensweisen der Organisation und ihrer Mitglieder: Beliebt macht sich, wer nach einem Handbuch ruft, in dem der gesamte Unternehmensablauf minutiös dokumentiert wird. Geachtet wird der, der selbst kleine Entscheidungen in eine Vorlage gibt, die von 20 und mehr Personen zur Absicherung abgezeichnet werden müssen. Je älter das Unternehmen und seine Mitarbeiter sind, desto stärker macht sich der negative Einfluss der Balance-Kraft bemerkbar.

Die zweite Kraft, die zur Organisationssklerose beiträgt, ist die Dominanz-Kraft. Sie wirkt sich insbesondere dann extrem negativ aus, wenn die übermächtige Balance-Kraft das Eingehen von unternehmerischen Risiken verhindert und viele ältere Mitarbeiter ihre erreichte Macht mit Zähnen und Klauen verteidigen, aber aufgrund des mit dem Alter zurückgehenden Testosteronspiegels nicht mehr selbst expansiv sind. Jede Veränderung bedeutet nämlich grundsätzlich immer auch eine Veränderung der Machtverhältnisse, wogegen das limbische System der bewahrenden und alternden Machthaber rebelliert.

In der Industrie-Ökonomie werden solche Prozesse unter dem Begriff der „Lebenszyklen" eines Unternehmens abgehandelt, allerdings ohne wirklich erklären zu können, worin die Ursache für den Auf- und Niedergang eines Unternehmens liegt. Eine stärkere Beachtung der Emotionssysteme könnte dazu, wie oben kurz skizziert, so manche wichtige Erkenntnis beitragen.

Doch zurück zum kranken Patienten. Was kann man gegen die Multiple Organisationssklerose tun? Die Chance zur Heilung liegt besonders in der vitalisierenden Energie der Stimulanz-Kraft. Sie sorgt durch Neugier für Beschäftigung mit dem Markt und dem Wettbewerb und zusammen mit der Risiko-Lust für Innovation in Produkten, Verfahren und Wissen. Doch wie lässt sie sich implementieren? Durch eine radikale Veränderung der Unternehmenskultur und insbesondere durch neue Mitarbeiter an den wichtigen Schaltstellen, die neugierig sind und (kontrollierten) Spaß daran haben Risiken einzugehen.

5.4 Ohne starke Stimulanz-Kraft gibt es kein lernendes Unternehmen

Gleichzeitig wird aber noch ein anderer wichtiger Zusammenhang deutlich. Das für die Zukunft der Informationsgesellschaft wichtige Modell des „lernenden Unternehmens" bleibt für Unternehmen, die unter der oben beschriebenen Krankheit leiden, ein unerfüllbarer Traum.

Lernendes Unternehmen heißt, dass sowohl das explizite Wissen des Unternehmmens, also das Wissen, auf das man durch Abfrage sofort zugreifen kann, als auch das implizite Wissen, also das Wissen, das zwar vorhanden ist, sich einem direkten Zugriff aber entzieht, bewusst vergrößert und geteilt werden.

Was auf dem Papier so einfach und logisch klingt, erweist sich in der Praxis aber als außerordentlich schwierig. Den Grund für die Schwierigkeit, diese Theorie in die Praxis umzusetzen, ahnen wir. Die Balance- und die Dominanz-Kraft sind nämlich die mächtigsten Gegenspieler dieses zukunftsorientierten Unternehmensmodells. Die Balance-Kraft verwehrt sich neuem Wissen, die Dominanz-Kraft verhindert getreu dem Motto „Wissen ist Macht" den Wissensaustausch zwischen allen Beteiligten.

Aus diesem Grund wird sich das ideale Modell des lernenden Unternehmens nie gänzlich verwirklichen lassen, dafür sind die Dominanz- und die Balance-Kraft zu stark. Trotzdem gibt es Möglichkeiten, die Realität näher an den Wunsch heranzubringen. Das Management sollte ein Klima und eine Kultur schaffen, die die Lust am Neuen fördern und belohnen.

5.5 Wie Kreativität gefördert werden kann

Lust ist nun, wie wir gesehen haben, ein biologischer Verstärker, der sowohl die Erfüllung der Vitalbedürfnisse wie auch der Emotionssysteme belohnt. Andersherum wird aber auch ein Schuh daraus: Wenn man im Unternehmen ein Klima schafft, in dem Lust und Spaß möglich sind, schafft man damit gleichzeitig auch den wichtigen Nährboden, auf dem sich die Stimulanz-Kraft besser entfalten kann. Im Gefolge davon entstehen die Kreativität und die Risiko-Lust, die für jede Innovation ursächlich sind. Kreative Hightech-Firmen, Werbeagenturen etc. haben diesen Zusammenhang schon längst erkannt: Von der Einrichtung der Büroräume über die Arbeitszeitregelung bis hin zur Kleiderordnung wird der Stimulanz-Kraft Rechnung getragen. Gleichzeitig wird Lachen nicht nur erlaubt, sondern gefördert. Lachen ist nämlich nicht nur für den Menschen, sondern auch für das Unternehmen gesund. Der Grund: Ein lachendes Gesicht baut aufgrund eines fest in uns verankerten Mechanismus gegenseitige Aggressionen ab. Deshalb lächeln wir auch, wenn wir uns begrüßen. Gemeinsames Lachen ist also ein angeborener sozialer Mechanismus, der den inneren Gruppenzusammenhalt stärkt[32] und gleichzeitig die für ein innovatives Unternehmen notwendige bereichs- und hierarchieübergreifende Zusammenarbeit fördert. „Lachende Unternehmen" erzielen aufgrund des gleichen Mechanismus auch eine wesentlich höhere Kundenbindung.

Aber Kreativität ist nicht überall gefragt: Für verkrustete und für streng hierarchische Organisationen sind „Spaß und Lust" Kräfte des Teufels. Sie haben Angst vor dem vermeintlichen Anarchismus, der im Gefolge von Lust, Spaß und Lachen entsteht.

Der von Max Weber gefundene positive Zusammenhang zwischen den „lustfeindlichen" Werten und Einstellungen der pietistisch-protestantischen Unternehmen und dem Unternehmenserfolg bestätigt indirekt die Hypothese: Zu Beginn der Industrialisierung waren jene Unternehmen erfolgreich, die im Sinne von „Maschinenorganisationen" wenige gleichartige Produkte in großen Massen herstellten. Innerer Widerspruch und neue Ideen waren kontraproduktiv. Heute aber sieht die Welt für die Unternehmen völlig anders aus: ohne Innovation keine Zukunft! Andersherum formuliert: ohne Lust, Spaß und Lachen keine Innovation!

Gerade unkonventionelle Wege und Aktionen können zur Stärkung der Stimulanz-Kraft beitragen. Ich erinnere mich an einen kunstsinnigen westfälischen Möbelfabrikanten, der offensichtlich den geschilderten Zusammenhang zwischen Spaß und Innovation schon in den 1970er-Jahren erkannt hatte: Mitten im Jahr tauchte plötzlich in den Büroräumen und in der Produktion eine angeheuerte Clownstruppe auf, die mit feinsinnig-subtilen Späßen Erheiterung in den öden Alltag brachte und gleichzeitig verdeutlichte, worin der Erfolg des Unternehmens lag, nämlich selbst Trends durch unkonventionelles Design zu setzen.

Ganz selbstverständlich war es übrigens für diesen Unternehmer aus dem gleichen Grund, keine Betriebsausflüge oder Betriebsfeiern im traditionellen Stil zuzulassen. Veranstaltungen dieser Art fanden nur dann statt, wenn die Mitarbeiter originelle und unkonventionelle Ideen dafür hatten und sich auch bereit erklärten diese umzusetzen.

Ein kreatives Unternehmen entsteht also nur, wenn drei Bedingungen erfüllt sind: erstens durch ein entsprechendes Vorbild- und Führungsverhalten des gesamten

Managements; zweitens durch die richtige Auswahl der Mitarbeiter, deren Stimulanz-Kraft überdurchschnittlich ausgeprägt ist, und drittens durch eine interne Unternehmenskommunikation, die frisch und provozierend das Selbstverständnis des Unternehmens verdeutlicht.

Think Limbic! Empfehlungen für den Alltag

1. Kämpfen Sie gegen die multiple Organisationssklerose: Fördern Sie die Stimulanz-Kräfte in Ihrem Unternehmen!

Ohne starke Stimulanz-Kraft keine Kreativität und keine Innovation. Achten Sie darauf, dass Sie deshalb bewusst Verhaltensweisen und Mitarbeiter fördern, die nicht in das traditionelle Unternehmensschema passen und deshalb manchmal sogar zunächst störend sein können.

2. Haben Sie Mut zu einer ungewöhnlichen internen Unternehmenskommunikation!

Hüten Sie sich vor gemütlichen Betriebsfeiern, die in derselben Form jedes Jahr wieder stattfinden. Stören Sie die Macht der Balance-Kraft lieber durch eine aktivierende und freche interne Unternehmenskommunikation und durch Aktionen und Events, die auch provozierend sein dürfen.

3. Vergessen Sie das Lachen nicht!

Denken Sie daran, dass gegenseitige Macht- und Grabenkämpfe ein Klima der Innovation und des Lernens zerstören. Setzen Sie als Geheimwaffe das Lachen ein. Vergessen Sie aber nicht die Kraft des Vorbilds: Nur wenn das oberste Management mit gutem Beispiel vorangeht, lächeln alle Mitarbeiter und vor allem Ihre zufriedenen Kunden.

4. Ersticken Sie Ihr Unternehmen nicht in Bürokratie!

Regeln müssen sein — aber denken Sie daran, dass jede Regelung und jedes Formular in einem Unternehmen immer auch Innovation und Neugier verhindern.

6 Limbic Dynamics: das intelligente Kräftesystem der Natur

Was Sie in diesem Kapitel erwartet

Unsere Emotionssysteme stehen in einem hochintelligenten Gesamtzusammenhang. Wer diese Logik kennt, dem wird klar, warum Menschen oft so widersprüchlich handeln, wie Wirtschaftszyklen entstehen und was Unternehmen wirklich antreibt.

Wenn Sie sich die Emotionssysteme und ihre Ziele etwas genauer angeschaut haben, haben Sie vielleicht Widersprüche und gegensätzliche Ziele bemerkt. Das Stimulanz-System beispielsweise sucht und will das Neue, während das Balance-System das Bewährte und Bekannte erhalten möchte. Ein weiterer Gegensatz: Das Dominanz-System, unser egoistisches System im Kopf, sucht nur seinen eigenen Vorteil und hat nichts dagegen, dem anderen zu schaden. Bindung und Fürsorge, unsere sozialen Systeme im Kopf, drängen dagegen darauf, dem anderen etwas Gutes zu tun, für ihn zu sorgen und unsere eigenen Interessen zurückzustellen. Man fragt sich angesichts dieses Widersprüche: Ist der Mensch möglicherweise von Haus aus schizophren? Die Antwort lautet „Nein". Denn diese zunächst verwirrenden Gegensätze führen uns nämlich auf die Spur eines hochintelligenten Gesamt-Kräftesystems in unserem Gehirn. Abbildung 17 zeigt die Logik.

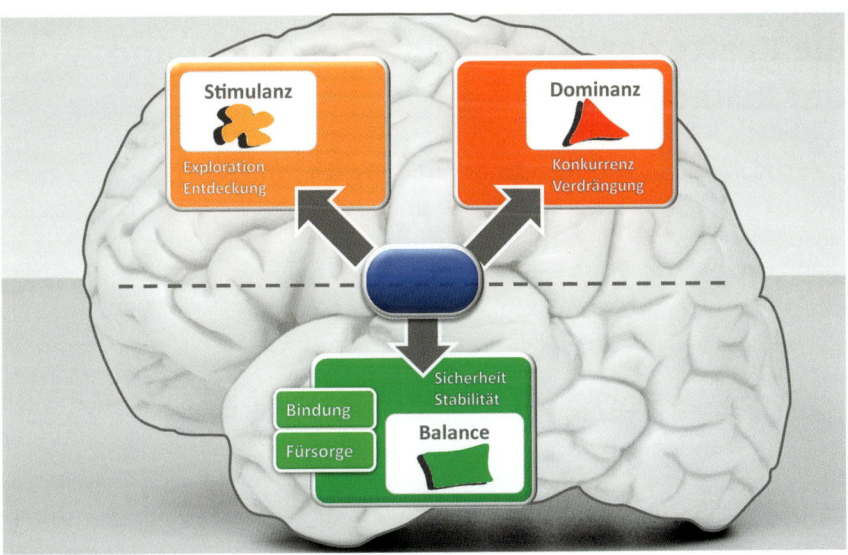

Abb. 17: Die Kräfte-Dynamik der Emotionssysteme

6.1 Dominanz & Stimulanz: die Kräfte der Aktivität, der Zukunft und des Risikos

Unsere Emotionssysteme sind nämlich in eine übergeordnete Systemdynamik eingebunden. Mit dem Dominanz- & Stimulanz-System haben wir in unserem Gehirn zwei aktive, optimistische und in die Zukunft gerichtete Emotionssysteme. Diese beiden Systeme drängen auf Tat und Handlung. Das wird auch erkennbar, wenn man die physiologische Entwicklung dieser beiden Systeme etwas genauer anschaut. Ein wichtiger Nervenbotenstoff des Dominanz-Systems ist das Testosteron. Testosteron ist aber zugleich erheblich am Muskelaufbau beteiligt. Muskeln aber sind zum Handeln da. Ähnlich verhält es sich mit dem Stimulanz-System. Sein wichtigster Nervenbotenstoff ist das Dopamin. Wenn in tieferen Gehirnzentren, den so genannten Basalganglien, zu wenig Dopamin vorhanden ist, entsteht die Krankheit Parkinson. Ein besonderes Merkmal dieser Krankheit ist, dass Parkinson-Patienten große Mühe haben, Bewegungen überhaupt in Gang zu setzen. Das Dominanz- und das Stimulanz-System drängen also zusammen mit ungestümer Macht in die Zukunft und suchen die Handlung. Dieses eher ungestüme Vorwärtsdrängen hat aber ein kleines Problem: Es ist mit großen Risiken verknüpft. Würde der Mensch diesen beiden Kräften alleine übereignet sein, würde er mit großer Wahrscheinlichkeit nicht lange leben. Damit dieses nicht geschieht, gibt es zwei Bremser, die zur Vorsicht mahnen in unserem Gehirn.

6.2 Balance, Bindung & Fürsorge: die Kräfte der Vorsicht, der Rücksicht und der Risikovermeidung

Während das Dominanz- und das Stimulanz-System auf Belohnung ausgerichtet sind, ist insbesondere das Balance-System sehr sensibel für Bestrafung. Das Balance-System sucht Risiken zu vermeiden — also eher nichts zu tun, vorsichtig zu sein und keine Veränderungen zuzulassen. Und während das Dominanz-System immer für einen risikoreichen Kampf zu haben ist, mahnt das Bindungs- und Fürsorge-System den Frieden und die soziale Harmonie an.

Diese Grunddynamik zwischen Expansion, Wachstum und Risiko und der Bewahrung, der Vermeidung kennzeichnet unser ganzes Leben. Denken Sie an die Börse, wenn der „Bulle" los ist und alles auf Wachstum steht und Risiken verleugnet werden. Auf diesen grenzenlosen Optimismus folgt in der Regel der Absturz, die

Angst, die Panik. Und das Balance-System, der „Bär" wie es bei einem Abschwung an der Börse heißt, gewinnt wieder für eine Zeit die Oberhand.

Auch unsere Wirtschaftszyklen sind nichts anderes als ein Hin- und Herschwingen zwischen optimistischem Wachstum (Dominanz-/Stimulanz) und den darauf häufig nachfolgenden Einbrüchen der Wirtschaftsrezession und/oder Wirtschaftsdepression. Apropos Depression: Genau das sind die inneren Wirkkräfte dieser belastenden Krankheit. Die optimistischen und aktivierenden Kräfte fehlen bei Depressionskranken, während das ängstliche Balance-System besonders aktiv ist.

6.3   Die inneren Kräfte im Unternehmen

Die Dynamik dieser Grundkräfte ist auch eine wichtige Ursache für den Erfolg oder Misserfolg von Unternehmen. Die Entwicklung und die Dynamik jedes Unternehmens werden von diesen emotionalen Grundkräften bestimmt (Abbildung 18). Die Stimulanz-Kraft ist für Innovation zuständig, die Dominanz-Kraft für Expansion und Wettbewerbsverdrängung, die Balance-Kraft ist die Kraft der Stabilität, des Zusammenhalts und der Ordnung. Bindung und Fürsorge haben zusätzlich das Ziel der sozialen Harmonie.

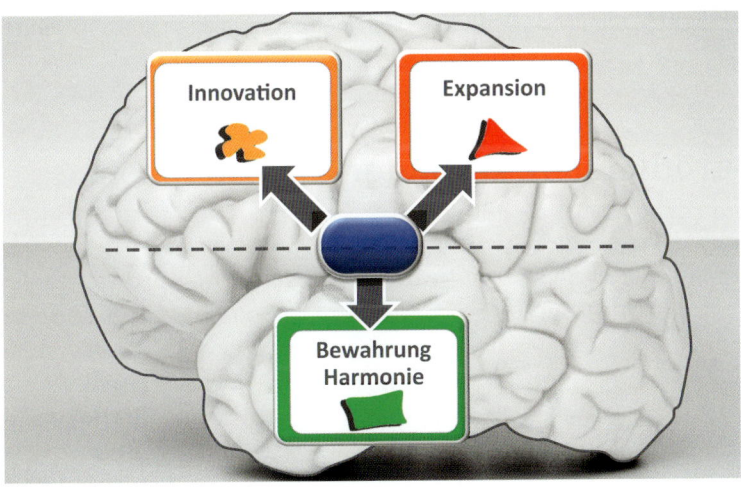

Abb. 18: Jedes Unternehmen wird von dieser Kräftedynamik beherrscht.

Werfen Sie mal einen Blick in den Wirtschaftsteil einer guten Zeitung. Dort wird von Unternehmen berichtet, die wesentlich stärker als der Wettbewerb wachsen. Diese Unternehmen haben eine hohe kollektive Dominanz-Kraft. Sie stellen Mitarbeiter ein, die von Haus aus eine stärkere Ausprägung in dieser Kraft haben. Sie setzen Leistungsanreize, die die Dominanz-Kraft der Mitarbeiter anfeuern und arbeiten mit Leidenschaft daran, in allen Belangen, Produkten, Prozessen und Services besser zu sein als der Wettbewerb.

Im Wirtschaftsteil lesen Sie auch von besonders innovativen Unternehmen, die den Markt regelmäßig mit bahnbrechenden Entwicklungen überraschen. Diese Unternehmen haben in der Regel auch eine höhere Dominanz-Kraft, eine besonders hohe Ausprägung haben sie aber im Stimulanz-Bereich. Sie stellen Mitarbeiter ein, die kreativer sind. Sie schaffen ein Arbeitsumfeld, das nicht von kleingeistigen Regeln und Vorgaben beherrscht wird und sie sind bereit, auch mal Fehler zu machen — denn ohne Fehler und Probieren kann das Neue nicht entstehen.

Und schließlich liest man häufig meist unter der Rubrik „Insolvenzen" von Unternehmen, die Trends der Zeit verschlafen haben, die Marktanteile verlieren und die die ganze Misere auf die Konjunktur oder den bösen, aggressiven Wettbewerb schieben. Bei diesen Unternehmen ist die Balance-Kraft die dominierende Kraft in der System-Dynamik, während die Wachstumskräfte Stimulanz und Balance weitgehend erloschen sind. Ein Blick ins Unternehmen zeigt schnell die Ursachen dafür: die Mitarbeiter sind überaltert, die ängstlichen Buchhalter dominieren das Unternehmensgeschehen, technische Entwicklungen werden vermieden und abgelehnt.

6.4 Die Neurodynamik gesunder Unternehmen

Wie sieht nun das gesunde Unternehmen aus? Zunächst einmal sollte die Dominanz-Kraft — die Kraft der anspruchsvollen Zielsetzung, des Kampfes und der Durchsetzung — stärker ausgeprägt sein. Dann zur Stimulanz-Kraft: Auch sie sollte überdurchschnittlich sein — aber nicht zu extrem. Denn wenn diese Kraft zu stark wird, ist die Gefahr groß, dass das Unternehmen das Ziel aus den Augen verliert und jeden Tag neuen Ideen und Produkten hinterherjagt, ohne die alten Produkte zu pflegen und im Markt zu halten.

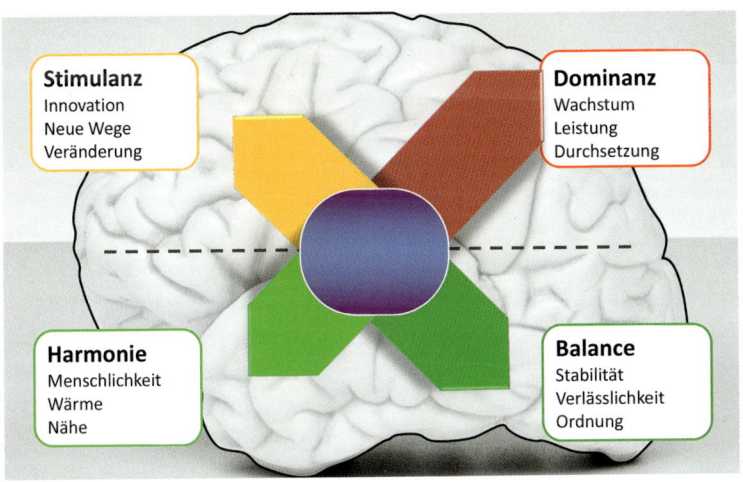

Abb. 19: Die Emotionsstruktur gesunder Unternehmen

Für die Unternehmensentwicklung ist es sinnvoll, die Balance-Kraft und Bindung / Fürsorge = Harmonie getrennt zu beachten, auch wenn sie im Gehirn viele gemeinsame Zentren haben. Beginnen wir mit der Balance-Kraft. Sie sollte durchschnittlich sein. Sie ist ja die Kraft der Bewahrung, der Ordnung und der Regeln. Unternehmen brauchen Regeln, sie brauchen Ordnung, denn sonst versinken sie im Chaos.

Bindung / Fürsorge = Harmonie sind der soziale Kitt im Unternehmen: Man arbeitet im Team, man unterstützt die Kollegen, man feiert zusammen und man nimmt Anteil am Schicksal der anderen. Es wird schnell klar, dass ein Unternehmen auch diese Kraft braucht. Menschen verbringen einen großen Teil ihrer Zeit in der Arbeit — fehlt diese Kraft, dann wird das Arbeitsklima kalt und unpersönlich und man verfolgt nur seine eigenen Ziele. Ist diese Kraft dagegen zu groß, entsteht ein familiäres Wohlfühlklima. Das ist zwar nett, aber zu viel Wohlbefinden verhindert Leistung und Anstrengung. In Abbildung 19 sehen wir, wie ein gesundes Unternehmen in seiner Struktur aussieht, wenn all diese Überlegungen berücksichtigt sind.

6.5 Die vier Grundfunktionen des Managements und der Führung

Abbildung 19 macht uns einen weiteren Zusammenhang deutlich: Ein Unternehmen ist ein sozial-emotionales System und steckt permanent in inneren Zielkonflikten. Wenn an die Mitarbeiter extrem hohe Leistungsanforderungen gestellt werden, dauert es nur kurze Zeit, bis der Betriebsrat rebelliert und soziale Zugeständnisse verlangt. Hat es sich ein Unternehmen dagegen in der Balance-/Harmonie-Ecke gemütlich gemacht, dauert es wiederum nicht lange, bis Unternehmensberatungen gerufen werden, die knallharte Leistungs- und Sanierungspläne entwickeln. Ist das Unternehmen extrem kreativ und innovativ, steigen in der Regel die Komplexität und gleichzeitig das Chaos stark an. Wird das Unternehmen von Buchhaltern beherrscht, wird jede neue Idee zu Tode gerechnet. Kluge Unternehmensführung heißt also, gekonnt mit diesen vier Kräften umzugehen, die Widersprüche und Zielkonflikte zu erkennen und diese Kräfte entsprechend des Umfelds oder des Lebenszyklus des Unternehmens anzupassen. Es ist klar, dass eine Wirtschaftsprüfungsgesellschaft, die für Genauigkeit und Konstanz bezahlt wird, einen anderen Kräftemix braucht als eine Event-Agentur, die Kunden jeden Tag mit neuen, ungewöhnlichen Ideen überraschen muss.

Ähnlich verhält es sich mit dem Lebenszyklus des Unternehmens. In der Start- oder Start-up-Phase ist die Begeisterung für das Neue und für die Expansion riesig. Die Dominanz- und Stimulanz-Kräfte platzen vor Energie. Eine saubere Buchhaltung und die Einhaltung von Prozessen werden dagegen als belastend und hemmend abgelehnt. In der Start-up-Phase müssen also diese Kräfte besonders gepflegt und beachtet werden. Genau umgekehrt verhält es sich bei Unternehmen, die schon sehr lange im Markt sind. Bei ihnen gibt es alle Regeln und Vorschriften dieser Welt — die Stimulanz- und Dominanz-Kräfte sind dagegen schon fast abgestorben. Diese brauchen ein starkes Vitalisierungsprogramm.

Auch die persönliche Führung von Mitarbeitern wird von diesen Grundkräften und ihren Zielkonflikten bestimmt. Auf der einen Seite gilt es Mitarbeiter zu fordern, manchmal auch harte Entscheidungen zu treffen (Dominanz), auf der anderen Seite ist aber auch wichtig, die Sorgen und Nöte der Mitarbeiter zu beachten und ihnen Hilfestellung zu geben (Harmonie). In der Führung gilt es die Stimulanz-Kraft seiner Mitarbeiter zu aktivieren, sollte sie zu Entdeckungsreisen zu animieren, gleichzeitig möchte aber auch Balance in der Führung zum Zuge kommen. Man muss Mitarbeiter mitunter in Regelstrukturen zwingen und Verlässlichkeit einfordern.

6.6 Lebens- und Zielkonflikte im privaten Leben

Die Systemdynamik und die damit verbundenen widersprüchlichen Ziele machen sich natürlich auch im Privatleben bemerkbar.

▶ **BEISPIEL**

Markus ist ein erfolgreicher Manager. Schon früh ist er in obere Führungsetagen aufgestiegen. Er ist morgens mit der Erste im Büro und oft der Letzte, der abends geht. Karriere bedeutet ihm alles, und sein Porsche vor der Tür zeigt seinen finanziellen Erfolg und seiner Umwelt, welches Emotionssystem in seinem Gehirn die Regie führt und die Ziele vorgibt: das Dominanz-System. Leider hat sein Erfolg einen hohen Preis: Seine Ehe und sein Familienleben sind in der Krise, seine Freunde sieht er höchst sporadisch.

Völlig anders dagegen Uwe. Bei ihm sind Bindung und Fürsorge sehr stark ausgeprägt. Uwe ist ein Familienmensch, spielt mit Kindern und Hund, wann immer es geht, ist in vielen Vereinen und achtet in der Arbeit strikt darauf, dass er abends rechtzeitig wieder zu Hause ist. Er wurde allerdings bei den letzten Beförderungen übergangen, sein Gehalt ist nicht sonderlich hoch.

Uwe hat wenig Geld und viele Freunde — bei Markus ist es genau anders herum. Beide sehnen sich nach dem, was sie nicht haben. Uwe wünscht sich auch den Porsche von Markus und ärgert sich über sein Gehalt, das oft kaum zum Leben reicht. Markus dagegen wünscht sich eine harmonische Familie und kann sich nicht erklären, warum das nicht klappt.

Lea sprüht voller Ideen und ist den ganzen Tag voller Tatendrang — jede Sekunde sucht sie den Kick. Am Tag und auch manchmal in der Nacht, in der Bar. Ein Schluck zu viel, manchmal auch etwas Drogen, Sex — alles lustig bis zum nächsten Tag und dem Kater. Lea hat einen riesigen Bekanntenkreis, einen Lover an jedem Finger. Aber Lea hat auch ein Problem: Ihre Chefin hat ihr vorige Woche gekündigt. Die Gründe: das ständige Zuspätkommen, viele Fehler und wenig Motivation bei der für sie langweiligen Arbeit. Lea ist noch nie untergegangen — sie jobbt alsbald bei einer Event-Agentur, bereits der vierte Job in diesem Jahr.

Gisela ist ganz anders als Lea. Sie war schon immer sehr ordentlich. Nach ihr kann man die Uhr stellen. In der Arbeit, die sie schon seit 20 Jahren macht, ist sie sehr geschätzt. Aber auch Gisela hat ein kleines Problem: Sie lebt alleine. Nach der Arbeit geht sie nach Hause, pflegt die Wohnung und füttert ihre Katze. Sie sitzt am Abend vor dem Fernseher, schaut Dschungelcamp und Casting-Serien und träumt davon, auch so viel Spaß im Leben zu haben wie die Akteure dort. Lea dagegen wünscht sich mehr Stabilität in ihrem Leben und endlich mal eine Beziehung, die länger als vier Wochen hält.

Diese Geschichtchen machen deutlich, dass wir immer in Spannungsfeldern leben. Setzen wir voll und ganz auf Karriere, geht das zu Lasten unserer Beziehungen. Setzen wir alles auf Beziehung, geht das zu Lasten unseres Geldbeutels und finanziellen Erfolgs. Suchen wir immer den Kick und Spaß, landen wir oft im Chaos. Organisieren wir unser Leben wie ein Uhrwerk, träumen wir vom Ausbruch in die Spaß- und Partywelt. Wie lebt sich's richtig? Darüber haben sich schon seit Jahrhunderten auch viele Philosophen Gedanken gemacht. So insbesondere Aristoteles in seiner „Nikomachischen Ethik". Er hatte die Spannungsfelder des Lebens erkannt und gab seinen Zeitgenossen diesen Rat: Immer schön in der Mitte bleiben und nichts übertreiben! Dieses uralte Konzept von Aristoteles wurde vor einigen Jahren unter dem Begriff „Work-Life-Balance" reanimiert und dann als völlig neue Entdeckung gefeiert. Egal ob alt oder neu, ein kleines Problem gibt's dabei: In der Mitte ist es manchmal ziemlich langweilig.

6.7 Die Limbic Map: der ganze Emotions- und Werteraum des Menschen

Wir haben die Dynamik unserer Emotionssysteme betrachtet und uns mit Spannungsfeldern und Zielkonflikten beschäftigt. Um die ganze innere Logik unserer Emotionssysteme zu verstehen, müssen wir noch einen weiteren Schritt gehen. Zunächst einmal sehen wir in Abbildung 20, in der Limbic Map, das Grundgerüst unseres Emotionssysteme — die Big 3 Balance, Stimulanz, Dominanz und in der Ellipse die Sexualität, die eng mit den Hauptemotionssystemen verbunden ist. Sexualität männlich hat eine hohe Überdeckung mit dem Dominanz-System. Sexualität weiblich mit dem Bindungs- und Fürsorgesystem. Wir sehen auch Bindung & Fürsorge bei Balance. Im Gehirn gibt es noch kleinere Emotionsmodule wie Spiel, Jagdtrieb und insbesondere bei Jungs die Lust am Raufen.

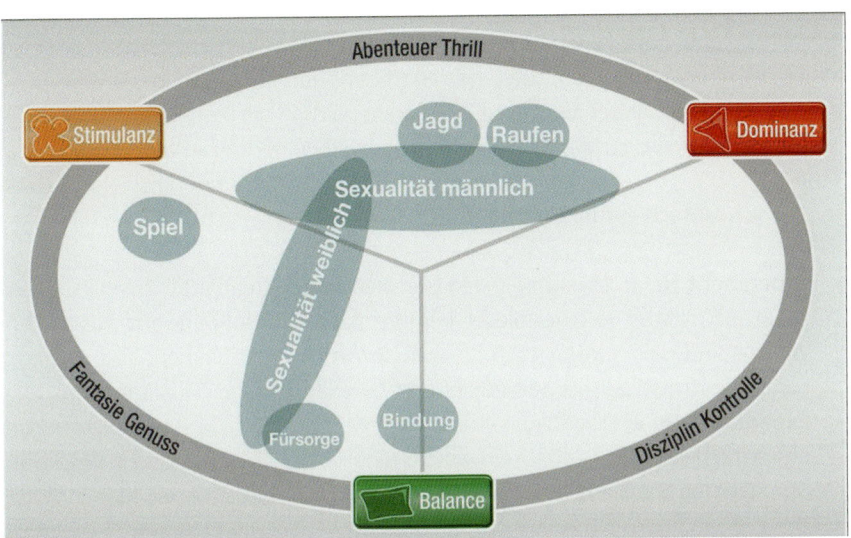

Abb. 20: Der Emotionsraum des Menschen

Unsere Emotionssysteme sind nämlich stets zeitgleich aktiv und aus diesem Grund gibt es auch Mischungen.

- Abenteuer/Thrill: Beginnen wir mit der Mischung von Dominanz und Stimulanz. Diese Mischung nennen wir Abenteuer/Thrill. Warum? Die psychologische Erklärung des Abenteuers ist relativ einfach. Auf der einen Seite will man über sich selbst hinauswachsen und sich beweisen (= Dominanz). Auf der anderen Seite möchte man Neues entdecken (= Stimulanz).
- Fantasie/Genuss: Weiter geht's zur nächsten Mischung, nämlich der zwischen Balance und Stimulanz. Diese nennen wir Fantasie/(sanfter) Genuss. Das Stimulanz-System motiviert dazu, aktiv nach Neuem und nach unbekannten Genüssen zu suchen, das Balance-System bremst dabei. Aus der aktiven Suche nach Neuem wird eher ein passives und offenes „Auf-sich-zukommen-lassen", ein Träumen und Fantasieren.
- Disziplin/Kontrolle: Bleibt noch die letzte Mischung, nämlich die zwischen Balance und Dominanz. Diese nennen wir Disziplin und Kontrolle. Warum? Das Balance-System fordert, dass alles seine Ordnung hat und stabil bleibt, sich möglichst nichts verändert. Das Dominanz-System dagegen möchte das Geschehen regeln. Genau das aber ist die Psychologie der Kontrolle: Alles muss konstant und berechenbar sein (Balance), gleichzeitig möchte man aber selbst die Spielregeln bestimmen und das Ruder fest in der Hand halten (Dominanz).

Nun haben wir den Emotionsraum aufgebaut. Gehen wir jetzt zum nächsten Schritt: den Werten. Was sind Werte? Als Werte bezeichnen wir erstrebenswerte Eigenschaften eines Objektes, eines Verhaltens oder einer Idee. Menschen haben Werte, wie z. B. Zuverlässigkeit, Familie usw. Das Wort „erstrebenswert" lässt erahnen, wohin die Reise geht. Das, was erstrebenswert ist, sagen uns unsere Emotionssysteme. Was haben Werte mit Emotionen zu tun? Um dieser Frage nachzugehen, möchte ich Sie zu zwei kleinen Gedankenexperimenten einladen. Ein kleiner Tipp: Denken Sie nicht lange nach, wenn Sie die Experimente durchspielen, verlassen Sie sich einfach auf Ihr Bauchgefühl.

- **Experiment Nr. 1:** Ich nenne Ihnen nun vier Werte: Kreativität, Zuverlässigkeit, Neugier, Qualität. Je zwei dieser Begriffe passen besonders gut zusammen. Welche sind das? Zweifellos fühlt man sofort, was zusammenpasst und was nicht. Kreativität gehört zu Neugier und Zuverlässigkeit zu Qualität.
- **Experiment Nr. 2:** Nun folgen vier weitere Werte. Lassen Sie diese Begriffe kurz auf sich (besser Ihr Gefühl) einwirken: Sinnlichkeit, Zuverlässigkeit, Präzision, Mut. Ordnen Sie diese Begriffe nun ungefähr dort in die Limbic Map in Abbildung 20 ein, wo sie Ihrer Ansicht nach richtig liegen. In Abbildung 21 sehen Sie dann, wo alle Werte ihren Platz haben.

Warum sind die beiden Gedankenexperimente relativ einfach zu lösen? Was man meist verkennt: In Werten steckt immer eine emotionale Komponente. Und diese Gefühle sind es, die Sie sicher zur richtigen Lösung geführt haben. Im Experiment 1 spürt man die gemeinsame Kraft zwischen Neugier und Kreativität: Das ist das Stimulanz-System. Dasselbe gilt für Zuverlässigkeit und Qualität. Hier ist das Balance-System der Treiber. Bei der Einordnung der vier Begriffe auf der Limbic Map braucht man sicher etwas mehr Zeit. Aber auch hier ist die Lösung mit kleineren Abweichungen „spürbar". Man spürt instinktiv: „Sinnlichkeit" hat auf keinen Fall etwas mit Disziplin/Kontrolle zu tun und passt viel besser in Richtung Fantasie/Genuss. Genau gegenteilig wirkt „Präzision". Vor dem inneren Auge taucht möglicherweise ein Uhrwerk oder eine Maschine auf. Alles ist berechnet, nichts ist dem Zufall überlassen. Ähnliche Gegensätze fühlt man auch bei „Verlässlichkeit" und „Mut". Man spürt, wie „Verlässlichkeit" zum Balance-Pol und „Mut" hin zu Abenteuer/Thrill gezogen wird. Offensichtlich haben auch Werte einen relativ klaren Platz im Gehirn!

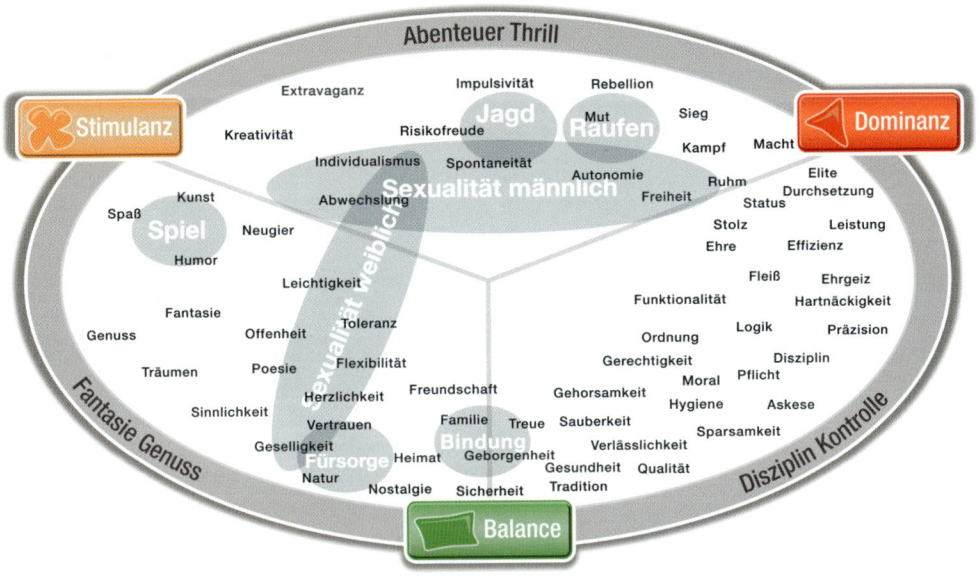

Abb. 21: Die Limbic Map – Der Emotions- und Werteraum

Die gleichen Aufgaben (aber mit sehr viel mehr Begriffen und Werten) habe ich vielen Versuchspersonen und parallel dazu Psychologen vorgelegt. Weil das Gehirn eines Psychologen (außer kleineren zusätzlichen Störungen) sich in nichts von dem von Otto Normalverbraucher unterscheidet, war das Ergebnis nahezu identisch. Wie die gesamte Wertewelt im Kopf des Menschen aussieht, sehen Sie in Abbildung 21. Alles, was für Menschen wichtig und wertvoll ist, findet im Emotions- und Werteraum der Limbic Map statt.

6.8 Ein Anwendungsbeispiel der Limbic Map: Alltagswünsche

Schauen wir mal in unseren Alltag. Was tun wir dort, was ist uns wichtig? Familie, Gesundheitssystem, Fernsehunterhaltung, Kunst, Abenteuerurlaub, Bundesliga, Karriere, Polizei usw. Alle diese Wünsche ans Leben haben einen emotionalen Urgrund und damit einen festen Platz auf der Limbic Map. Die Familie liegt bei Bindung und Fürsorge, das Gesundheitssystem zwischen Balance und Fürsorge, die Fernsehunterhaltung liegt bei Genuss, (moderne) Kunst bei Stimulanz, die Abenteuerreise bei Abenteuer, Bundesliga bei Kampf/Dominanz, Karriere bei Dominanz, und die Polizei sorgt schließlich für Ordnung, Disziplin und Sicherheit.

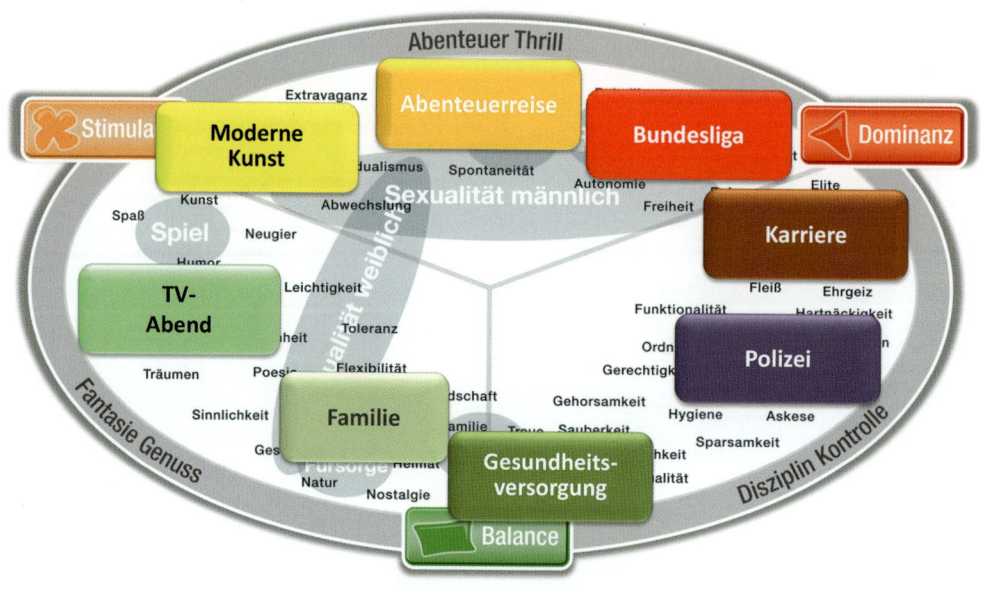

Abb. 22: Wo unsere Alltagswünsche auf der Limbic Map liegen

Wir werden im Laufe des Buches noch weitere Anwendungsbeispiele für die Limbic Map kennenlernen.

Think Limbic! Empfehlungen für den Alltag

1. Aktivieren Sie die Wachstumskräfte in Ihrem Unternehmen

Da die Balance-Kraft, die Kraft der Bewahrung, die stärkste Kraft ist, gibt es sie in der Regel im Unternehmen umsonst. Die Wachstumskräfte Dominanz und Stimulanz dagegen müssen aktiv gefördert werden.

2. Machen Sie eine Dynamik-Aufstellung Ihres Unternehmens

Zeichnen Sie einfach mal auf ein Blatt Papier, wie Sie die innere Dynamik-Struktur Ihres Unternehmens einschätzen. Wie stark ist die Balance-Kraft? Wie stark sind Bindung und Fürsorge? Wie stark ist die Stimulanz- und wie stark ist die Dominanz-Kraft? Versuchen Sie Schwächen zu minimieren.

3. Managen Sie die Zielkonflikte

Gleich ob Management oder Führung: Lernen Sie das Spiel mit den Grundkräften im Unternehmen. Denken Sie immer daran: Eine Stärkung der einen Kraft sorgt für eine Schwächung auf ihrem Gegenpol.

4. Lernen Sie auch in Ihrem Privatleben mit diesen Zielkonflikten umzugehen

Vermeiden Sie die Extreme — in der Mitte sind Sie am sichersten. Denken Sie immer daran, dass vor allem Extreme einen hohen Preis haben. Wenn Sie beruflich extrem erfolgreich sind, geht das zu Lasten Ihres Familienglücks — wenn Sie nur Spaß und Abwechslung haben wollen, verlieren Sie Ziel und Struktur in Ihrem Leben.

Limbic Personality: High-Performer erkennt man am limbischen Profil

---

Was Sie in diesem Kapitel erwartet

Die Emotionssysteme sind die tragenden Säulen der menschlichen Persönlichkeit und des Charakters. Sie sind zu einem größeren Teil angeboren. Menschen unterscheiden sich aber in ihrem limbischen Profil, also in der individuellen Ausprägung ihrer Emotionssysteme. Menschen, die beruflich erfolgreich sind und eine hohe Leistungsbereitschaft aufweisen, so genannte High-Performer, haben ein besonderes und typisches limbisches Profil. Die Kenntnis des limbischen Profils ist noch vor der Intelligenz das wichtigste Beurteilungskriterium bei der Mitarbeiterauswahl.

Wenn die Emotionssysteme einen Großteil des Denkens und Verhaltens des Menschen prägen, dann folgt daraus fast zwangsläufig, dass auch das Temperament und die Persönlichkeit eines Menschen weitgehend auf diesen Kräften basieren. Menschen sind aber verschieden. Genauso wenig wie aber alle Menschen gleich groß sind, sind auch die Emotionssysteme von Person zu Person gleich ausgeprägt. Diese individuellen Unterschiede sind zu etwa 50–60 % angeboren.[10, 44, 95, 97, 103] Menschen mit überdurchschnittlicher Ausprägung der Stimulanz-Kraft sind von Geburt an extrem neugierig und auf der Suche nach neuen Reizen, solche mit hoher Dominanz-Ausprägung fallen schon im Kindergarten dadurch auf, dass sie den Ton angeben und Chef aller kleinen Strolche sind. Und Menschen, deren Balance-Kraft überdurchschnittlich stark ausgeprägt ist, bringen schon als Kind kein Wort heraus und sind schüchtern und ängstlich. Diese angeborenen Eigenschaften aufgrund der Emotionssysteme bleiben ein Leben lang relativ stabil. Veränderungen sind allerdings möglich: Insbesondere die ersten Kindheitsjahre sind von besonderer Bedeutung. Aber auch durch Kultureinflüsse, Erfolg/Misserfolg im Leben oder durch traumatische Erfahrungen kann es zu Veränderungen kommen.

Die Unternehmenspraxis interessiert natürlich die Frage, welchen Einfluss die drei Emotionssysteme auf den beruflichen Erfolg eines Menschen haben, bzw. ob besonders leistungsfähige Mitarbeiter möglicherweise eine typische Struktur der Emotionssysteme aufweisen. Um es vorwegzunehmen: Diese Struktur gibt es, doch bevor wir uns mit dem limbischen Profil von Siegern und sieben weiteren typischen Profilen beschäftigen, ein paar Bemerkungen zu psychologischen Persönlichkeitstheorien.

7.1   Welche Persönlichkeitseigenschaften gibt es?

Bis heute herrscht nur geringe Übereinstimmung darüber, was die grundlegenden Persönlichkeitseigenschaften überhaupt sind.[20] Sigmund Freud z. B. unterschied zwischen dem zwanghaften „Analcharakter" und dem lustbetonten „Oralcharakter", Carl Gustav Jung führte in die Persönlichkeitsdiskussion die Dimensionen der „Extraversion = nach außen gerichtet" und der „Introversion = nach innen gerichtet" ein. Insgesamt beruhten all diese Annahmen auf Beobachtung und einer großen Portion Spekulation. Die eher naturwissenschaftlich-orientierte amerikanische Psychologie wollte sich aus diesen spekulativen Zwängen befreien. Ihr Pionier Raymond Bernard Cattell, dessen Persönlichkeitstest genauso wie die Theorien von Freud, Jung und vielen anderen bis heute noch einen großen Einfluss hat, wählte zu Beginn der 1950er-Jahre einen anderen Ansatz.[17] Aus der Umgangssprache und aus Lexika sammelte er Persönlichkeitsbeschreibungen, wie z. B. launisch, zuvorkommend usw. Auf diese Weise kamen weit über 10.000 Begriffe zusammen. Mittels statistischer Verfahren wurden diese Eigenschaften noch weiter verdichtet, sodass am Schluss 16 Dimensionen übrig blieben. Daraus entstand dann ein bis heute in der Personalauswahl verwendeter Test, der so genannte 16 PF-Test (PF = Personality Factor). Nach einer ähnlichen Vorgehensweise wurden in der Folgezeit weitere Tests entwickelt, die zu anderen Persönlichkeitsfaktoren kamen, manchmal verwandt, manchmal verschieden. Legt man nun die Vielzahl der Persönlichkeitsdimensionen aus den unterschiedlichen Ansätzen[17, 20, 33] übereinander und macht sich die Mühe, die zugrunde liegenden statistischen Auswertungen zu analysieren, ergibt sich eine klare übergeordnete Struktur: Heraus kommen unsere bereits bekannten drei Emotionssysteme inklusive der Balance-Submodule Bindung und Fürsorge als tragende Säulen der Persönlichkeit. Im letzten Kapitel dieses Buches schauen wir uns das noch etwas genauer an.

7.2   Welchen Einfluss hat die Umwelt auf die Persönlichkeit?

Die Emotionssysteme prägen also unsere Persönlichkeit. Bedeutet das nun, dass Umfeldeinflüsse keine Rolle spielen und z. B. der damit zusammenhängende Berufserfolg nur von den limbischen Dimensionen und ihrer individuellen (angeborenen) Stärke abhängt? Dies bedeutet es nicht. Natürlich sind auch Umweltfaktoren von großer Bedeutung. Trotzdem lernt und aktualisiert sich schon das kleine Kind innerhalb der Emotionssysteme. Ein Kleinkind mit hoher Dominanz- und Stimulanz-Ausprägung sucht fast von Geburt an herausfordernde Situationen: Daraus entstehen wiederum sehr viele Erfolgserlebnisse, die dieses Verhalten stabilisieren und verstärken. Ein Kind dagegen mit hoher Balance-Ausprägung, also hoher Ängstlichkeit, vermeidet dagegen herausfordernde Situationen und macht weniger Erfolgserlebnisse, womit auch das vermeidende Verhalten verstärkt wird. Wird dieses Kind allerdings von seinen Eltern aktiv gefördert und ermuntert, kann dieser negative Einfluss der Balance-Kraft abgeschwächt werden.

Weit größer ist der Umfeldeinfluss, insbesondere wenn in der frühkindlichen Entwicklung die Eltern-Kind-Beziehung massiv gestört ist. Wie vor allem der britische Psychologe und Psychoanalytiker John Bowlby gezeigt hat, sind die ersten Monate der Mutter-Kind-Beziehung besonders wichtig.[20, 100] Hier wird das Grundvertrauen aufgebaut. (Soziale Sicherheit = Bindung & Fürsorge). Eine extrem abweisende Mutter beispielsweise stört diesen Prozess: Das Baby macht negative Erfahrungen, Misstrauen und Ängstlichkeit sind die Folge. Gleichzeitig kommt es auch zu Veränderungen im Gehirn, die ein Leben lang anhalten. Gehirnbereiche wie der Hypothalamus, der u. a. auch für die Ausschüttung des Stresshormons Cortisol zuständig ist, bleiben im Alarmzustand. Dies äußert sich darin, dass solche Kinder einen dauerhaft erhöhten Cortisolspiegel und eine wesentlich erhöhte Stressanfälligkeit haben. Zugleich werden im Lernzentrum des Gehirns, im Hippocampus, wichtige Nervenzellen vernichtet.[100]

Es gibt aber auch den umgekehrten, positiven Fall. Bei Kindern, die von ihren Eltern viele geistige Anregungen bekommen, verändert sich das Gehirn ebenfalls. Zwischen den einzelnen Nervenzellen im Gehirn werden zusätzliche Verbindungen aufgebaut, gleichzeitig steigt der Spiegel des „Optimismus-Nervenbotenstoffs" Dopamin an.[105] In den ersten Lebensjahren haben sowohl die positiven wie die negativen Umwelteinflüsse die größte Wirkung auf das Gehirn und die Persönlichkeit. Aber auch im Erwachsenenalter können sich die Persönlichkeit und die damit verbundenen Gehirnstrukturen durch Lernen und Umwelteinflüsse noch verändern. Bei Menschen, die permanent nur Misserfolge im Leben haben, die immer nur von anderen bestimmt werden, ist die Gefahr groß, dass sie depressiv werden. Das Gegenteil ist aber ebenso der Fall: Menschen, die Erfolg haben und ihr Leben selbst bestimmen können, werden selbstbewusster und neugieriger. Alle diese Veränderungen lassen sich im Gehirn und in der Konzentration der Hormone und Nervenbotenstoffe nachweisen.[99]

7.3 Welchen Einfluss haben Geschlecht und Alter auf die Persönlichkeit?

In Kapitel 4, in dem wir uns mit der Dominanz-Kraft näher beschäftigt haben, wurden deutliche Geschlechtsunterschiede offensichtlich. Die Dominanz-Kraft ist bei Männern im Durchschnitt stärker ausgeprägt als bei Frauen. Zusätzlich gibt es noch einen zweiten wichtigen Unterschied: Bei Frauen ist die Balance-Kraft — insbesondere Bindung und Fürsorge — ebenfalls aus evolutionsbiologischen Gründen stärker ausgeprägter als bei Männern: Sie suchen stärker nach Harmonie und Geborgenheit und sind auch vorsichtiger.

Bei der Stimulanz-Kraft muss differenziert werden: Frauen sind neuen Reizen genauso aufgeschlossen wie Männer. Auf der sozialen Ebene ist ihre Aufgeschlossenheit sogar wesentlich stärker als bei Männern. Ihre Risikobereitschaft ist allerdings wesentlich geringer als die von Männern.

Neben den Geschlechtsunterschieden ist noch ein weiterer Einflussfaktor von großer Bedeutung: der Prozess des Alterns. Wie wirkt sich dieser aus? Ausgelöst durch die abnehmende Produktion des Sexualhormons Testosteron nimmt die Dominanz-Kraft, insbesondere die Kampfbereitschaft, bei Männern ab 30 Jahren leicht, mit 45 Jahren deutlich ab.[65] Status- und Machtanspruch dagegen bleiben bis ca. 55 Jahre gleich und nehmen dann ab. Ältere Menschen versuchen, das Erreichte zu erhalten, aber nicht weiter auszubauen. Bei beiden Geschlechtern ist ebenfalls mit zunehmendem Alter eine hohe Steigerung der Balance-Kraft und eine abnehmende Risikobereitschaft festzustellen. Sicherheit, Stabilität, Konstanz und Harmonie gewinnen mit dem Alter erheblich an Bedeutung.[43]

Die Stimulanz-Kraft hat ihren Höhepunkt zwischen 20 und 30 und nimmt dann ebenfalls ab. Dies liegt daran, dass der Nervenbotenstoff Dopamin, der wesentlich an der Stimulanz-Kraft beteiligt ist, mit zunehmendem Alter im Gehirn zurückgeht. Abbildung 23 zeigt die Veränderung der Emotionssysteme im Laufe des Älterwerdens.

Welchen Einfluss haben Intelligenz und Ausbildung auf den beruflichen Erfolg?

7

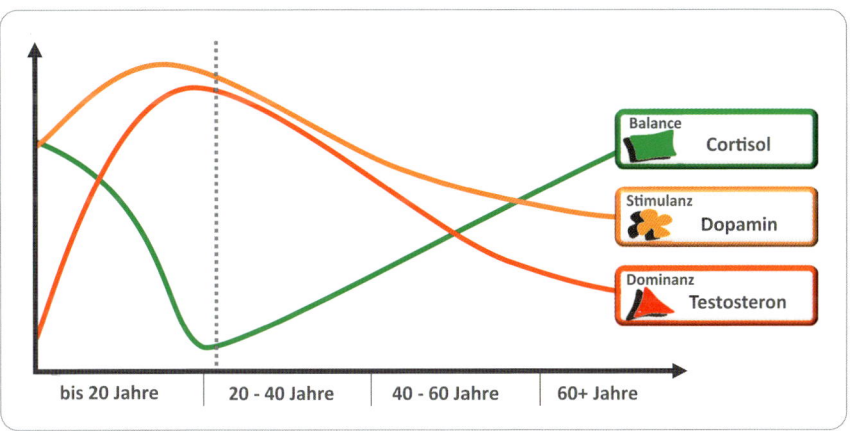

Abb. 23: Die Veränderung der Emotionssysteme im Altersverlauf

7.4 Welchen Einfluss haben Intelligenz und Ausbildung auf den beruflichen Erfolg?

Der Einfluss von Intelligenz und Ausbildung auf den beruflichen Erfolg ist relativ hoch. Eine gute Ausbildung vergrößert die beruflichen Optionen und gleichzeitig natürlich auch die Handlungsmöglichkeiten in bestimmten Situationen. Ähnlich verhält es sich mit der Intelligenz, weil ein überdurchschnittlicher IQ dazu befähigt, komplexe Probleme schneller zu erkennen und auch zu lösen. Allerdings: Weder eine hohe Intelligenz noch eine gute Schulbildung reichen aber alleine aus, um Karriere zu machen bzw. um erfolgreich zu sein. Von entscheidender Bedeutung für die Karriere sind nämlich die innere Dynamik und der innere Antrieb einer Person. Die Stärke dieses Motors wird weitgehend von den Emotionssystemen bestimmt. Da bei der Auswahl der Kandidaten für Führungspositionen die Unterschiede in Intelligenz und Ausbildung der Bewerber oft gering sind, spielt die Persönlichkeit, also das limbische Profil, meist eine zentrale Rolle. Schauen wir uns deshalb näher an, welchen Einfluss die individuelle Ausprägung der Emotionssysteme auf die Persönlichkeit und den beruflichen Erfolg hat.

7.5   Das limbische Profil prägt die Persönlichkeit

Die Emotionssysteme sind ja grundsätzlich bei allen Menschen vorhanden. Allerdings sind sie in ihrer Stärke bei den einzelnen Menschen sehr unterschiedlich ausgeprägt. Die eine Person hat eine hohe Dominanz-Ausprägung und ist sehr durchsetzungsstark und karriereorientiert. Beim anderen erkennen wir eine hohe Stimulanz-Ausprägung. Dies bedeutet, dass diese Person besonders intensiv auf der Suche nach neuen, spannenden Reizen und nach Abwechslung ist — und eine dritte Person wiederum zeigt eine hohe Balance-Ausprägung und ist somit ängstlicher, vorsichtiger und zurückhaltender als andere.

Wichtig: Da sich Persönlichkeit fast immer im sozialen Kontext abspielt, ist es sinnvoll, bei der Beschreibung von Persönlichkeitsprofilen die große Balance-Dimension aufzuspalten und die beiden sozialen Emotionssysteme „Bindung & Fürsorge" als eigene Dimension, als „Harmonie-Dimension", zu betrachten. Die Harmonie-Dimension ist zwar eng mit der Balance-Dimension gekoppelt, sie hat aber trotzdem eigene Ziele und Vorgaben. Wie wir bei der Konstruktion der Limbic Map gesehen haben, gibt es Mischungen in unseren Emotionssystemen. Diese Mischungen kann man auch als Persönlichkeitsdimensionen betrachten (Abenteuerlust, Impulsivität, Offenheit /Fantasie, Gewissenhaftigkeit/Disziplin). In Abbildung 24 sind sie zur Vollständigkeit eingetragen. Da Think Limbic! für die Praxis geschrieben wurde und dort Einfachheit Trumpf ist, verzichten wir im weiteren Verlauf auf diese Zwischendimensionen. Würde man einen detaillierten wissenschaftlichen Persönlichkeitstest machen, müsste man sie allerdings berücksichtigen. Aufgrund dieser Überlegungen können wir ein Persönlichkeitsprofil wie in Abbildung 24 darstellen.

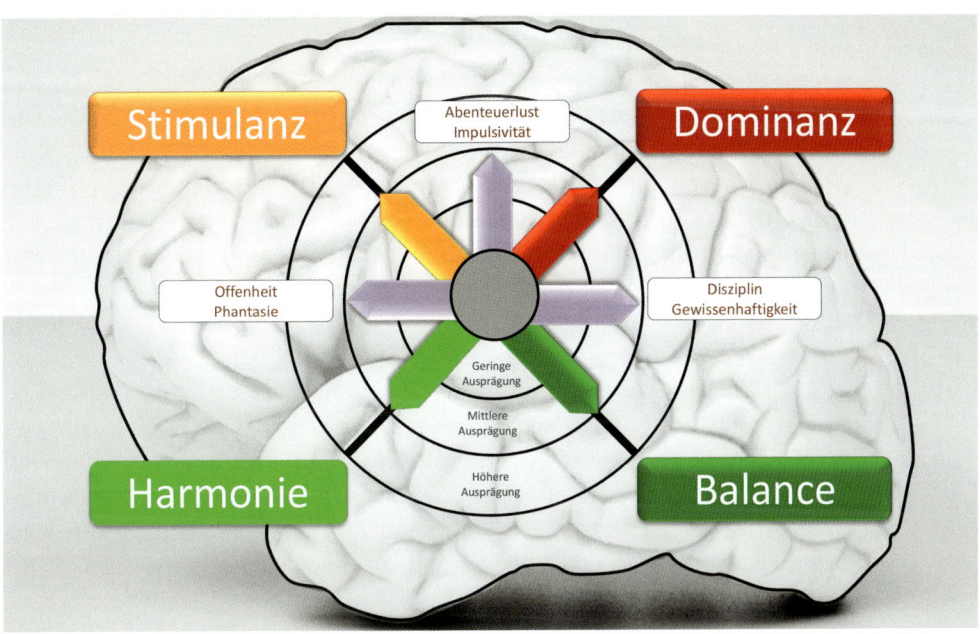

Abb. 24: Die Emotionssysteme bilden die Basis der menschlichen Persönlichkeit

Diese Darstellung zeigt noch etwas Wichtiges: Die Persönlichkeitsdimensionen stehen in einem größeren Zusammenhang miteinander. Genau gegenüber der Balance-Dimension liegt die Stimulanz-Dimension und gegenüber der Harmonie-Dimension liegt die Dominanz-Dimension. Was bedeutet das? Menschen haben sehr unterschiedliche individuelle Ausprägungen in diesen Kräften: von schwach, über mittel bis hin zu sehr stark ausgeprägt. Es gibt aber Unvereinbarkeiten: Eine gleichzeitig hohe Ausprägung der Stimulanz-Kraft und der Balance-Kraft ist genauso unmöglich wie eine hohe Ausprägung der Dominanz-Kraft und gleichzeitig der Harmonie-Kraft. Trotz dieser Einschränkung gibt es eine Vielzahl von möglichen limbischen Profilen. Im Rahmen dieses Buches ist es natürlich nicht möglich, alle diese Möglichkeiten darzustellen — ich beschränke mich auf einige prototypische Profile.

7.5.1 Der mutige Pionier

Erfolgreiche Firmengründer und Unternehmer (Entrepreneure/Pioniere) zeichnen sich durch ein typisches limbisches Profil aus: Wie nicht anders zu erwarten, werden sie von einer hohen Dominanz-Kraft angetrieben. Eine hohe Dominanz-Kraft ist nämlich sowohl für das für einen Unternehmer typische Autonomiestreben verantwortlich als auch für den Durchsetzungswillen, der vorhanden sein muss, um im harten Konkurrenzkampf bestehen zu können. Der Drang zur Macht geht mit dieser Kraft einher und ist ebenfalls für Unternehmer typisch.

Eine weitere wichtige Eigenschaft, die erfolgreiche Unternehmer kennzeichnet, ist ihre Offenheit und ihr Gespür für den Markt und ihre Bereitschaft, risikoreiche neue Wege zu gehen. Damit kommt die Stimulanz-Kraft ins Spiel und die damit verbundene Suche nach neuen Reizen sowie die Lust auf Risiken. Auch sie ist bei erfolgreichen Unternehmern ebenfalls überdurchschnittlich ausgeprägt, ohne allerdings extrem hoch zu sein. Eine extrem hohe Stimulanz-Kraft führt nämlich dazu, dass ständig neue Ziele und Aufgaben gesucht werden. Erfolgreiche Unternehmer sind zwar neugierig, trotzdem aber relativ linientreu in der Verfolgung ihrer Ziele.

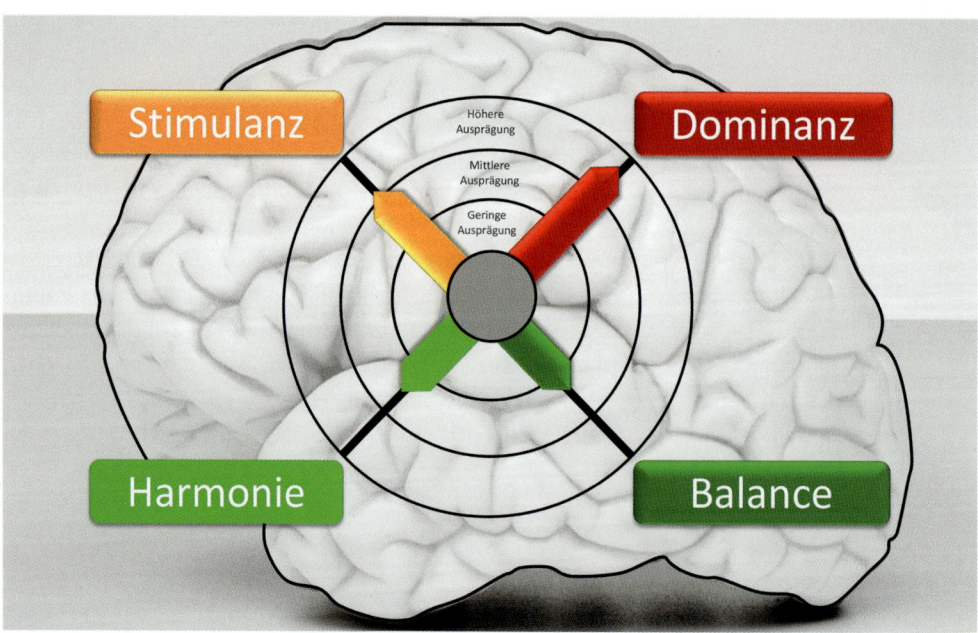

Abb. 25: Der Pionier

Wie sieht es nun mit der Balance-Kraft aus? Diese ist niedrig, allerdings nicht extrem niedrig. Erfolgreiche Unternehmer sind mutig und entscheidungsfreudig, sie sind aber keine Hasardeure! Eine extrem geringe Balance-Kraft ist nämlich nicht ungefährlich, weil dann alle Risiken negiert werden und keinerlei Vorsicht mehr existiert. Dieses Spiel mit dem Risiko kann erfolgreich ausgehen — daraus entstehen dann die gefeierten Unternehmer-Stars, die durch einen schnellen und kometenhaften Aufstieg auf sich aufmerksam machen. Das Ganze kann aber auch ins Auge gehen und die Existenz des Unternehmens kosten. Übrigens: Auch gefeierte Kriegshelden zeichnen sich durch hohe Dominanz-, hohe Stimulanz- und extrem geringe Balance-Kraft aus. Was leider immer vergessen wird: Soldatenfriedhöfe sind voll mit unbekannten Kämpfern, die mit identischem limbischen Profil wie die gefeierten Helden vom Heldentum geträumt haben, aber ihren Traum mit dem Tod bezahlten, weil sie nicht das Glück der Helden hatten. Erfolg ist also untrennbar mit Risiko bzw. auch Niederlage verbunden.

Bleibt noch die Harmonie-Kraft: Sie liegt im mittleren bis unteren Bereich — denn zu viel Harmonie verhindert das Neue.

Doch zurück zum Unternehmensalltag, wechseln wir zur Spezies der „Intrapreneure", der „angestellten Unternehmer" im Unternehmen. Ihr limbisches Profil ist identisch mit dem Profil der Unternehmer. Intrapreneure sind der Wunschtyp vieler Stellenanzeigen. Der Blick in die Praxis zeigt allerdings, wie diesem Wunsch sehr bald Ernüchterung folgt. Viele Unternehmen stellen nämlich schon nach kurzer Zeit fest, dass wirkliche Intrapreneure eben nicht nur gute Seiten haben. Genau die Eigenschaften, die einen Unternehmer erfolgreich machen, können nämlich innerhalb einer Organisation zu erheblichen Konflikten führen.

Was bei denjenigen, die an der Spitze des Unternehmens stehen oder denen das Unternehmen gehört, gefeiert wird, führt bei Intrapreneuren, die innerhalb von Hierarchien ihr Glück versuchen, mitunter zu erheblichen Abstoßungsreaktionen der Organisation. Die unkonventionellen und kreativen Vorschläge des Intrapreneurs, seine Versuche alte Pfade zu verlassen und überkommene Gewohnheiten aufzubrechen, alarmieren unbewusst die kollektive Balance-Kraft des Unternehmens. Zusätzlich alarmieren sein „Anderssein" und sein Durchsetzungswillen die Dominanz-Kraft seiner neuen Kollegen. Da er nicht so ist wie alle anderen und neue Wege sucht, wird er abgelehnt. Und da er ebenfalls nach oben will, wird er bekämpft.

Ein Intrapreneur hat also nur dann eine Chance auf Erfolg, wenn in der Unternehmenskultur „Stimulanz" als ein zentraler Wert verankert ist. Oder er braucht die absolute und uneingeschränkte Rückendeckung des Chefs, der ihn bewusst in das Unternehmen geholt hat, um mit und durch ihn etwas zu verändern.

Apropos Intrapreneure: Der Appell vor allem innerhalb erstarrter Unternehmen an die Mitarbeiter, sich zu „Intrapreneuren" zu wandeln, ist aus drei Gründen von vornherein zum Scheitern verurteilt:

- Erstens haben solche Mitarbeiter, die Intrapreneur-Qualitäten hatten, dem Unternehmen bereits vor Jahren den Rücken gekehrt. Das Sprichwort „Die ersten Ratten, die das sinkende Schiff verlassen, sind meist die besten Schwimmer", trifft den zugrunde liegenden Mechanismus der Intrapreneursflucht ziemlich genau.
- Zweitens fehlt denen, die zurückgeblieben sind und sich in der Erstarrung eingerichtet haben, völlig das limbische Profil, das Intrapreneure auszeichnet. Man kann einem Lamm nicht befehlen, über Nacht zum Tiger zu mutieren.
- Drittens wurde durch beharrliche Pflege der Balance -Kraft eine Vielzahl von ungeschriebenen Gesetzen im Unternehmen etabliert, die jeden Regelverstoß gnadenlos ahnden und so jeden Ansatz von Intrapreneurship verhindern.

7.5.2   Der harte Performer

Weil jedes Unternehmen aber Führung braucht und in jedem Unternehmen Machtkämpfe ablaufen, setzt sich in fast allen Unternehmen ein Typ besonders erfolgreich durch: der limbische Typ des „harten Performers". Im Unterschied zum Intra- und Extrapreneur ist er aber durch eine extrem geringe Stimulanz-Ausprägung gekennzeichnet (siehe Abbildung 26).

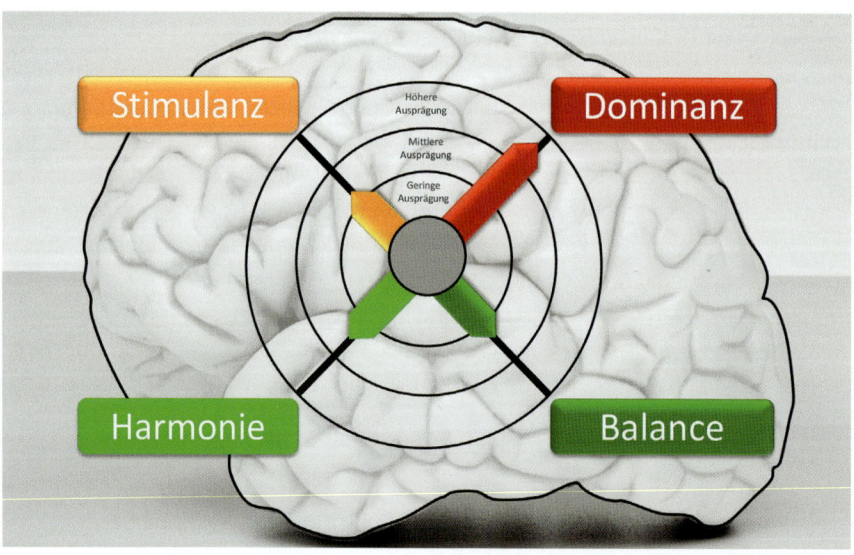

Abb. 26: Der Performer

Sein Drang neue Wege zu gehen, tendiert gegen Null und die Offenheit für Neues geht ihm völlig ab. Dafür ist er rigoros und konsequent: Einmal auf die Spur gesetzt, setzt er alle Vorgaben auch gegen harte Widerstände gnadenlos durch. Seine Dominanz-Kraft ist nämlich hoch und dank seiner niedrigen Balance-Kraft hat er wenig Angst und aufgrund seiner ebenso niedrigen Harmonie-Kraft ebenso wenig Skrupel. Manager dieser Art haben einen zynischen und oft menschenfeindlichen Zug. Emotionale Intelligenz? Fehlanzeige! Aufgrund seiner Durchsetzungsfähigkeit, seiner Unbeirrbarkeit und seiner Skrupellosigkeit macht dieser Typ schnell Karriere. Und er wird, je älter und erstarrter das Unternehmen ist, stets dem unkonventionellen Intrapreneur vorgezogen. Wird ein Unternehmen von diesem Typ des Managers beherrscht, verliert es seine Innovativität und Kreativität.

Allerdings: Für eine Organisation hat der Performer nicht nur schlechte Seiten. Denn bestünde ein Unternehmen nur aus Intrapreneuren, würde es an einem Berg von neuen Ideen ersticken, die alle ihrer konsequenten Umsetzung harrten.

Ein erfolgreiches Unternehmen braucht beide Arten von Managern: den Intrapreneur, der für innovative Ideen sorgt, und den Performer, der sie konsequent umsetzt. Weder der eine noch der andere Typ allein sind für ein Unternehmen von Vorteil. Die richtige Mischung macht's.

7.5.3 Der misstrauische Kontrolleur

Wer kennt diesen Typ nicht, den nervösen Manager, der bei jeder Kleinigkeit überreagiert und unfähig zur Delegation ist? Gleichzeitig ist es dieser Typ, der seine Mitarbeiter mit zwanghafter Pedanterie kontrolliert und Entscheidungen vor sich herschiebt.

Das limbische Profil des Kontrolleurs unterscheidet sich vom Performer darin, dass er neben einer höheren Dominanz-Kraft zudem mit einer hohen Balance-Kraft leben muss, was sich im Alltag auch durch ein hohes Sicherheitsbedürfnis bemerkbar macht. Die damit einhergehende Ängstlichkeit führt oft zu unangepasstem Verhalten bei vermeintlichen sozialen Bedrohungen. Der Kontrolleur lebt in einem dauernden inneren Kampf: Die Dominanz-Kraft zwingt ihn nach oben, die Balance-Kraft dagegen klammert sich an Details fest. Das Ergebnis dieses inneren Kampfes: extreme Überforderung und damit hohe Stressanfälligkeit mit allen negativen Begleitumständen für die Gesundheit. Magengeschwüre und Herz-Kreislauf-Probleme begleiten seinen beruflichen Erfolg.

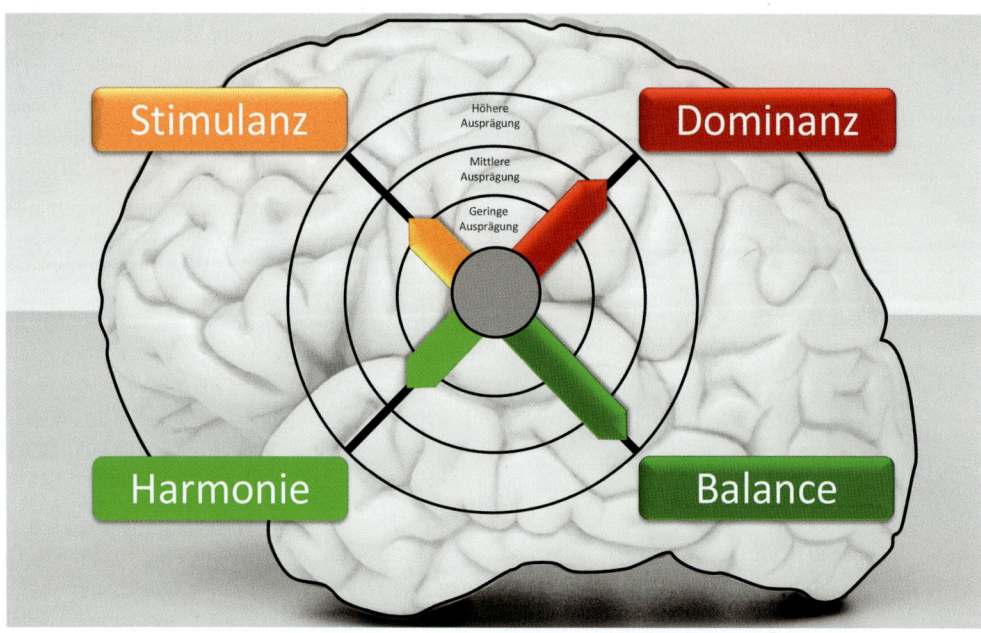

Abb. 27: Der Kontrolleur

Weil er permanent in einer hohen Anspannung lebt, bringt er auch nur eine mittel-mäßige Leistung. Er sitzt zwar 12 und mehr Stunden im Büro — sein Output ist aber weit geringer als der des Performers und des Pioniers nach 8 Stunden. Ein zusätz-licher Teufelskreis: Schlaflosigkeit, die mit Schlaftabletten bekämpft wird, Ängste, die mit Alkohol hinuntergespült werden. Zudem ist der Kontrolleur oft nicht in der Lage, das Leistungspotenzial seiner Mitarbeiter auszuschöpfen, weil er sie sich nicht entfalten lässt.

7.5.4   Der detailverliebte Bewahrer

Dieser limbische Prototyp ist mit dem Kontrolleur „blutsverwandt": Er ist ebenfalls sehr detailverliebt. Es gibt aber einen Unterschied: Sein Dominanz-System ist nicht so stark ausgeprägt. Das verschafft ihm (in stabilen Umgebungen) eine ziemliche Ruhe. Er ist sehr zuverlässig — nach ihm kann man die Uhr stellen. Seine Schwäche: Bei Veränderungen blockiert er, neue Technologien verweigert er. Im Unternehmen ist er derjenige, der für Ordnung sorgt.

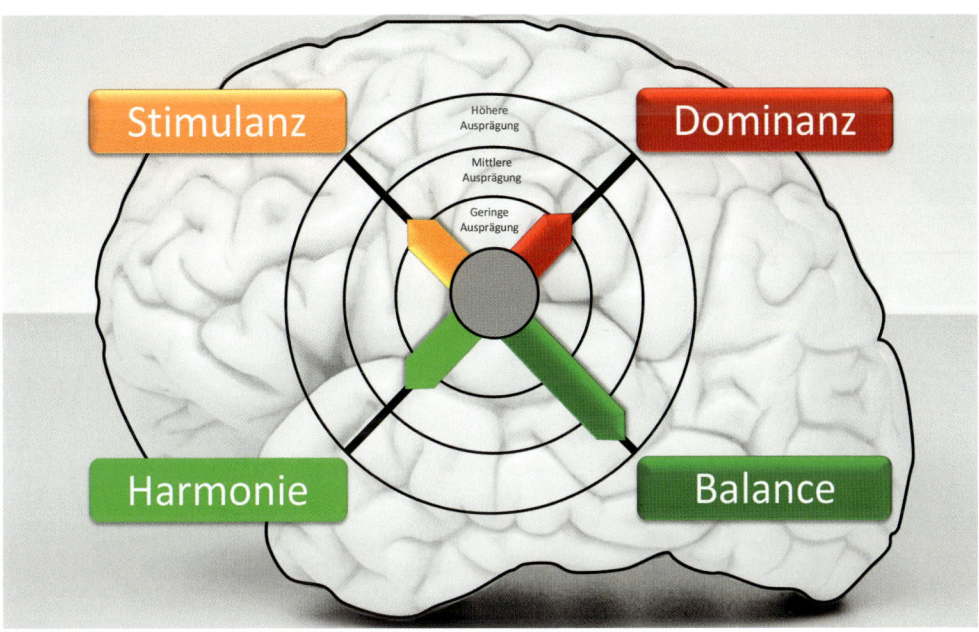

Abb. 28: Der Bewahrer

7.5.5   Der sanfte Harmonisierer

Am Prototyp des Harmonisierers kann man erkennen, warum es bei der Beschreibung von limbischen Persönlichkeitsprofilen Sinn macht, die sozialen Emotionssysteme Bindung & Fürsorge in einer eigenen Dimension „Harmonie" zu betrachten. Der Harmonisierer ist eher ruhig und gleichzeitig sozial sehr empfindsam. Er spürt viel früher als alle anderen, wenn es anderen nicht gut geht oder wenn es Konflikte gibt. Sich bei Konflikten durchzusetzen liegt ihm fern. Harmonische soziale Beziehungen sind sein primäres Ziel. Im Gegensatz zum Performer, der ihm im Emotionsraum genau gegenüberliegt, hat der Harmonisierer einen weit unterdurchschnittlichen Ehrgeiz: die große Karriere ist nicht sein Ziel. Aber während der Performer oft unbeliebt ist, mag man den Harmonisierer einfach. Aufgrund seines Ehrgeizes verdient der Performer wesentlich mehr als der Harmonisierer — dafür hat der Harmonisierer mehr wirkliche Freunde. Die Natur ist, wie man sieht, doch sehr gerecht.

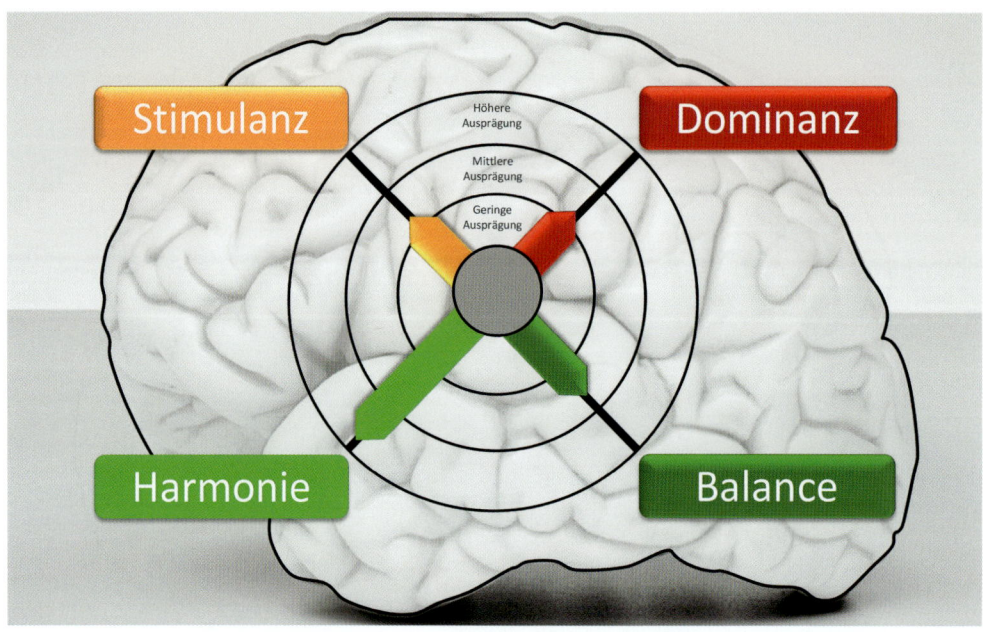

Abb. 29: Der Harmonisierer

7.5.6   Der lebensfrohe Unterstützer

Diesen limbischen Prototypen hätten die alten Griechen als Epikureer bezeichnet. Epikureer sind Menschen, die tolerant und offen sind und trotzdem alles mit Ruhe machen. Genau das zeichnet den Unterstützer aus: Seine ausgeprägtere Harmonie-Kraft macht ihn zum angenehmen Zeitgenossen, seine gleichzeitig ebenfalls stärkere Stimulanz-Kraft macht ihn neugierig und offen für Veränderungen. Allerdings setzt er sich (durch seine Harmonie-Ausprägung) nie an die Spitze einer Revolution. Er macht aber mit und blockiert nicht.

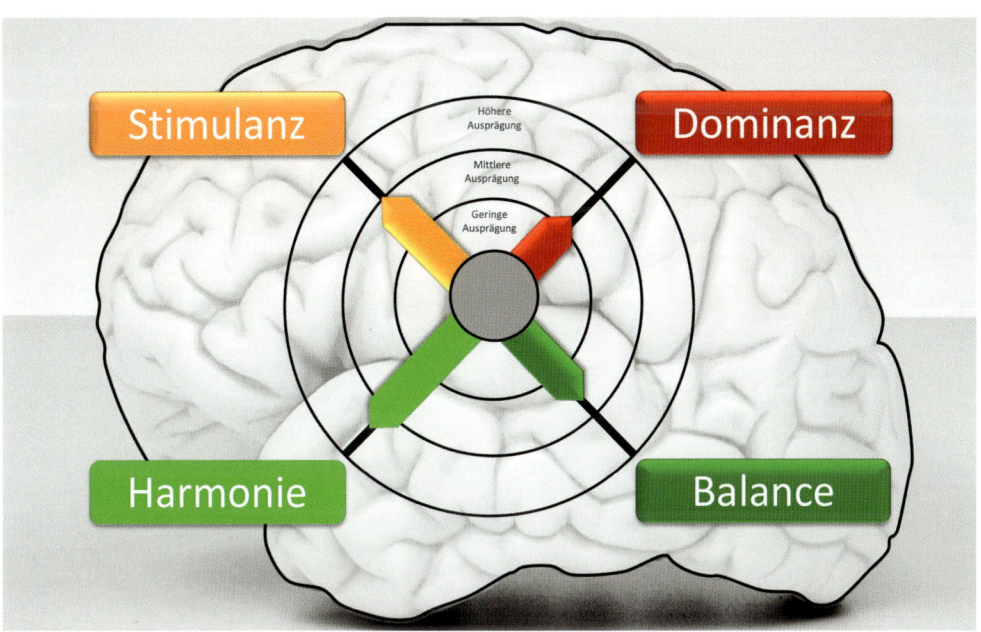

Abb. 30: Der Unterstützer

7.5.7 Der spontane Kreative

Bleiben wir noch kurz bei den alten Griechen: Auch für den Prototypen des Kreativen hatten sie eine treffende Bezeichnung — den Hedonisten (griech. hēdoné = Freude, Lust, Spaß). Personen mit einer hohen Stimulanz-Ausprägung zeichnen sich durch die Suche nach neuen geistigen, sozialen und körperlichen Belohnungen aus. Wer immer das Neue sucht, ist kreativ — aber gleichzeitig natürlich auch chaotisch und sprunghaft. Er ist der Gegentyp zum Bewahrer: Während der Bewahrer an das kleinste Detail denkt und sich damit beschäftigt, denkt der Kreative Vieles zugleich, aber Nichts bis ins Detail. Und während der Bewahrer, aber auch der Kontrolleur, eher etwas misstrauisch und verschlossen sind, ist der Kreative das soziale Gegenteil davon: Er geht auf neue Menschen zu und lacht. Insbesondere für Unternehmen oder Abteilungen, in denen Kreativität gefragt ist, wie z. B. in einer Werbeagentur oder in einer Marketing-Abteilung, ist er ideal. In der internen Revision einer örtlichen Sparkasse würde er mehr schaden als nützen.

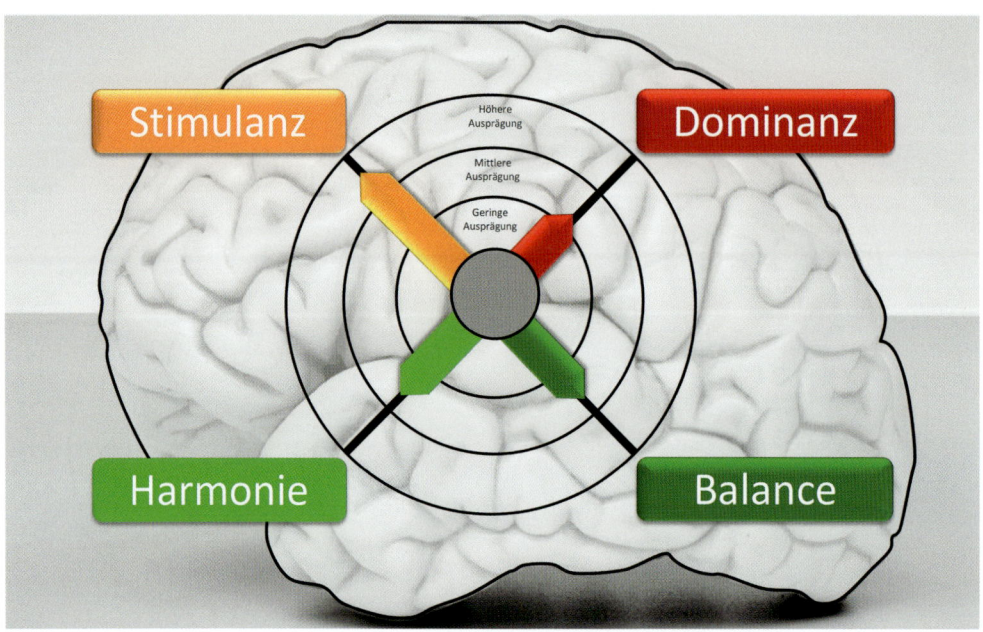

Abb. 31: Der Kreative

7.6 Die Voraussetzung für Ihren persönlichen Erfolg: Erkennen Sie sich selbst

Vielleicht fragen Sie sich jetzt, verehrte(r) Leser(in), wie denn Ihr eigenes limbisches Profil aussieht. Das Problem: Sich selbst richtig zu erkennen und einzuschätzen, ist ziemlich schwierig, denn wir sind ein Leben lang in uns selbst gefangen und der objektive Vergleich mit anderen fehlt uns, weil wir in andere nicht hineinschauen können. Gleichzeitig wirken die Emotionssysteme unbewusst, so dass wir ihren Einfluss auf uns, unsere Entscheidungen und unser Verhalten kaum bemerken.

Die gleiche Situation, die bei einem Menschen mit hoher Balance-Kraft hohe Unsicherheit auslöst, lässt einen anderen mit einer niedrigen Balance-Kraft völlig cool. Keiner von beiden weiß aber, warum er so reagiert.

Und genauso, für uns selbst unbewusst, lenkt uns auch die Dominanz-Kraft durchs Leben.

▶ **BEISPIEL**

Das Angebot des Vorstands, eine Abteilung mit 100 Mitarbeitern zu führen, löst im Mitarbeiter A (hohe Dominanz-Kraft) Freude aus. Er denkt an seine Freunde, die ihn dafür bewundern werden, und an die Macht, die damit verbunden ist. Das gleiche Angebot stößt dagegen beim Kollegen B mit niedriger Dominanz-Kraft, aber dafür hoher Harmonie-Ausprägung auf Ablehnung. Da er keinen Sensor für Macht hat, fallen ihm nur die vielen unangenehmen Mitarbeitergespräche ein, die mit dieser Beförderung verbunden sind.

Weder Mitarbeiter A noch Mitarbeiter B ist klar, warum sie positiv oder negativ über das Beförderungsangebot gedacht haben: Ihr limbisches System hat diese Entscheidung schon lange vorher getroffen.

Diese Beispiele zeigen, warum wir unser eigenes limbisches Profil nur selbst schwer erkennen können, vor allem dann, wenn uns die grundlegenden Wirkmechanismen und die Inhalte der Kräfte nicht bekannt sind. Ihnen sind Sie nun bekannt — damit wird es Ihnen leichter fallen, sich selbst zu erkennen.

● **TIPP**

Wenn Sie wissen wollen, in welchem Emotionsbereich Ihre Persönlichkeit hauptsächlich stärker ausgeprägt sind: Auf meiner Website: www.haeusel.com finden Sie einen kostenlosen Quick-Check.

7.7   Bringen Erfolgstrainer Erfolg?

In der Presse und in der Post findet man täglich Einladungen zu Veranstaltungen von Erfolgstrainern, die versprechen, schon nach wenigen Stunden bei ihren Zuhörern und Zuschauern den Karriere-Turbo in Gang zu setzen. Ist so etwas überhaupt möglich? Können Menschen in kurzer Zeit auf Erfolg gepolt werden?

Wie wir gesehen haben, können Menschen grundsätzlich nur schwer verändert werden. Mit der brachialen mentalen Gewalt der Gehirnwäsche lassen sich zwar Einstellungen und Werthaltungen verändern, weil diese letztlich erlernt sind. Was sich aber kaum verändern lässt, ist die für den Erfolg entscheidende Ausprägung der Emotionssysteme. Auch ein Erfolgstrainer wird bei dem durch nichts zu bewegenden Phlegmatiker versagen, wenn dieser durch Zwangsbeglückung zu einer solchen Veranstaltung abgeordnet wurde. Geschieht die Teilnahme jedoch freiwillig, lohnt es sich, einen wichtigen Zusammenhang zu beachten: Welche Menschen reagieren denn unbewusst auf Karrieresignale, die von solchen Veranstaltungen ausgehen? Richtig — es sind Menschen, die von Haus aus schon eine hohe Dominanz-Kraft haben. Sie können von solchen Trainern sicherlich einige wichtige Lebensregeln lernen und motiviert werden weiter zu kämpfen. Der Grundstein für den Erfolg lag aber schon vorher in ihnen selbst.

7.8 Pessimisten küsst Gott nicht

Karriere hängt also zu einem größeren Teil vom angeborenen limbischen Profil eines Menschen ab. Der starke erbliche Einfluss wird mitunter auch in der psychologischen Fachdiskussion gerne übersehen. Der Grund liegt in der kognitiven Psychologie der 1980er Jahre, deren Paradigma es war, der Mensch, sein Verhalten und seine Persönlichkeit könnten weitgehend durch seine Lern-Geschichte erklärt und dann durch Umlernen verändert werden. In Bezug auf beruflichen Erfolg genießt in den USA und inzwischen auch in Deutschland die auf den Kognitions-Psychologen Martin Seligman zurückgehende Attributions-Theorie in den Personalabteilungen großer Unternehmen eine gewisse Popularität.[77] Seligmans Theorie, die vor ca. 30 Jahren formuliert wurde, geht davon aus, dass Menschen, die ihrer Umwelt mit positiven Erklärungsmustern gegenübertreten, also die Optimisten, im Berufsleben eine bessere Chance haben und erfolgreicher sind als Pessimisten. Die US-Versicherungsgesellschaft Metropolitan Life hat beispielsweise die Erfahrung gemacht, dass Bewerber mit pessimistischem Denkstil ihren Job ein Jahr nach der Einstellung doppelt so häufig aufgeben wie solche mit optimistischen Erklärungsmustern. Die Optimisten schließen zudem in den ersten Jahren bis zu 50 % mehr Versicherungen ab. Für die Personalauswahl bedeutet dies also, schon im Einstellungsgespräch Ausschau nach Optimisten zu halten.

Wie verträgt sich dieser Ansatz mit unseren limbischen Persönlichkeitstypen? Sehr gut, allerdings mit der Einschränkung, dass Seligman den angeborenen Einfluss „schulkonform" übersieht. Abbildung 18 verdeutlicht, wie sich die Balance-/Harmonie-, Stimulanz- und Dominanz-Kraft in unserer Gefühlswelt und damit auch in unseren Erklärungsmustern bemerkbar machen. Während eine hohe Ausprägung der Balance-/Harmonie-Kraft mit Angst vor der Zukunft und vor konkreten Aufgaben verbunden ist (Pessimismus), sorgen hohe Ausprägungen der Dominanz- und Stimulanz-Kraft für das Gegenteil: Menschen suchen nach neuen und spannenden Herausforderungen und sind sich aufgrund ihrer Lernerfahrung auch sicher, dass sie diese bewältigen werden (Optimismus). Die zu Beginn dieses Kapitels dargestellte Wechselwirkung zwischen der angeborenen Ausprägung der Emotionssysteme und der Umwelt zeigt sich auch in diesem Falle. Menschen mit einer angeborenen hohen Ausprägung der Stimulanz-/Dominanz-Kraft haben weit mehr

Chancen, positive Lernerfahrungen zu machen, als Menschen, die mit einer hohen Balance-/Harmonie-Kraft auf die Welt gekommen sind und Herausforderungen aus dem Wege gehen. Optimismus und Pessimismus zeigen sich also schon in der Wiege. Damit wird nochmals deutlich, wie limbische Kräfte wirken: Auch unsere Wahrnehmung und „Welterklärung" wird von ihnen über Gefühle maßgeblich beeinflusst und gesteuert.

Selbstverständlich lassen sich unsere Erklärungsmuster durch Erfahrung und Lernen verändern. Allerdings ist es schwierig, aus einem eingefleischten Pessimisten einen energiegeladenen Optimisten zu machen. Zudem ist der Trainingserfolg an eine wichtige Voraussetzung gebunden: Der Pessimist muss seine negativen Erklärungsmuster selbst als Problem erkennen.

7.9   Über Unternehmer-Nationen

Wenn der berufliche oder unternehmerische Erfolg schon zu einem erheblichen Teil erblich angelegt ist, ist die Frage erlaubt, ob es möglicherweise bestimmte Gruppen oder gar Nationen gibt, die von Haus aus mehr „Unternehmergene" haben als andere. Schauen wir uns nun unter diesem Blickwinkel die US-amerikanische Bevölkerung an. Sie besteht zu einem großen Teil aus Einwanderern und deren Nachfahren.

Welches limbische Profil haben nun Menschen, die ihre Heimat aufgeben und sich unter großen Strapazen und Gefahren zu neuen Ufern aufmachen? Man darf davon ausgehen, dass dafür eine hohe Dominanz-, eine hohe Stimulanz- und eine niedrige Balance-Kraft notwendig sind. Denn Neugier und Durchsetzungsvermögen und geringe Angst sind, neben der wirtschaftlichen Not, Voraussetzungen dafür, sich auf ein solches Abenteuer einzulassen. Genau dieses limbische Profil ist aber auch typisch für Unternehmer. Aus diesem Unternehmerprofil, das Aus- bzw. Einwanderer auszeichnet, und der grundsätzlichen Vererbbarkeit dieser Eigenschaften erklärt sich möglicherweise, warum in den USA das Unternehmertum weit ausgeprägter als bei uns ist. Aufgrund der Einwanderung von „Unternehmern" sind im nationalen Gen-Pool die „Unternehmer-Gene" häufiger vertreten als in den Ländern, die von den Unternehmern verlassen wurden.

Man könnte jetzt dagegen argumentieren, die größte Einwanderungswelle sei ja schon vor 100 Jahren und mehr erfolgt und dass im Laufe der Zeit dieser genetische Vorteil verloren gegangen sei. Deshalb ist die Frage berechtigt, ob sich genetische Unterschiede über 100 und mehr Jahre in einer Bevölkerung halten können.

Sie können, wie der Psychologieprofessor Günther Bäumler in seinen Schneider/ Schmied-Studien festgestellt hat.[4, 5] Da in Deutschland vor ca. 300 Jahren die Nachnamen aufgrund des Berufes vergeben wurden, konnte man davon ausgehen, dass es sich bei den Schmieden um eher körperlich kräftig gebaute Menschen, bei den Schneidern aber um schlanke und eher kleinere Menschen gehandelt hatte.

Seine repräsentative Untersuchung bei einigen tausend Männern mit dem Namen Schneider oder Schmied erbrachte ein verblüffendes Ergebnis: Selbst nach 300 Jahren waren die „Schmieds" signifikant größer und schwerer als die „Schneiders". Und selbst im Leistungssport fand man die „Schmieds" überproportional häufig auf der Siegerliste in schwerathletischen Disziplinen, während die „Schneiders" häufiger in den Siegerlisten von leichtathletischen Sportarten zu finden waren, bei denen ein schlanker, leichter Körperbau von Vorteil ist.

An dieser Untersuchung wird deutlich, dass sich genetisch beeinflusste Eigenschaften über viele Generationen halten können. Dieses in den USA aufgrund der besonderen limbischen Profile der Einwanderer vorhandene Unternehmerklima könnte übrigens auch erklären, warum viele deutsche Spitzen-Wissenschaftler Deutschland in Richtung USA verlassen: Auch bei ihnen ist ja die Dominanz- und die Stimulanz-Kraft hoch ausgeprägt — sie finden in den USA genau das kulturelle Umfeld, das leistungsorientierte, kreative Wissenschaftler brauchen.

Ein Blick nach Deutschland stimmt dagegen bedenklich. Das Problem einer zunehmend überalternden Gesellschaft liegt nicht nur in den dramatisch steigenden Gesundheits- und Pflegekosten. Viel schlimmer sind die mit dem Alter zurückgehenden dynamischen Unternehmerkräfte Dominanz und Stimulanz. Eine vergreiste Gesellschaft ist aber in einem globalen Wettbewerb erheblich bedroht.

Aus dieser Perspektive sollten wir auch unsere Einwanderer betrachten: Im Prinzip sind es letztlich ja auch „Unternehmer", die zu uns kommen. Verbauen wir ihnen allerdings die Chance, ihren unternehmerischen Drang in wirtschaftliche Bahnen zu lenken, kann daraus auch Kriminalität entstehen, denn diese beruht, ob wir das wahrhaben wollen oder nicht, letztlich auf denselben inneren Kräften. „Professionelle Kriminelle" zeichnen sich nämlich durch eine hohe Dominanz-, eine hohe Stimulanz- und eine extrem niedrige Balance-Kraft aus.

7.10   Alles genetisch?

Abschließend wird damit nochmals ein wichtiger Zusammenhang sichtbar: Die genetische Anlage eines Menschen hat einen großen Einfluss auf seinen beruflichen Erfolg. Sie determiniert ihn aber nicht, weil es im Zusammenspiel zwischen dem Individuum und seiner Umwelt viele Wechselbeziehungen gibt. Die gleiche Ausprägung der Emotionssysteme kann in unterschiedlichen Umwelten zu höchst unterschiedlichen Ergebnissen führen: Erfolgreiche Unternehmer, Spitzensportler, Politiker, Kardinäle haben gleiche bzw. ähnliche limbische Profile wie Mafiabosse und Top-Gangster. Was sie unterscheidet, sind die unterschiedlichen Rahmenbedingungen, unter denen sie aufgewachsen sind, und oft auch die zufälligen Chancen des Lebens, die eine Karriere in die eine oder andere Richtung gelenkt haben. Sind die Rahmenbedingungen allerdings ähnlich, sind die Menschen beruflich erfolgreicher, die beispielsweise das limbische Profil von Unternehmern haben. Ob sie allerdings glücklicher als Menschen sind, die das oben aufgezeigte limbische Profil von „Lebenskünstlern" vorweisen, darf bezweifelt werden. Allein aus den Genen den Charakter bzw. den Lebenserfolg eines Menschen ableiten zu wollen, funktioniert also nicht. Den großen Einfluss der Gene zu verleugnen, wäre aber genauso falsch. Der Zellbiologe Stuart Newman vom New York Medical College hat dies in einem schönen Bild verdeutlicht. Seiner Meinung nach sollte man die genetischen Anlagen eher als Liste und Qualität der Zutaten, aber nicht als fertiges Rezept für einen Kuchen betrachten.

Think Limbic! Empfehlungen für den Alltag

1. Achten Sie auf das limbische Profil bei der Mitarbeiterauswahl!

Das limbische Profil eines Menschen ist mit das wichtigste Vorhersagekriterium für die Leistungsbereitschaft und für den Berufserfolg eines Menschen. Achten Sie deshalb bei der Auswahl Ihrer zukünftigen Leistungsträger besonders darauf.

2. Hüten Sie sich vor der Performer-Falle!

In fast allen Unternehmen ist der Performer durch seine Gradlinigkeit und Durchsetzungsfähigkeit besonders beliebt. Das Problem: Durch seine limbische Struktur hasst er Abweichungen vom geraden Weg und vernichtet so leicht jede Art der Kreativität und Innovativität.

3. Schaffen Sie das richtige Umfeld für Intrapreneure und Pioniere!

Ohne Intrapreneure keine Kreativität und keine Innovation! Durch ihre unkonventionelle Art sind sie aber Störenfriede für jede Organisation. Sorgen Sie in Aufsichtsrat, Vorstand/Geschäftsführung und im gesamten Management dafür, dass der Intrapreneursanteil stimmt: er sollte mindestens 40 % betragen.

4. Fördern Sie die, die an Ihrem Stuhl sägen!

Alle Leistungsträger (Performer und Intrapreneure) haben eines gemeinsam: eine überdurchschnittlich hohe Dominanz-Kraft. Diese Kraft ist es, die etwas bewegt. Doch diese Kraft hat ein klares Ziel: Sie will nach oben — möglicherweise auch auf Ihren Stuhl! Nutzen Sie intelligent diese ungestüme Kraft und lenken Sie sie durch klare Vorgaben auf den Markt um.

5. Erkennen Sie sich selbst!

Sie werden noch erfolgreicher, wenn Sie Ihr eigenes limbisches Profil kennen. Sie können Stärken bewusst nutzen und gegen Schwächen angehen. Weil man sich selbst fast nicht beurteilen kann: Nutzen Sie dazu Freunde und Bekannte und den Limbic Quick Check auf meiner Website www.haeusel.com.

6. Akzeptieren Sie Ihren eigenen Drang nach oben!

Wenn Sie eine hohe Dominanz-Ausprägung haben und einen starken inneren Drang nach oben spüren: Stehen Sie dazu und lassen Sie sich nicht durch moralische Wertungen wie „Macht ist böse und schlecht" verunsichern. Denn eine hohe Dominanz-Kraft ist die Voraussetzung für Ihren beruflichen Erfolg. Auch die selig gesprochene Mutter Theresa aus Kalkutta und auch ein Papst verdanken ihren Erfolg ihrer hohen Dominanz-Kraft. Allerdings: Achten Sie dabei auch auf Ihre emotionale Intelligenz!

8   Limbic Motivation:
Abschied von Maslow & Co.

Was Sie in diesem Kapitel erwartet

Die wichtigste und am häufigsten zitierte Motivationstheorie im Management ist die Maslow-Pyramide. Doch sie hat einen Nachteil: Sie ist falsch. Tatsächlich lenken neben den Vitalbedürfnissen wie Essen, Trinken etc. die Emotionssysteme unser Verhalten. Weil sie zum großen Teil unbewusst wirken, ergeben sich daraus für die Management-Praxis auch andere Spielregeln, die beachtet werden müssen, wenn die Leistungsbereitschaft und das Engagement der Mitarbeiter gesteigert werden sollen.

Ein britischer Banker wurde auf einer Unternehmenstagung nach den Geheimnissen seines Erfolges befragt. Er gab darauf eine einfache, aber bemerkenswerte Antwort: „Mein wichtigstes Kapital trägt Schuhe und jeden Abend verlässt es mich. Ich bete täglich zu Gott, dass es am nächsten Morgen wiederkommt". Qualifizierte und vor allem motivierte Mitarbeiter sind, darüber besteht heute kein Zweifel mehr, das A und O des Unternehmenserfolgs. Motivierte Mitarbeiter bringen Leistung, motivierte Mitarbeiter bleiben dem Unternehmen treu.

Im vorhergehenden Kapitel haben wir gesehen, warum Menschen mit bestimmten limbischen Persönlichkeitsprofilen leistungsbereiter sind als andere. Die einen sind also von Haus aus motivierter als die anderen. Das sind die angeborenen inneren Kräfte. In der Praxis gibt es aber nun viele Beispiele dafür, die zeigen, dass diese inneren Kräfte oft nicht zur Wirkung kommen und verpuffen, weil die Umfeldbedingungen, wie Vorgesetzte und Arbeitsinhalte, nicht stimmen.

Auch das Gegenteil ist mitunter der Fall: Mit entsprechenden Motivationsmaßnahmen ist auch bei Mitarbeitern, die vielleicht nicht vor innerer Kraft strotzen, eine erhebliche Leistungssteigerung möglich. Was kann man also tun, um seine Mitarbeiter zu motivieren, ihre volle Leistung zu geben? Doch um diese Frage zu beantworten, müssen wir uns zunächst mit den menschlichen Motiven und den in der Praxis verwendeten Motivationstheorien beschäftigen.

8.1 Welche Motive haben Menschen?

Mit der erste, der auf diese Frage eine plausible Antwort gab, war der amerikanische Psychologe Maslow.[57] In jedem Management-Seminar, in jedem Management-Buch über Motivation trifft man auf seine berühmte Pyramide (Abbildung 32), die um 1950 entstanden ist.

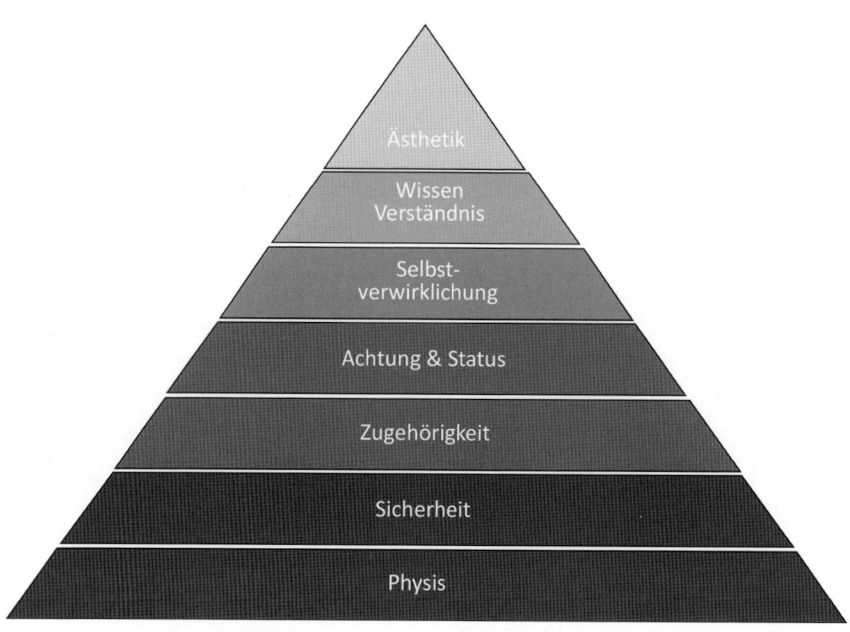

Abb. 32: Die Maslow-Pyramide: leider falsch

Das Grundprinzip der Pyramide geht allerdings auf Platon zurück. Platon lokalisierte die niedrigen Triebe und Grundbedürfnisse im Unterleib, die Empfindungen im Herzen und die Ideen und philosophischen Gedanken im Kopf. Maslow selbst war humanistisch geprägt. Mit seiner Pyramide wollte er auch zeigen, wie sich die Selbstentfaltungskräfte und Potenziale des Menschen entwickeln würden. Auf der untersten Ebene sah er die vitalen Bedürfnisse wie Essen, Trinken, darauf folgend das Bedürfnis nach Sicherheit, danach der Anerkennung, dann der Ästhetik, schließlich das Bedürfnis nach Selbstverwirklichung und ganz an der Spitze das Bedürfnis nach Transzendenz, also nach Glauben.

Maslow sah seine Pyramide als Stufenleiter an, die Erfüllung der höheren und edleren Bedürfnisse wie z. B. Selbstverwirklichung und Transzendenz war erst möglich, wenn die Bedürfnisse der unteren Stufen erfüllt waren. Mit dieser Pyramide und den darin enthaltenen Motiven hat Maslow einen wichtigen Beitrag dazu geleistet, Menschen in Unternehmen nicht nur als Produktionsfaktoren wahrzunehmen und wie Maschinen zu behandeln, sondern sie als autonome Wesen mit eigenen Bedürfnissen zu betrachten. Doch die Pyramide schlüsselte nicht alles auf: Viele in der Praxis beobachtbaren Verhaltensweisen konnte sie nicht erklären, und auch die postulierte Stufenabfolge lockte manchen Widerspruch hervor.[51]

Die ungeheure Vielzahl der menschlichen Verhaltensweisen drängte nicht nur Maslow, sondern auch viele andere, Theoretiker wie Praktiker, dazu, eine Erklärung zu finden. Man fand einen einfachen Weg: Beobachtbare Verhaltensweisen wurden einfach mit einem Motiv belegt und damit auch begründet: Der Mensch liebt schöne Dinge — also gibt es ein „ästhetisches Motiv", der Mensch sucht Gott, also gibt es ein „Transzendenz-Motiv". Damit waren zwei Fliegen mit einer Klappe geschlagen. Die kognitive Unsicherheit war reduziert, gleichzeitig konnte sich der Motiverfinder der Aufmerksamkeit einer staunenden Umwelt gewiss sein. Mit einem „Gesundheitsmotiv" wurde erklärt, warum Menschen zum Arzt gehen und Arzneimittel kaufen, mit einem „Bequemlichkeits-Motiv", warum sie gerne im Sessel sitzen. So sind im Laufe der letzten Jahrzehnte über 100 weitere solcher Pseudo-Motive entstanden, die sich in der Marketing- und Management-Literatur eingenistet haben. Alle diese Motive gibt es nicht, die wirklichen Motive sind die Emotionssysteme mit ihren verschiedenen Ebenen, die wir ja bereits kennengelernt haben. Alle Pseudo-Motive lassen sich nämlich durch die Emotionssysteme erklären, so z. B. das „Gesundheits-" und „Bequemlichkeitsmotiv" aus der Balance-Kraft.[51] Aus all diesen Gründen ist es Zeit, sich von Maslows Pyramide zu verabschieden und ihr einen Ehrenplatz im Psychologie-Museum zu gewähren.

Wenn man von Mitarbeitermotivation spricht, erwarten und suchen viele den Schalter, der die inneren Zauberkräfte im Mitarbeiter weckt und aus einer Schnecke eine Rakete macht. Diesen Schalter gibt es aber leider nicht! Schnecken können, wenn man sie richtig motiviert, zwar zu Rennschnecken werden, Raketen werden aber nicht daraus. Den Grund kennen wir: Die individuelle Ausprägung der Emotionssysteme gibt den Rahmen der grundsätzlichen Motivationsfähigkeit vor. Wer für sein Unternehmen „Raketen" sucht, sollte nicht auf den Zauberschalter hoffen, sondern seine Kraft lieber in die Auswahl der Mitarbeiter stecken. Dabei wählt er am besten jene aus, die schon mit einem eingebauten und laufenden Turbo zur Welt gekommen sind.

8.2 High-Performer brauchen eine starke Hand und hohe Ziele

High-Performer, also wirkliche Leistungsträger, sind aber nicht ganz einfach zu führen: Aufgrund ihrer hohen Dominanz-Kraft drängen sie nämlich mit aller Macht nach vorne, aber auch nach oben. Deshalb brauchen sie eine starke Hand, denn sonst gehen sie sehr schnell eigene Wege: Auf einem schnellen, wilden Hengst zu reiten, kann sehr viel Spaß machen, allerdings nur, wenn man selbst ein ausgezeichneter Reiter ist. Aus diesem Grund sollten die limbischen Profile des Vorgesetzten und des Mitarbeiters zusammenpassen: Haben beide eine hohe Dominanz-Kraft (die entsprechende berufliche Qualifikation des Vorgesetzten setze ich voraus), kann daraus eine fantastische Leistung entstehen, wenn der Vorgesetzte die Zügel fest in der Hand hält. Ist die Dominanz-Kraft des Vorgesetzten aber wesentlich niedriger als die seines anvertrauten Zöglings und hat er gleichzeitig auch eine hohe Balance-Kraft, sind Führungskonflikte und permanente Machtkämpfe programmiert.

Der gute Rat in vielen Management-Büchern, seinen Mitarbeitern möglichst viel Freiräume zu geben um sie zu motivieren, ist prinzipiell richtig: Aber wer Freiraum gibt, muss auch die Stärke haben, seine wilden Pferde wieder einfangen zu können. Fehlt diese Stärke, weil die Führungskraft eine zu geringe Dominanz-Ausprägung hat oder/und durch eine hohe Balance-Ausprägung Führungskonflikten ängstlich aus dem Wege geht, wird aus einer Abteilung schnell eine Gruppe von Einzelkämpfern, die sich gegenseitig das Leben schwer machen und gegen die Interessen des Unternehmens arbeiten.

Das beste Mittel aber, Leistungsträger zu führen ist, ihnen hohe Ziele und Vorgaben zu stecken und ihre Kraft nach außen auf den Markt zu lenken. Allerdings erwarten gerade Leistungsträger eine besondere Form der Belohnung.

8.3 High-Performer meiden „Alle sind gleich-Unternehmen"

No rank — no title, so der Wahlspruch des amerikanischen Gore-Konzerns. Diese Philosophie, möglichst alle Hierarchien im Unternehmen abzuschaffen, wurde auch in Deutschland mit Begeisterung aufgenommen. In der Tat wirkten solche Maßnahmen vor allem auf hierarchisch verkrustete Unternehmen wie eine Frischzellen-Kur.

Aber wie bei jeder guten Medizin kommt es auch hier auf die richtige Dosis an. Zuviel Gleichheit kann nämlich auch schädlich sein. Wer alle Hierarchien in seinem Unternehmen abschafft, beraubt sich eines seiner wichtigsten Motivationsinstrumente für seine Leistungsträger: Denn die Karriereleiter ist es, die diese Gruppe zu Höchstleistungen motiviert! Die viel beschworene (intrinsische) Motivation, die aus der spannenden Aufgabe selbst heraus wächst, ist wichtig, aber für High-Performer nicht ausreichend: Sie wollen nach oben — und alle sollen es sehen! Unternehmen, die auf einer solchen „Alle sind gleich-Philosophie" gründen, mögen in dem einen oder anderen Fall durchaus erfolgreich sein: High-Performer werden aber dadurch abgeschreckt, weil für deren Dominanz-Kraft diese idealistisch-sozialistische Vorstellung Gift ist.

Zudem verkennt der Traum von einem hierarchiefreien Unternehmen die wahren Kräfte im Menschen. Die wunderschöne Animal-Farm-Geschichte von George Orwell zeigt, was mit solch idealistischen Ideen in der Praxis passiert: Zwar versprachen sich alle Tiere auf dem Bauernhof, für immer gleich sein zu wollen, doch schon nach kurzer Zeit brachen Rangkämpfe aus und manche Tiere wollten eben gleicher sein als die anderen.

8.4   High-Performer lieben Statussymbole

Eng verknüpft mit Hierarchien sind Statussymbole. Und auch diese haben eine ungeheure Motivationskraft für Leistungsträger mit ihrer hohen Dominanz-Kraft. Erkannt hat dies eine der erfolgreichsten deutschen Firmen, das Montagetechnik-Unternehmen Würth in Künzelsau. Würth glänzt seit vielen Jahren mit zweistelligem Umsatzzuwachs und mit Renditen, von denen andere nur träumen. Mit ein Grund für diesen Erfolg ist eine hoch motivierte Vertriebsmannschaft. Gute Vertriebsmitarbeiter brauchen eine gute Kommunikationsfähigkeit, viel wichtiger ist aber eine überdurchschnittliche Ausprägung der Dominanz-Kraft, um erfolgreich zu sein. Und genau dort, am damit verbundenen Statusstreben, setzt Würth an. Da der Außendienst fast ausschließlich aus Männern besteht, ist das Auto ein wichtiges Statussymbol. So weit so gut. Was macht aber Würth? Es koppelt die Zielerreichung an die Größe des zur Verfügung gestellten Autos. Wird der Zielumsatz in einem Jahr um einen bestimmten Prozentsatz überschritten, erhält der Mitarbeiter ein größeres Auto, übertrifft diese Überschreitung das Ziel erheblich, ist sogar ein Sprung um zwei Klassen möglich. Allerdings: Wird das Ziel unterschritten, erfolgt mitunter auch eine Herabstufung. Alle Ziele und Stufen sind vorher bekannt: Feilschen gibt es nicht. Doch damit nicht genug: Als zusätzlicher Leistungsanreiz dient ein Erfolgsclub und ganz besonders erfolgreiche Vertriebsleute werden mit der Mitgliedschaft in einem noch exklusiveren Top-Club belohnt. Die Mitgliedschaft in diesen Clubs ist mit spannenden Incentives wie Reisen in alle Welt verbunden. Zu diesen Reisen, aber auch zu vielen anderen Incentives werden immer auch die Ehefrauen der Vertriebsmitarbeiter eingeladen. Intuitiv hat Würth nämlich erkannt, warum Männer von ihrem limbischen System angehalten werden, nach Status zu streben — in Kapitel 4 wurden die Mechanismen des sexuellen Erfolges ja ausführlich beschrieben.

Diese direkte Ansprache der Dominanz-Kraft ist einer der Gründe für den Erfolg von Würth: Würth-Mitarbeiter erreichen eine wesentlich höhere Marktausschöpfung als ihre Konkurrenz, auch das enorme Marktwachstum hat mit seine Ursache in diesem limbisch maßgeschneiderten Motivationssystem.

8.5 Mythos „Mythos Motivation"?

Allerdings steht dieses Beispiel im krassen Widerspruch zu humanistisch geprägten Motivationsansätzen, wie sie beispielsweise der Psychologe Reinhard K. Sprenger in seinem viel beachteten Buch „Mythos Motivation" vertritt.[82] Außengesteuerte Bonus- und Incentive-Systeme, Sprenger bezeichnet sie als „Herrschafts-Zynismen", würden die Eigenverantwortung der Mitarbeiter zerstören. Seiner Ansicht nach ist alles Motivieren dieser Art demotivierend, weil versucht wird, den Mitarbeiter mit dieser Außensteuerung abhängig zu machen, was dieser durchschaut und dagegen mit Leistungsverweigerung rebelliert. Viel besser wäre es, dem Mitarbeiter durch dialogische Führung die Selbstentfaltung seiner Leistungspotenziale zu ermöglichen. Hinter diesem Ansatz steht das Menschenbild des vernünftigen Menschen, der zu 100 Prozent bewusst seine Entscheidungen trifft. Gleichzeitig wird davon ausgegangen, dass alle Menschen in ihren Anlagen und ihrer Leistungsbereitschaft gleich seien und letztlich die fördernde Hand des Vorgesetzten alle diese Potenziale wecken könnte.

Die Wichtigkeit von dialogischen Fördergesprächen soll trotz dieser Kritik übrigens genauso wenig bestritten werden wie die grundsätzliche positive Einstellung Mitarbeitern gegenüber. Fördergespräche geben durch konstruktive Kritik Sicherheit und tragen damit der Balance-Kraft Rechnung. Durch Zielvereinbarungen wird die Dominanz-Kraft aktiviert, und mit der Übertragung von neuen, spannenden Aufgaben wird schließlich auch die Stimulanz-Kraft angesprochen. Eine grundsätzlich positive Einstellung Mitarbeitern gegenüber trägt deren Dominanz-Kraft Rechnung, die eng mit dem Gefühl des Selbstwerts verknüpft ist.

Mit seinen Gedanken hat Sprenger sicher dazu beigetragen, ein menschlicheres Klima in Unternehmen zu schaffen, weil er die Selbstverwirklichung des Menschen in den Mittelpunkt seiner Überlegungen stellt. Allerdings verkennt er, dass der Mensch möglicherweise doch nicht ganz so vernünftig und autonom in seinen Handlungen ist und dass es erhebliche individuelle Unterschiede in puncto Leistungsbereitschaft gibt. Der Mensch strebt nämlich weniger nach Selbstentfaltung, sondern nach der Erfüllung seiner Emotionssysteme Balance inklusive Bindung/Fürsorge, Dominanz und Stimulanz. Und wenn von außen Anreize gesetzt werden, die dieser limbischen Zielsetzung Rechnung tragen, dann werden sie, aller Vernunft zum Trotz, auf große unbewusste Resonanz beim Mitarbeiter — genauer: bei seinem ihn bestimmenden limbischen System — stoßen.

8.6 Gießkannen-Motivation schadet

Nicht alle Menschen sind, wie wir gesehen haben, gleich motivierbar. Ihre limbischen Profile setzen die Rahmenbedingungen dafür, was als motivierend/demotivierend empfunden wird. Mit der Motivationserwartung des Performers haben wir uns gerade beschäftigt. Schauen wir uns aus dieser Perspektive die Motivationserwartungen von drei weiteren limbischen Prototypen an, die wir im vorhergehenden Kapitel bereits kennengelernt haben. Wir beschränken uns dabei auf die Haupttypen „Bewahrer", „Harmonisierer" sowie auf den „Kreativen".

8.6.1 Was den Bewahrer motiviert

Bei diesem limbischen Prototypen ist, wie wir gesehen haben, das Balance-System besonders stark ausgeprägt. Das Balance-System sucht Sicherheit — natürlich auch am Arbeitsplatz und in den Aufgaben. Der Bewahrer tendiert also eher zu einem Job mit Sicherheitsgarantie. Aus diesem Grund findet man diesen Prototypen weit überproportional im Staatsdienst. Alles ist geregelt — alles hat seine Ordnung. Die Aufgaben sind überschaubar und wiederkehrend; große Veränderungen sind nicht zu erwarten. Die ihm gestellten Aufgaben erfüllt der Bewahrer zuverlässig und genau. Nicht mehr — aber auch nicht weniger.

8.6.2 Was den Harmonisierer motiviert

Der Harmonisierer sucht einen Arbeitsplatz mit „Familien-Charakter". Wichtig sind ihm die guten sozialen Beziehungen zu Kollegen, aber natürlich auch zu Kunden. Große Karriereziele lehnt er ab, denn dafür müsste er seine geliebte Geborgenheit opfern. Die viel beschworene Work-Life-Balance ist ihm besonders wichtig. Überproportional häufig findet man ihn in sozialen oder kulturellen Institutionen oder in Unternehmen beispielsweise in der Personalabteilung.

8.6.3 Was den Kreativen motiviert

Beim Kreativen ist das Stimulanz-System stark ausgeprägt: Er braucht laufend den Kick und das Neue. Routine und immer wiederkehrende gleiche Aufgaben demotivieren ihn genauso, wie Verwaltungsarbeit. Ein Job im Ausland? Ja, gerne! Neue Menschen, neue Kulturen? Ja gerne!

Überproportional oft findet man ihn in Werbeagenturen, bei Eventveranstaltern und häufig auch im Außendienst.

Diese Beispiele zeigen: Es gibt nicht das eine Motivationspatentrezept. Was den einen motiviert, demotiviert den anderen. Der Kreative versauert in der Buchhaltung. Der Harmonisierer bekäme Magengeschwüre, wenn er eine Gruppe von Performern führen müsste. Wirkliche Motivation entsteht, wenn Arbeitsplatz, Aufgabenstruktur und Mitarbeiterpersönlichkeit im Einklang miteinander stehen.

8.7 Die Einstellung zum Mitarbeiter

Wie wir gesehen haben, ist das limbische Profil eines Menschen der Dreh- und Angelpunkt dafür, was ihn motiviert oder demotiviert. Sind damit die humanistischen Motivationstheorien wie sie z. B. von Maslow oder Sprenger vertreten werden, obsolet? Nein — denn diese Theorien, auch wenn ich sie oben relativiert habe, weisen auf einen sehr wichtigen, weiteren Motivationsaspekt hin: die Einstellung zum Menschen und zum Mitarbeiter. Bleiben wir kurz bei den limbischen Prototypen: Jeder Typ hat nämlich eine gute und gleichzeitig immer auch eine negative Seite.

- Der Performer ist sehr leistungsorientiert — das ist seine gute Seite. Gleichzeitig fehlt ihm aber oft das Einfühlungsvermögen für andere: Das ist seine Schwäche.
- Der Kreative ist für Neues begeisterungsfähig — gleichzeitig ist er aber auch etwas chaotisch.
- Der Harmonisierer ist einfühlsam, aber nicht ehrgeizig.
- Der Bewahrer ist zuverlässig, dafür aber auch unflexibel.

Als Chef habe ich nun die Möglichkeit, meine Mitarbeiter grundsätzlich negativ aus der Perspektive ihrer Schwächen zu sehen und auch so zu behandeln. Ich kann sie jedoch auch positiv aufgrund ihrer jeweiligen Stärken betrachten. Allein diese unterschiedliche Grundeinstellung führt zu höchst unterschiedlichen Motivationseffekten. In der Psychologie gibt es dazu einen klassischen Versuch, der vom amerikanischen Psychologen Robert Rosenthal in den 1960er Jahren durchgeführt wurde. Lehrern an einer Grundschule wurde gesagt, ein Test habe ergeben, dass in einer Klasse hochmotivierte und begabte Schüler wären. Den Lehrern in einer anderen Grundschule wurde mitgeteilt, dass sich in einer Klasse eher minderbegabte Schüler befänden. Tatsächlich gab es keinen Unterschied zwischen den Schülern und den Klassen im Leistungsniveau. Nach einigen Monaten wurde dann die Leistung dieser Klassen gemessen. Das Ergebnis: Die Klasse, die positiv dargestellt wurde, hatte auch wesentlich bessere Ergebnisse. Die Einstellung der Lehrer zu ihren Schülern wirkte sich also sehr stark auf deren Leistungen aus. Den gleichen Effekt konnten wir auch im deutschen Einzelhandel betrachten, nämlich am Beispiel der Drogeriemarkt-Ketten dm und Schlecker. Während der Inhaber von dm, Götz Werner, eine anthroposophisch-humanistische Führung und Kultur praktizierte und Mitarbeiter als Partner betrachtete, führte Anton Schlecker seine Mitarbeiter nach dem Misstrauensprinzip. Er betrachtete sie als Kostenstellen und ließ sie teilweise im Geheimen überwachen. Das Ergebnis dieser beiden Führungsstile spricht Bände. dm-Drogeriemarkt gehört heute zu den erfolgreichsten Handelsunternehmen in Europa, während Schlecker Insolvenz anmelden musste.

8.8   Die Siegerspirale

Eng verbunden mit der positiven oder negativen Einstellung zu Mitarbeitern sind weitere Motivationseffekte, die sich sogar in Veränderungen im Gehirn nachweisen lassen: die Siegerspirale und die Verliererfalle. Beginnen wir mit der Siegerspirale (Abbildung 33)

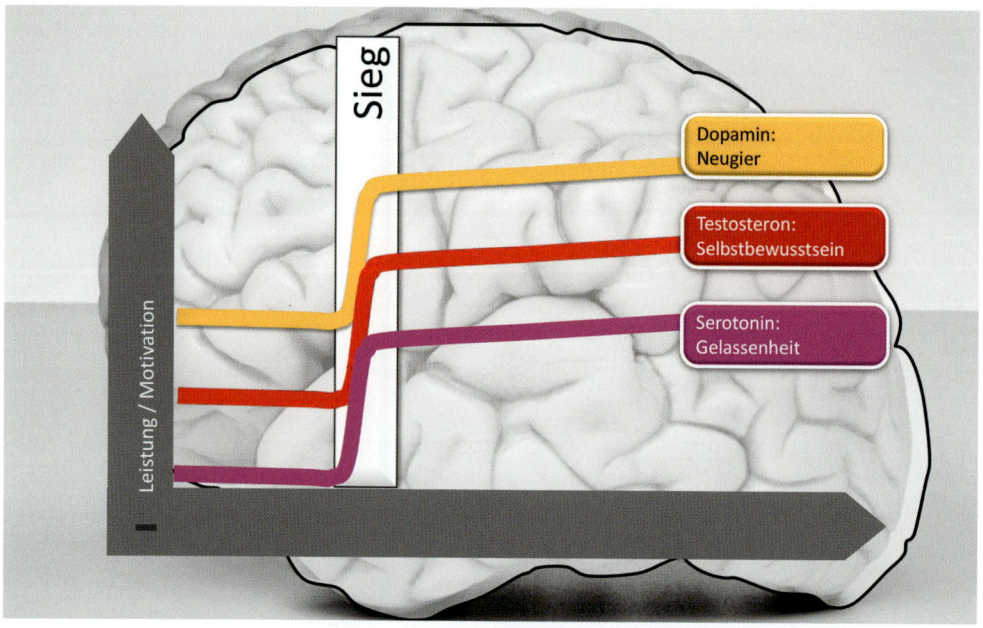

Abb. 33: Die Siegerspirale: die optimistischen Kräfte im Gehirn nehmen zu

Wenn Mitarbeiter positiv gesehen werden, wenn sie ihm Rahmen ihrer Möglichkeiten gefördert und gefordert werden und wenn sie durch ihre eigene Anstrengung Erfolge und „Siege" erzielen, verändern sich bestimmte Nervenbotenstoffe in deren Gehirn:

- Dopamin (Stimulanz-System) nimmt zu — Mitarbeiter werden offener,
- Testosteron (Dominanz-System) nimmt zu (auch bei Frauen) — Mitarbeiter werden selbstbewusster und trauen sich mehr zu,
- Serotonin (Balance-System) nimmt zu — Mitarbeiter werden gelassener.

Insgesamt sind Mitarbeiter in der Siegerspirale also leistungsbereiter und motivierter.

8.9 Die Verliererfalle

Nun zur Verliererfalle. Sie funktioniert genau gegenteilig. Wenn Mitarbeiter negativ betrachtet werden, wenn sie unterdrückt und kontrolliert werden und wenn ihnen jeder kleinste Fehler vorgeworfen wird, passiert das genaue Gegenteil: Alle gerade beschriebenen Nervenbotenstoffe werden dramatisch abgesenkt. Die Mitarbeiter fallen in eine Leistungsdepression und entwickeln Herz-Kreislauf-Krankheiten!

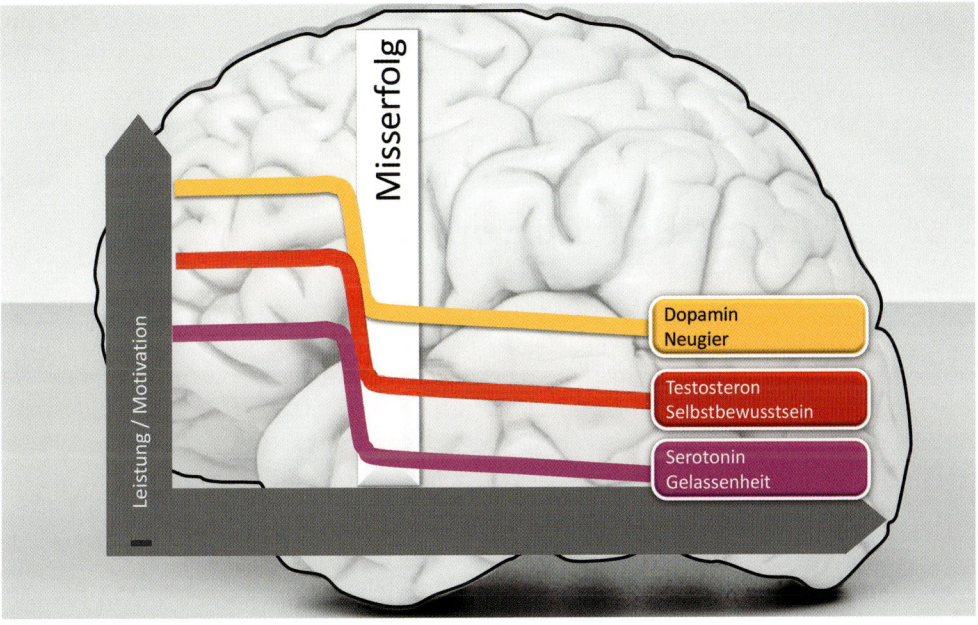

Abb. 34: Die Verliererfalle: Demotivation macht Mitarbeiter krank

8.10 Kann man mit Angst motivieren?

Wie wir wissen, kann auch Angst motivieren. Und damit sind wir bei der Balance-Kraft als innerer Motivator. Viele Führungskräfte (vor allem die schwachen) nutzen diesen Mechanismus, indem sie ihrer Belegschaft permanent mit Arbeitsplatzverlust etc. drohen. Menschen mit einer hohen Balance-Kraft und der damit verbundenen Ängstlichkeit reagieren auf solche Bedrohungen stärker und arbeiten mehr. Aber nicht besser und effizienter, denn die damit verbundene Übererregung mindert ihre Leistungsfähigkeit erheblich. Die Motivation mit Angst hat zwei Seiten:

Sie kann in Krisen hilfreich sein und dazu dienen, die Kampfkräfte zu mobilisieren und den Zusammenhalt von Gruppen zu stärken. Auf Dauer bewirkt sie aber das Gegenteil: Erstens unternimmt die Balance-Kraft alles, um die Störung zu verleugnen. Zweitens hören Krisen irgendwann mal auf. Wer aber dauernd künstliche Krisen produziert, um die Leistung seiner Mitarbeiter aufrechtzuerhalten, dem geht es wie dem sibirischen Ortsvorstand, der jeden Abend seine Bauern mit „Die Wölfe kommen!" alarmierte, obwohl es nicht stimmte. Im Laufe von fünf Tagen ließ die Aufmerksamkeit seiner Bauern nach, weil kein Wolf weit und breit in Sicht war. Am sechsten Tage kamen die Wölfe tatsächlich. Der Ortsvorstand rief wieder „Alarm" — doch keiner glaubte ihm. Angst und Bedrohung als Motivationsinstrument sollte dem Notfall vorbehalten bleiben: Viel besser ist es, die Wachstumskräfte, die Stimulanz- und die Dominanz-Kräfte im Unternehmen zu wecken.

8.11 Warum Geld doch motiviert

Manche Manager behaupten vor allem dem Betriebsrat gegenüber, die Motivationskraft von Geld sei gering. Diese Aussage ist zwar verständlich, und mit Inbrunst vorgetragen spart sie in den Lohnverhandlungen möglicherweise Geld. Sie ist aber trotzdem falsch: Geld motiviert! Um den Motivationswert von Geld zu verstehen, sollten wir uns kurz überlegen, was Geld ist. Die Ökonomen betrachten Geld als Tauschmittel mit abgesichertem Wert. Unter Banken und im Geldverkehr ist diese Betrachtung sicher richtig. Aber warum ist Geld für den Menschen so wertvoll? Ganz einfach: Geld ist nichts anderes als ein abstraktes Mittel zur Erfüllung unserer Dominanz-, Balance- und Stimulanz-Kraft. Ich kaufe mir mit Geld ein großes Auto (Dominanz-Kraft), mache großzügige Geschenke, um meine Geschäftspartner freundlich zu stimmen (Dominanz-Kraft), vergleiche mein Gehalt mit dem meines Kollegen und messe daran meinen Wert (Dominanz-Kraft), gehe schön Essen und fahre in den Urlaub (Stimulanz-Kraft) und lege schließlich mein Erspartes in Form einer Lebens- oder Altersversicherung an (Balance). Geld ist also, wie wir sehen, durch und durch limbisch.

Das Problem bei Geld ist allerdings seine Abstraktheit: Auf die limbische Kraft Dominanz wirkt als Belohnung ein sichtbar größeres Auto viel direkter als eine für Kollegen oft unsichtbare Gehaltserhöhung. Mit anderen Worten: Man kann mit Geld motivieren.

Eine direkte Ansprache der Emotionssysteme ist aber effizienter, wenn man das limbische Profil seines Mitarbeiters kennt, darauf maßgeschneiderte direkte Motivationsinstrumente einsetzt und vor allem das Persönlichkeitsprofil des Mitarbeiters mit dem Arbeitsplatzprofil in Übereinstimmung bringt.

Nun wird bei Geld & Motivation häufig angemerkt, dass Geld seine Motivationskraft bald verliert, weil wir uns an den höheren Lohn schnell gewöhnen würden. Diese Aussage ist zwar richtig: Denn sie beschreibt eine Grundeigenschaft unseres Belohnungssystems: Dieses gewöhnt sich schnell an Belohnungen und will immer mehr. Nur: Diese Gewöhnung und der Wunsch nach mehr gelten nicht nur für Geld, sondern auch für alle anderen Motivatoren. Bekommt z. B. eine Führungskraft eine größere und anspruchsvollere Aufgabe und bewältigt sie diese, dann dauert es auch nicht lange, bis das Belohnungssystem nach der nächsten und noch größeren Herausforderung ruft!

8.12 Intrinsische versus extrinsische Motivation

Im Zusammenhang von Geld und Motivation wird sehr häufig auch von intrinsischer und extrinsischer Motivation gesprochen. Intrinsische Motivation ist die, die wir selbst von innen heraus entwickeln, extrinsische Motivation beruht auf von außen gesetzten Anreizen — also z. B. auf Geld.

Nun wird (siehe Reinhard Sprenger) behauptet, dass extrinsische Motivation demotivierend und zynisch wäre (Herrschaftsausübung) und dass nur die intrinsische Motivation diejenige sei, die gut wäre und die zähle. Ganz so einfach ist die Sache aber nicht. Zunächst einmal hängt das, was uns innerlich motiviert, sehr stark von unserer Persönlichkeit ab: Ein Performer wird von der Aussicht auf Karriere und Geld (als Zeichen seines Wertes und seiner Leistung) intrinsisch motiviert — ein Harmonisierer wird motiviert, wenn er jeden Tag harmonische soziale Kontakte erleben kann. Geld ist ihm nicht so wichtig. Geld hat also insbesondere für den Performer eine hohe intrinsische Motivationskraft und ist nicht nur extrinsisch zu betrachten.

Der nächste Aspekt zeigt eine weitere Schwierigkeit dieser Unterscheidung. Motiviert ein Vorgesetzter, der seinem Mitarbeiter, limbischer Typ „Kreativer", einen Job anbietet, der mit vielen Reisen und viel Abwechslung verbunden ist, diesen extrinsisch? Der Vorgesetzte hat ja die äußeren Motivatoren verändert. Oder aktiviert er dessen intrinsische Motivation, weil Persönlichkeit und Job-Profil zusammenpassen und der Mitarbeiter von innen heraus mit Begeisterung seine Arbeit macht? Wir sehen also, dass „Extrinsische versus intrinsische Motivation" oft viel zu einfach gedacht werden.

Nun gibt es eine Reihe von Untersuchungen zum Thema „Extrinsische Motivation mit Geld". Diese zeigen Folgendes:

- Kreativität lässt sich mit Geldanreizen nicht steigern. Oft passiert sogar das Gegenteil: Die Kreativität lässt nach. Gibt man z. B. einem spielenden Kind (kreative Tätigkeit) Geld als Belohnung dafür, hört es bald auf mit Spielen und fordert weiteres Geld.
- Die Verkaufsleistung eines Außendienstmitarbeiters dagegen wird durch Geldanreize besser.
- Der Performer-Typ ist direkt mit Geld motivierbar; der Harmonisierer-Typ und der Kreative dagegen reagieren schwächer auf Geldanreize.

8.13 Was ist „Flow"?

In neuerer Zeit wird im Management oft von „Flow" gesprochen, dem Zauberwort für Leistungsmotivation, das der aus Ungarn stammende amerikanische Psychologe Mihály Csíkszentmihályi[21] kreiert hat. „Flow" bezeichnet das erhebende Gefühl, das wir bei Tätigkeiten erleben, die mit einer starken, selbstbestimmten Anstrengung verbunden sind und bei denen wir gleichzeitig über uns selbst hinauswachsen und neue Erfahrungen sammeln. Vom deutschen Pädagogen Felix von Cube wurde „Flow" in ein evolutionsbiologisch begründetes Führungskonzept mit dem Titel „Lust an Leistung" integriert.[22] In dessen Mittelpunkt steht die Gestaltung einer Arbeitssituation, die den Mitarbeiter fordert und ihm so „Flow"-Erlebnisse ermöglicht.

Was ist „Flow" wirklich? Wie verträgt sich dieser Ansatz mit unseren Emotionssystemen und ihrer Steuerung durch das limbische System? Er verträgt sich sehr gut: Lust- und Glücksgefühle belohnen uns für die Erfüllung der Emotionssysteme. Und „Flow"? „Flow" ist die „Lust- und Glücksgefühl-Mischung", die wir bei unseren persönlichen Siegen über uns selbst und über andere erleben. Somit ist es im Prinzip nichts anderes als die „limbische Belohnung", wenn die Dominanz- und die Stimulanz-Kraft zusammen erfüllt werden. Je spannender und anspruchsvoller unsere Arbeit ist und je größer die Möglichkeiten sind, ohne Anweisungen von außen selbst zu entscheiden, was wir tun, desto mehr Möglichkeiten zum „Flow" haben wir. Allerdings: Je stärker die Dominanz- und Stimulanz-Kraft bei uns ausgeprägt sind, desto mehr sind wir auf der Suche nach dem „Flow". Die Arbeitssituation alleine reicht nicht aus, auch unser limbisches Profil spielt eine entscheidende Rolle.

8.14   Die Frage nach dem Sinn

Eine wichtige Frage in puncto Motivation ist noch offen: Gibt es ein eigenständiges Sinn-Motiv, wie es in vielen Management-Büchern und -Seminaren behauptet und dort als wesentliche Quelle der Motivation gesehen wird? Zunächst: Sinn ist eine wesentliche Quelle der Motivation und des menschlichen Handelns. „Wer ein Warum hat", sagte Friedrich Nietzsche, „erträgt auch jedes Wie". Im Unterschied zu dieser eher pessimistischen Perspektive betont Erich Fromm den motivierenden, aktivierenden Charakter von Sinn bzw. von Ideen: „Wenn die Idee den Menschen innerlich berührt, wird sie zu einer der mächtigsten Waffen. Dabei kommt es aber darauf an, dass die Idee nicht vage und allgemeiner Art, sondern einleuchtend und für die Bedürfnisse der Menschen von Belang ist." Menschen sind insbesondere aufgrund ihrer Balance-Kraft immer auf der Suche nach Sinn. Und Sinn motiviert, weil er unsere ungeheuer große kognitive und gnostische Unsicherheit (Balance-Kraft) beseitigt und Wege des Handelns aufzeigt. Sinn erklärt die Welt und reduziert Unsicherheit (Balance-Kraft), gleichzeitig zeigt er, wofür es zu kämpfen lohnt, (Dominanz) und macht Lust auf eine spannende Zukunft (Stimulanz). Diese komplexeren emotionalen Gedankenstrukturen werden übrigens im Großhirn verarbeitet. Was Sinn macht, ist offen. Aber gute Sinn-Strukturen sprechen immer die Balance-, die Stimulanz- und die Dominanz-Kraft in Form einer überzeugenden und zusammenhängenden Geschichte an. In Kapitel 12 werden wir uns damit näher befassen.

Think Limbic: Empfehlungen für den Alltag

1. Nehmen Sie Abschied von Maslow & Co.!

So schön und praktikabel die Pyramide von Maslow war, sie ist falsch. Sie kommen weiter und haben mehr Erfolg, wenn Sie das Modell der Emotionssysteme nutzen und beachten.

2. Betrachten Sie alle Pseudo-Motive unter der limbischen Lupe!

Hüten Sie sich vor allen Pseudo-Motiven, denn alle Motive des Menschen setzen sich aus den drei Emotionssystemen zusammen bzw. lassen sich damit erklären.

3. Setzen Sie hohe Ziele und bieten Sie Karriere und Status an!

Leistungsmotivation ist weitgehend angeboren und macht sich immer durch eine hohe Dominanz-Kraft bemerkbar. Lenken Sie die ungestüme Kraft Ihrer High-Performer auf den Markt: Setzen Sie hohe Ziele und belohnen Sie deren Erreichung mit Karriere und Status.

4. Motivieren Sie zielgenau!

Jeder Mitarbeiter hat ein unterschiedliches limbisches Profil. Stimmen Sie Ihre Motivationsinstrumente darauf ab und arbeiten Sie nicht nach dem Gießkannen-Prinzip. Ein Anreiz, der für den einen Mitarbeiter eine Belohnung ist, kann für den anderen eine Strafe sein!

5. Führen Sie Ihre Mitarbeiter in die Siegerspirale!

Betrachten Sie Ihre Mitarbeiter positiv und als Partner. Fordern und fördern Sie sie im Rahmen ihrer Möglichkeiten. Sorgen Sie dafür, dass sie Erfolge aufgrund eigener Anstrengungen erleben können.

6. Vermeiden Sie es, mit dem Sargdeckel zu klappern!

Setzen Sie Angst nur dann ein, wenn es Ihrem Unternehmen wirklich schlecht geht. Viel besser ist es, die Dominanz- und Stimulanz-Kräfte in Ihren Mitarbeitern zu wecken und für „Flow"-Erlebnisse zu sorgen!

9 Limbic Diversity: Vielfalt schlägt Einfalt

Was Sie in diesem Kapitel erwartet

Menschen & Mitarbeiter sind höchst unterschiedlich. In den vorherigen Kapiteln haben wir aber gesehen, dass es bestimmte limbische Prototypen gibt, die zumindest bezüglich Karriere und Macht besonders erfolgreich sind. Wenn so der Prototyp des Erfolges aussähe, dann fragt man sich, warum die Evolution so viele Unterschiede zwischen Menschen zugelassen hat, anstatt sich auf diesen scheinbar idealen Einheitsmenschen zu fokussieren. Die Antwort darauf lautet: Wirklicher Erfolg ist nur durch Vielfalt möglich. Einfalt ist auf lange Sicht tödlich.

Damit wir den Gedanken verstehen, warum Erfolg untrennbar mit der Vielfalt verknüpft ist, müssen wir von der Betrachtung des Individuums auf die Betrachtung von Gruppen, also von sozialen Systemen wechseln. Um die Genialität des biologischen Vielfaltsprinzips zu erkennen, lohnt ein Seitenblick auf die erfolgreichste Spezies auf unserem Planeten. Nein, das sind nicht wir Menschen — es sind unsere Ur-Ur-Ur-Vorfahren, die Bakterien. Sie sind nicht nur die ältesten Lebewesen auf der Erde, sie stellen auch über 70 % der gesamten belebten Biomasse (auf den Menschen entfallen etwa 5 %) und in Anzahl der „Köpfe" ca. 95 % der Erdbewohner. Bakterien sind deshalb so erfolgreich, weil sie sich innerhalb kürzester Zeit auf völlig neue Umweltveränderungen einstellen können. Wer das Prinzip schnell lernender Organisationen verstehen will, ist gut beraten, die dazu erschienenen Management-Ratgeber einmal kurz zur Seite zu legen und einen Blick in die Natur zu werfen. Mit die größte Herausforderung für die medizinische Forschung ist heute, wirksame Antibiotika zu finden, also Medikamente, die krankheitserregende Bakterien abtöten. Das Problem der Forscher: Alle bekannten Antibiotika werden zunehmend wirkungslos, weil die Bakterien weltweit dagegen immer resistenter werden. Die Bakterien lernen nämlich schneller, als die Forscher neue Wirkstoffe erfinden können. Hinter den Türen der Labors findet ein dramatischer Wettlauf mit den Mikro-Genies statt. Schon heute sterben weltweit hunderttausende von Menschen an Bakterien-Infektionen, die durch die bekannten Antibiotika nicht mehr behandelt werden können.

Wie schaffen es Bakterien, genauer gesagt Bakterienkolonien, so schnell zu lernen und sich auf Umweltveränderungen in kürzester Zeit einzustellen? Dazu ist es notwendig, sich mit der Sozialstruktur von Bakterienkolonien zu beschäftigen.

Limbic Diversity: Vielfalt schlägt Einfalt

Über viele Jahre hat sich die biologische Forschung nicht um die sozialen Systeme von Bakterien-Kulturen gekümmert. Biologen nahmen an, dass Bakterien eher genormte Einheitstypen sind und dass sich Mutationen, also anpassungsfördernde Veränderungen, bei Bakterien eher zufällig ereignen würden.

Wie so oft kamen die entscheidenden Impulse, Bakterienkolonien in einem völlig neuen Licht zu sehen, nicht von Insidern, sondern von Außenstehenden. In diesem Falle von den beiden Biophysikern Eshel Ben-Jakob von der Universität Tel-Aviv und James Shapiro von der Universität Chicago. Diese beiden Forscher fanden durch Beobachtung von tausenden Kolonien heraus, dass die schnellen Anpassungen der Bakterien an neue Umweltbedingungen keinesfalls nur auf zufälligen Mutationen beruhten, sondern dass es sich dabei um Veränderungen handelte, die auf die Sozialstruktur der Kolonien zurückzuführen ist. Denn anders als vermutet, waren die Bakterien in den Kolonien nicht gleich, sondern unterschieden sich in ihrer „Persönlichkeit" und damit in ihren Auswirkungen auf das gesamte System. Ben-Jakob und Shapiro extrahierten verschiedene Persönlichkeitstypen und die damit verbundenen Eigenschaften, die von diesen Bakterien in unterschiedlicher Stärke ausgingen, bzw. die für besondere Signale empfänglich waren:

- **Die Konformitätsverstärker:** In einer Bakterienkolonie gibt es einige Bakterien, die verstärkt chemische Signale absondern, welche die Kolonie zusammenhalten. Das sind die Produzenten eines chemischen „Wirgefühls" = Bewahrer und Harmonisierer.
- **Die Diversitätsgeneratoren:** Viele Bakterien einer Kolonie unterscheiden sich trotz gemeinsamer Gruppenzugehörigkeit sowohl in ihrer Vorliebe für bestimmte Nährstoffe als auch in ihrer Empfindlichkeit für chemische Stoffe. Durch die Spezialisierung gelingt es ihnen, auf die unterschiedlichen chemischen Signale in der Umwelt schneller zu reagieren, aber auch Futterstoffe besser zu verwerten = Kreative.
- **Die Zufallsgänger:** Wird in Bakterienkolonien das Futter knapp, senden einzelne Bakterien ein chemisches Signal aus, das sie abstoßend macht und sie vom Konformitätsdruck befreit. Diese Bakteriengruppen schwärmen dann nach neuen Nahrungsquellen aus. Die Erkundungsteams, die auf geringe Nahrungsquellen stoßen, vermitteln diese Hiobsbotschaft der großen Gruppe über abstoßende chemische Signale, während die Erfolgreichen mit chemischen Lockstoffen ihren Erfolg melden = Pioniere.
- **Der Ressourcenschalter:** Die chemische Nachricht vom Erfolg lockt nun die ganze Kolonie an. In der Gruppe passiert aber noch etwas — die erfolgreichen Finder der Nahrungsquelle werden nun zu neuen Führern der Kolonie = Performer.

Offensichtlich hat sich im Laufe der Evolution so eine Art biologisches Erfolgsgesetz für soziale Systeme entwickelt. Ähnliche Mechanismen kann man auch bei Spinnen erkennen. Aggressive Spinnen („Performer-Spinnen") übernehmen in der Kolonie Aufgaben, für die ein forsches Auftreten von Vorteil ist — sie sind für die Jagd und die Vertreibung von Feinden zuständig. Die gutmütigen Mitbewohner („Harmonisierer-Spinnen") dagegen kümmern sich um den Nachwuchs. Beide Spinnentypen haben gleichzeitig Schwächen: Die „Performer-Spinnen" gehen ziemlich rücksichtslos mit dem Nachwuchs um, während sich die „Harmonisierer-Spinnen" ohne Gegenwehr ihre Jagdbeute von fremden Spinnen abnehmen lassen.

Dieser kurze Ausflug in die Bakterien- und Insektenwelt macht deutlich, warum wir Menschen in unserer Persönlichkeit höchst unterschiedlich sind. Nicht die Einfalt macht ein soziales System überlebens- und lernfähig, sondern die Vielfalt! Das bedeutet aber auch: Es gibt kein limbisches Profil für den „Ideal-Menschen". Jeder ist in seiner Eigenheit und Einzigartigkeit für das Unternehmen oder Team wichtig! Und genau das ist „Schwarm-Intelligenz": Jeder nämlich betrachtet die Welt und das Problem aus seiner Sicht und macht dadurch die Entscheidung insgesamt sicherer und besser.

9.1 Die Auswirkungen der Emotionssysteme auf weitere Persönlichkeitsmerkmale

Unser individueller limbischer Mix sorgt für unsere individuelle Persönlichkeitsstruktur. „Nun gut", werden mache sagen, „das wissen wir ja schon: der eine ist dominanter, der andere eher ängstlicher usw., usw." Was wir dabei viel zu wenig beachten ist, dass die Emotionssysteme auf unsere Persönlichkeit und die damit verbundenen individuellen Eigenschaften einen weit größeren Einfluss haben als wir glauben. Zunächst einmal bestimmen sie die „Richtung" unseres Verhaltens, d. h. ob wir mehr bewahrend, mehr kämpferisch-expansiv oder eher neugierig sind. Das ist die Grundfunktion, die wir bereits kennen. Doch das ist längst nicht alles: Unsere Emotionssysteme entscheiden über die Art unserer Informationssuche und des Lernens, also auch über unseren kognitiven Stil. Sie bestimmen maßgeblich unser Entscheidungsverhalten, also ob wir eher risikobereit oder eher risikomeidend sind. Zusätzlich haben sie, wie wir gesehen haben, Einfluss auf unser Führungsverhalten, unseren Arbeitsstil, auf unsere Teamfähigkeit und zum Teil auf unsere Leit- und Lebenswerte. Schauen wir uns die mit den Emotionssystemen verknüpften Persönlichkeitseigenschaften etwas genauer an.

9.1.1 Der Denkstil

Beginnen wir mit unserem Denkstil, also wie wir Informationen suchen, aufnehmen und verarbeiten. Der bekannte Kognitionspsychologe Dietrich Dörner unterscheidet zwischen zwei Stilen, nämlich zwischen einem geringen und einem hohem Auflösungsgrad. Was meint er damit? Es gibt Menschen, die denken akribisch bis ins kleinste Detail und achten auf alle Feinheiten. Gleichzeitig konzentrieren sie sich aber nur auf ganze wenige Dinge, denken also, um es in einem Bild zu sagen, mehr tief als breit: das ist der hohe Auflösungsgrad. Der kognitive Gegentyp ist der mit einem geringen Auflösungsgrad. Für ihn sind Details ätzend, er kümmert sich um viele Dinge gleichzeitig und ist immer auf der Suche nach einer neuen spannenden Denkaufgabe.

Was ist nun der ideale Denkstil? In der Schule, und das prägt bis heute noch unser Erziehungsideal, ist es sicher der Denkstil mit hohem Auflösungsgrad. Aber dies ist ein Irrtum. Beide Denkstile sind für ein Team oder ein Unternehmen gleichermaßen wichtig. Es muss solche geben, die gleichzeitig viele Ideen und Probleme in der Luft halten können, und andere, die sich nur mit einem Problem beschäftigen, dieses aber von allen Seiten durchdenken. Besonderen Einfluss auf unseren Denkstil hat die Stimulanz-Kraft. Eine hohe Ausprägung bringt in der Regel automatisch einen geringen Auflösungsgrad mit sich. Wenn wir beispielsweise von einem lernenden und sich schnell sich an Umfeldveränderungen anpassenden Unternehmen als Ziel ausgehen, dann wird klar, wie diese Vorgabe nicht erreicht wird: Wenn ich nur Mitarbeiter vom Typ des Bewahrers einstelle, dann weiß das Unternehmen vom Bestehenden viel, aber erfährt vom wichtigen Neuen nichts!

9.1.2 Führungs- und Arbeitsstil

Die Management-Lehre und die Management-Literatur propagieren einen konsequenten, klaren und berechenbaren Führungsstil. Und genauso, wünscht man sich auch den Arbeitsstil. Im gleichen Atemzug wird suggeriert, dass dieses „Idealverhalten" relativ leicht und einfach zu lernen wäre. Ich möchte die Vermittelbarkeit dieser Tugenden nicht grundsätzlich in Frage stellen — leider wird aber ihre enge Verknüpfung mit der Persönlichkeitsstruktur übersehen. Manager mit hoher Stimulanz-Kraft neigen nämlich eher zu einem chaotischen Arbeits- und Führungsstil, während der Bewahrer zu pedantisch führt und die Eigenverantwortung der Geführten einschränkt.

9.1.3 Wertesysteme

Mit die meisten zwischenmenschlichen Konflikte, gleich ob im Berufs- oder Privatleben, ergeben sich aus der Inkompatibilität oder den Differenzen der individuellen Wertsysteme. Werte oder Werthaltungen sind alles, was einem wichtig ist, wofür man steht, wofür man kämpft. Jeder Mensch betrachtet nun seine Werte als die einzig richtigen und möglichen. Menschen, die unsere Werte teilen, finden wir sympathisch, solche die völlig andere Werte haben, lehnen wir ab. Werte werden teilweise über unsere Erziehung und Kultur vermittelt, sie hängen aber auch eng mit unseren Emotionssystemen zusammen. Für einen Bewahrer sind Tradition und Ordnung wichtig, der Harmonisierer setzt auf Menschlichkeit und Gemeinschaft, und für den Performer stehen individueller Erfolg und Leistung ganz oben auf der Werteskala.

9.1.4 Teamfähigkeit

Gerade mit dem Abbau von Hierarchien wird die Teamfähigkeit, die soziale Verträglichkeit, die soziale Kompetenz von vielen Personalverantwortlichen als enorm wichtiges Kriterium gesehen. Was man weniger beachtet ist, dass die Teamfähigkeit keine losgelöste und unabhängige Persönlichkeitseigenschaft ist, sondern eng mit den Emotionssystemen zusammenhängt. Der Performer ordnet sich nur schwer unter, der Kreative leidet unter der geistigen Schwerfälligkeit der Gruppe, während der Harmonisierer sich gerne und problemlos unterordnet.

9.2 Die limbischen Typen und ihr Teamverhalten

Nachdem wir uns jetzt mit dem Einfluss der Emotionssysteme auf unser Denken, Handeln und auf unsere Werthaltungen beschäftigt haben, geht es nun darum, uns etwas näher mit der konkreten Ausprägung im Alltag zu beschäftigen. Wir wollen dies am Beispiel vier limbischer Typen tun, die wir bereits kennengelernt haben

9.2.1 Der Performer

Sein Profil wird von der Dominanz-Kraft bestimmt. Er treibt die Expansion voran, er setzt Ideen und Konzepte eisern durch. Gleichzeitig stellt er hohe Ansprüche an seine Mitarbeiter und ist in der Führung kompromisslos. Soziale Konflikte steht er durch. Alles, was seiner und der Performance des Unternehmens dient, nutzt er.

Kognitiver Stil:	mittlere bis hohe Auflösung
Führungsstil:	eher kompromisslos, delegationsbereit
Stärken:	Konsequenz, Klarheit, Durchsetzungsfähigkeit
Schwächen:	Ihm fehlt emotionale Intelligenz, Sensibilität, Gespür für weiche Faktoren
Teamfähigkeit:	eher gering
Motivation:	Karriere, Macht, Status, Verantwortung, Herausforderung
Werte:	Leistung, Härte

9.2.2 Der Bewahrer

Bei ihm steht die Balance-Kraft im Vordergrund. Allen Veränderungen steht er mit großer Skepsis gegenüber. Risiken werden vermieden, ebenso Führungsverantwortung und Wachstumsverantwortung. Das Denken ist eher in die Vergangenheit orientiert, die Tradition des Unternehmens wird von ihm betont und gepflegt. Er setzt sich für gemeinschaftliche Aufgaben ein und hilft mit, das „Wir" des Teams oder des Unternehmens zu pflegen.

Kognitiver Stil:	hohe Auflösung
Führungsstil:	kontrollierend, cholerisch bei Stress
Stärken:	Berechenbarkeit, Zuverlässigkeit, Genauigkeit
Schwächen:	unflexibel, rechthaberisch, misstrauisch
Teamfähigkeit:	mittel
Motivation:	berechenbare, gleichbleibende Aufgaben, Sicherheit des Arbeitsplatzes
Werte:	Tradition, Pflicht, Sicherheit, Ordnung

9.2.3 Der Harmonisierer

Seine Persönlichkeit zeichnet sich durch eine hohe Harmonieausprägung aus. Er vermeidet Konflikte und leidet unter Meinungsverschiedenheiten. In Teamsitzungen ist er eher ruhig und ordnet sich Gruppenentscheidungen gerne unter.

Kognitiver Stil:	mittlere Auflösung
Führungsstil:	konfliktvermeidend, menschlich
Stärken:	herzlich, menschlich, sensibel
Schwächen:	geringe Durchsetzungsfähigkeit, geringer Ehrgeiz
Teamfähigkeit:	hoch
Motivation:	nette Kollegen
Werte:	Familie, Menschlichkeit, Gemeinschaft

9.2.4 Der Kreative

Auch wenn zusätzlich eine höhere Intelligenz für wirkliche Kreativität wichtig ist, die Grundvoraussetzung dafür ist eine hohe Stimulanz-Kraft. Der Kreative ist permanent auf der Suche nach Neuem. Hat er es gefunden, ist dies im gleichen Moment schon wieder langweilig. Er produziert laufend neue Ideen. Das Problem: keine wird umgesetzt. Für seine Ideen wird er bewundert, für seine Schlampigkeit und Wankelmütigkeit wird er gehasst.

Kognitiver Stil:	geringe Auflösung
Führungsstil:	unkonsequent und sprunghaft
Stärken:	Neugier, Veränderungsbereitschaft, Kreativität
Schwächen:	Hang zum Chaos
Teamfähigkeit:	eher gering
Motivation:	Aufgaben, die mit neuen Inhalten verbunden sind
Werte:	Spaß, Abenteuer, Entdeckung

9.3 Umfeld und Aufgabe bestimmen die ideale Teamstruktur

Welches ist nun der Idealtyp für ein Unternehmen oder ein Team? Es wird schnell deutlich, dass es den einen Idealtyp nicht gibt. Besteht ein Unternehmen nur aus Performern oder Kreativen, dann ist der Risikoanteil im Unternehmen zu hoch. Das Gegenteil ist der Fall, wenn zu viel Bewahrung und Harmonie vertreten sind, wenn „Teamismus", „Tradition" und „Sicherung" den Unternehmensalltag bestimmen — ein solches Unternehmen ist kraft- und saftlos. Wie eine ideale Team- / oder Führungsstruktur aussieht, hängt natürlich auch entscheidend davon ab, in welchem Markt sich ein Unternehmen befindet und welche Aufgabe ein Team bzw. eine Abteilung hat.

9.3.1 In welchem Markt bewegt sich das Unternehmen?

Ein Hersteller für junge Mode beispielsweise braucht eindeutig einen weit höheren Stimulanz-Anteil als eine Privatbank oder eine Rückversicherungs-Gesellschaft. Der Modehersteller ist in einem hoch kreativen Markt tätig und muss ungeheuer wandlungsfähig und flexibel sein. Die Privatbank dagegen arbeitet eher in traditionellen Märkten — für sie ist Kontinuität und Vertrauen wichtig. Allerdings: Auch der Modehersteller braucht Dominanz und Balance, sonst ist die Gefahr groß, dass die konsequente und systematische Markterschließung fehlt und die kaufmännische Fundierung ausbleibt. Weil diese Kräfte bei jungen Modemarken oft fehlen, schießen diese zwar zunächst wie Leuchtraketen in den Himmel, verglühen jedoch dann so schnell, wie sie gekommen sind.

9.3.2 Um welche Abteilung handelt es sich?

Differenzieren muss man aber auch innerhalb des Unternehmens. Die einzelnen Bereiche und Abteilungen haben genau genommen unterschiedliche limbische Funktionen. Marketing und FE haben eher Pionierfunktion und brauchen deshalb eine größere Stimulanz-Kraft. Die Qualitätssicherung dagegen ist, wie der Name schon sagt, der Balance-Kraft verpflichtet.

9.4   Machen Sie eine Team-Aufstellung

Nachdem wir das Grundprinzip kennengelernt haben, sind Sie nun an der Reihe. Versuchen Sie doch einfach mal Ihre Abteilung, oder, wenn Sie Geschäftsführer sind, Ihre erste Führungsebene in diese limbische Landkarte einzutragen. Die Abbildungen 35 und 36 zeigen zwei beispielhafte Varianten. Bei Variante 1 (Abbildung 35) liegt das Team eindeutig zu stark auf der Balance-Seite. Auch der Chef, Herr Schroff, sorgt nicht für Dynamik, sondern nervt durch ständiges Kontrollieren. Solche Konstellationen führen in der Regel zu Meerschweinchen-Kulturen: Alle haben sich ganz lieb, aber keiner bewegt sich.

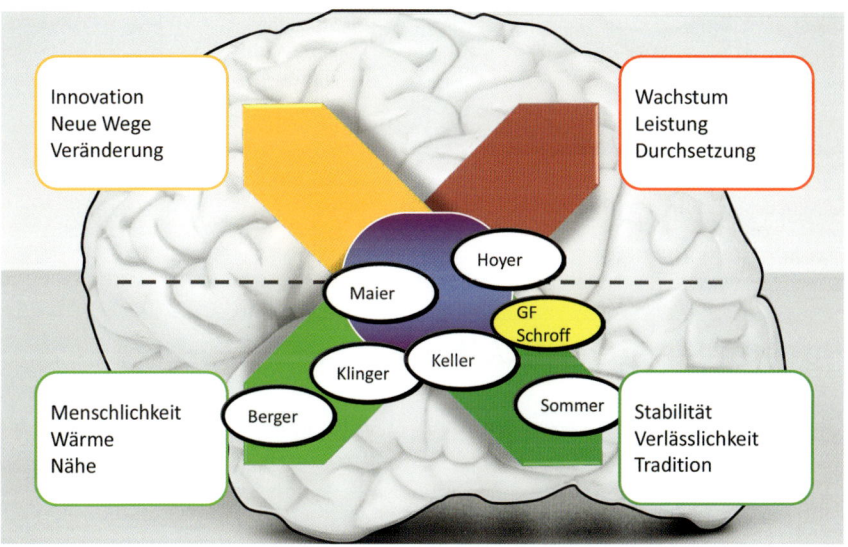

Abb. 35: Die Meerschweinchen-Kultur

Bei Variante 2 (Abbildung 36) stimmen die Proportionen: eine gute limbische Mischung im Idealverhältnis. Insbesondere die Mitarbeiter mit höherer Ausprägung der Wachstumskräfte Dominanz und Stimulanz sind stärker vertreten. Auch der Chef, Herr Schroff, kann durch seine Performer-Persönlichkeit Dampf machen.

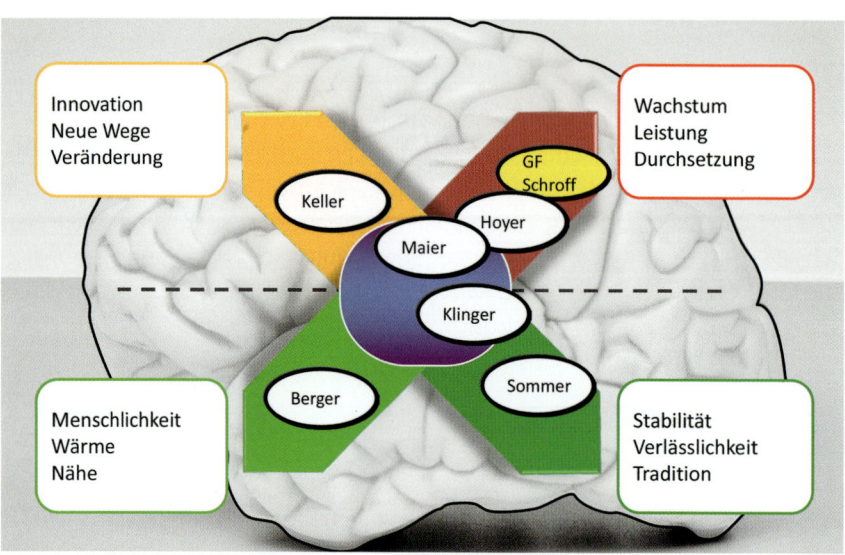

Abb. 36: Die ideale Teamstruktur

9.5 Suchen Sie sich Ihr Alter Ego

Doch nicht nur, wenn Sie Team-Chef sind, auch für Ihren persönlichen Erfolg ist es wichtig, Ihre eigene limbische Persönlichkeitsstruktur zu kennen. Sie haben immer Stärken und Schwächen gleichzeitig.

Deshalb sollten Sie, wenn Sie Ihr Team zusammenstellen, vermeiden, sich selbst mehrfach zu klonen, also nur solche Mitstreiter mit an Bord zu nehmen, die genau so sind wie Sie. Diese Gefahr ist groß, weil wir andere umso sympathischer finden, je stärker sie mit unseren Merkmalen übereinstimmen. Sie sollten sich deshalb Partner suchen, deren Profil Ihr Profil ergänzt: Wenn Sie ein echter Entrepreneur oder Pionier sind, dann ist der Controller für Sie ein idealer Partner. Sie treiben nach vorn und er sorgt dafür, dass die notwendigen Sicherungsseile aufgespannt werden. Wenn Sie ein knochenharter High-Performer sind, ergänzt Sie jemand mit höherer Balance-/Harmonie-Ausprägung ideal. Weil soziale Intelligenz nämlich mit großer Wahrscheinlichkeit nicht zu Ihren Stärken gehört, kann dieser die Rolle eines emotional-sozialen Blindenhunds übernehmen und Ihre offene Flanke abdecken.

Ein Beispiel soll dieses Prinzip des limbischen Gegentypen verdeutlichen: In einem großen Produktionsunternehmen übergab der Vater mit 65 Jahren das Steuer an seinen Sohn. Während der Vater ein dynamischer Unternehmer-Pionier-Typ war, lag das limbische Profil des Sohnes viel stärker im Harmonie- und im Stimulanz-Bereich. Der Sohn war kulturell und künstlerisch sehr interessiert, sehr umgänglich und feinsinnig — was ihm aber fehlte, war die ungestüme Power seines Vaters. Trotzdem interessierte er sich für das Unternehmen, die Arbeit machte ihm Spaß, auch er war beliebt bei den Mitarbeitern. Einige Zeit ging das gut, bis er selbst merkte, wo seine Grenzen waren — nämlich in der fehlenden Härte, um seine Mitarbeiter auch einmal unter Druck durch hohe Anforderungen zu setzen. Er traf die richtige Entscheidung — er holte sich einen Performer als Mit-Geschäftsführer und übertrug ihm die Bereiche Vertrieb und Einkauf. Er selber kümmerte sich um neue Märkte, um die Mitarbeiter, aber auch um die politische Vertretung der Unternehmensinteressen in den Branchen-Gremien. Eine perfekte limbische Lösung.

9.6   Bearbeiten Sie die Teamkonflikte

Die unterschiedlichen Persönlichkeitstypen haben unterschiedliche Stärken, die allesamt für das Unternehmen wichtig sind. Es gibt dabei aber ein großes Problem: Jeder dieser Typen betrachtet die Welt und das Unternehmen aus seiner limbischen Brille, bewertet aufgrund seiner Werthaltungen und hält seine Sicht für die allein gültige. Von der eigenen Position abweichende Werte und Persönlichkeitseigenschaften werden abgelehnt oder gar bekämpft. Je weiter die Persönlichkeitsstrukturen voneinander entfernt sind, desto größer ist das Unverständnis für den anderen.

Der Kreative bezeichnet den Bewahrer als „Erbsenzähler mit Scheuklappen", dieser revanchiert sich damit, dass er den Kreativen als „unorganisierten Chaoten" beschimpft. Beide wissen nicht, woher diese Ablehnung kommt. Genauso wenig wissen beide, warum sie den anderen zum gemeinsamen Erfolg brauchen. Viele innerbetriebliche Konflikte sind auf diese Differenz zurückzuführen. Verfestigen sie sich, wird die Stärke des Teams, die „Schwarmintelligenz", nicht genutzt!

Wichtig ist es daher, alle Akteure im Team oder im Unternehmen für die Notwendigkeit der Vielfalt zu sensibilisieren und die Gefahren der Einfalt aufzuzeigen. In Teamtrainings sollten den Akteuren ihre Denk- und Bewertungsmuster mit allen Stärken und Schwächen vor Augen geführt werden und die Toleranz für alternative Denkmuster aufgebaut werden. Viele Konflikte in Teams oder in Gruppen lösen sich sehr schnell auf, wenn die dahinter liegenden unbewussten Gesetze inklusive der eigenen Rolle der Teammitglieder verdeutlicht werden.

9.7 Geschlecht, Alter und Kultur

Unsere Emotionssysteme werden, wie wir gesehen haben, je nach Alter, Geschlecht und Kultur höchst unterschiedlich in Verhalten umgesetzt. Auch diese Differenzen sollten Unternehmen nutzen.

9.7.1 Altersunterschiede

Mit zunehmendem Alter nehmen beispielsweise das Dominanzhormon Testosteron und der Stimulanz-Neurotransmitter Dopamin stark ab. Dadurch lassen Neugier und Risikobereitschaft deutlich nach, Status wird weniger wichtig — auch der Ehrgeiz nimmt ab. Im Gegenzug dazu nimmt die Konzentration des Stresshormons Cortisol mit dem Alter im Gehirn zu. Mit zunehmendem Alter sucht man deshalb Unsicherheiten zu vermeiden. Wohlgemerkt: im Durchschnitt. Denn genauso wie es einige ältere Menschen gibt, die noch extrem neugierig und risikobereit sind, gibt es auch einige jüngere Menschen, die extrem konservativ und unflexibel sind. Das ist die emotionale Seite: Jüngere Menschen wollen nach oben und suchen das Risiko — ältere Menschen sind mit dem Erreichten zufrieden und möchten gelernte Gewohnheiten beibehalten. Auf der anderen Seite haben ältere Menschen ungeheuer viel Wissen und Erfahrung, während jüngere Menschen oft die Konsequenzen und Risiken unterschätzen. Was liegt also näher, als die Zugkraft und Dynamik von jungen Mitarbeitern mit der Erfahrung der älteren Mitarbeiter zu koppeln? Viele ältere Leute wollen gerne arbeiten — allerdings mit weniger Leistungsdruck. Dafür sind sie gerne bereit, in puncto Gehalt etwas zurückzustecken.

9.7.2 Geschlechtsunterschiede

Nun zum Geschlecht oder, sozialwissenschaftlich korrekt ausgedrückt, Gender. Es würde den Rahmen sprengen, die vielfältigen Verknüpfungen zwischen sozialen, kulturellen und biologischen Geschlechtseinflüssen darzustellen. Besonders wichtig ist der unterschiedliche Mix der Sexualhormone bei Frau und Mann, denn diese haben einen enormen Einfluss auf die Emotionssysteme im Gehirn. Während im männlichen Hirn im Durchschnitt eine stärkere Konzentration der Sexualhormone Testosteron und Vasopressin zu finden ist, wird das weibliche Hirn stärker von Östrogen / Östradiol, Prolactin und Oxytocin bestimmt.

Testosteron beispielsweise verstärkt im emotionalen Gehirn das Dominanz-System. Östrogen & Co. verstärken das Balance-System, insbesondere aber die beiden

Sozialmodule „Fürsorge" und „Bindung". Auch der kognitive Stil und die Interessen sind je nach Geschlecht unterschiedlich.

Frauen beispielsweise empfinden in allen Sinnesmodalitäten intensiver und anders als Männer. Der weibliche Denkstil ist „runder" und bildhafter, der männliche Denkstil ist eher „quadratischer" und mechanischer. Zudem ist das Empathie-Zentrum im weiblichen Gehirn größer als im männlichen Gehirn. Aufgrund des Testosterons unterschätzen Männer Risiken und überschätzen gleichzeitig ihre Fähigkeiten — Frauen überschätzen das Risiko und unterschätzen ihre Fähigkeiten. Männer entscheiden oft schneller (dabei blenden sie aber wichtige Faktoren aus), Frauen schauen genauer hin, beachten auch Rahmenbedingungen und soziale Konstellationen (dies kostet allerdings manchmal etwas mehr Zeit). Aber auch hier gilt wieder: im Durchschnitt.

Was ist nun der richtige Denk- und Entscheidungsstil? Die Antwort ist relativ einfach. Beide Stile situativ richtig eingesetzt und in Kombination bringen das beste Ergebnis!

9.7.3 Kulturunterschiede

Im Zuge einer zunehmenden Globalisierung der Wirtschaft stellt sich natürlich die Frage, ob denn die beschriebenen Emotionssysteme bei allen Menschen in allen Kulturen vorhanden sind. Die Antwort lautet: Ja — aber in unterschiedlicher Ausprägung. Beginnen wir mit Europa. Zwischen Österreich, Deutschland und der Schweiz gibt es nur sehr geringe Unterschiede. Wie wir gesehen haben, gibt es aber größere Unterschiede zwischen uns und den US-Amerikanern. Bei ihnen gibt es mehr Pioniere und Performer als bei uns.

Nun werfen wir noch einen kurzen Blick in den asiatischen Raum. Es würde den Rahmen sprengen, alle asiatischen Länder zu betrachten; wir beschränken uns auf China. Leider gibt es hier noch keine Verteilungsdaten über die limbischen Typen. Trotzdem sind einige Hinweise nützlich. Aufgrund der großen kulturellen und religiösen Unterschiede erfolgt die Umsetzung der Emotionssysteme ins tägliche Leben anders. Kauft sich ein erfolgreicher Unternehmer in Deutschland einen Bentley (Dominanz-System) und stellt er ihn über Nacht auf die Straße, dann ist die Wahrscheinlichkeit groß, dass er ihn am anderen Morgen zerkratzt vorfindet (Sozialneid). Diese wirtschaftliche Egalisierung ist Teil der christlichen Ethik. Völlig anders dagegen in China. Stellt ein Unternehmer dort zehn Bentleys vor die Tür, wird er dafür bewundert. Der Grund liegt im Konfuzianismus, der Leistung und Fleiß betont und (sichtbaren) wirtschaftlichen Erfolg gutheißt. Erfolgreiche Menschen, die ihre Statussymbole zeigen, wirken in China für andere als Vorbild: Wenn der das geschafft hat und ich mich entsprechend anstrenge, kann ich das auch erreichen.

Während wir uns im Westen in Teamsitzungen offen die Meinung sagen und uns kritisieren, ist das in Asien anders. Der Chef genießt dort grundsätzlich höchste Autorität. In der Arbeitsgruppe ist er der Ranghöchste, der alleine die Entscheidungen trifft und die Arbeitsergebnisse kontrolliert. Die Mitarbeiter führen ihre Arbeitsaufgaben aus, die letztliche Verantwortung trägt der Vorgesetzte. Dieser ist jedoch auf der anderen Seite auch derjenige, der für das Wohlergehen der Mitarbeiter oder für ein angenehmes Arbeitsklima in der Gruppe zuständig ist (patriarchaler Führungsstil). Eine Kritik am Chef ist undenkbar! Kollegen auf der gleichen hierarchischen Ebene darf man allenfalls indirekt maßregeln. Oft ist Kritik in dem Punkt versteckt, den man nicht lobt. Die im Westen häufig geforderte „konstruktive Kritik" käme in Asien einem sozialen GAU gleich, dem Gesichtsverlust.

Aus all dem wird offenbar: In Asien treffen wir auf die gleichen Emotionssysteme — die Dechiffrierung und Umsetzung ist aber völlig anders. Lesern, die mehr darüber erfahren möchten, empfehle ich das Buch von Dr. Hanne Seelmann „Der Asiencode — Die geheimen Spielregeln im Asiengeschäft kennen und nutzen", dieses Buch und viele weitere wichtige Anregungen finden Sie unter www.seelmann-consultants.de.

Think Limbic: Empfehlungen für den Alltag

1. Pflegen Sie die Unterschiede Ihrer Mitarbeiter

Achten Sie darauf, dass Sie einen guten Mix bei Ihren Mitarbeitern haben.

2. Machen Sie eine Team-Aufstellung

Versuchen Sie mal, Ihre Abteilung bzw. Ihre Führungsmannschaft, wie in diesem Kapitel ausgeführt, aufzustellen. Wichtig dabei ist, dass genügend Mitarbeiter eine stärkere Ausprägung bei den Wachstumskräften haben.

3. Verdeutlichen Sie Ihren Mitarbeitern und Kollegen die unterschiedlichen Sichtweisen

Unsere Persönlichkeitsstruktur bestimmt maßgeblich unsere Werte und unsere Ziele. Menschen mit einer anderen Struktur unterscheiden sich darin oft fundamental. Hier liegt oft die Ursache von Konflikten. Machen Sie Ihren Mitarbeitern klar, dass es meist kein Richtig oder Falsch gibt, sondern alle Sichtweisen ihre Berechtigung haben.

4. Sorgen Sie für den richtigen Mix an Männern und Frauen im Management

Viele Untersuchungen zeigen, dass Unternehmen mit einem höheren Anteil an Frauen im Management erfolgreicher sind. Frauen denken oft anders und differenzierter und verhindern das einseitige und holzschnittartige Testosteron-Denken.

5. Sorgen Sie für den richtigen Mix an Jung und Alt im Management

Während jüngere Mitarbeiter weniger Erfahrung haben, dafür aber oft voller Neugier und Tatendrang sind, ist es bei Älteren genau andersherum. Verknüpfen Sie Erfahrung und Tatendrang, indem Sie altersgemischte Teams bilden.

10 Limbic Culture: Was wir vom erfolgreichsten Unternehmen aller Zeiten lernen können

Was Sie in diesem Kapitel erwartet

Obwohl der Mensch von Haus aus oft Egoist ist und seine eigenen Ziele verfolgt, schaffen es manche Gruppen, Organisationen und Unternehmen, ihre Mitglieder bzw. Mitarbeiter für ein gemeinsames Ziel zu begeistern und so ungeahnte Kräfte freizusetzen. Am Beispiel des erfolgreichsten Unternehmens aller Zeiten wird deutlich, welche unbewussten, kollektiven Mechanismen Individualisten dazu veranlassen, ihre individuellen Ziele zurückzustellen, um sich mit den Zielen der Gruppe zu identifizieren.

Benchmarking heißt, von den Besten zu lernen. Es gibt Unternehmen, die mit einem einzigartigen Logistiksystem glänzen, andere dagegen produzieren die qualitativ besten Computer zu den geringsten Kosten. Doch welches ist das erfolgreichste Unternehmen sowohl heute als auch aller Zeiten? Spontan fallen uns Namen ein wie Coca-Cola, Apple, Google, Microsoft oder BMW. Doch weit gefehlt — die richtige Antwort ist: die katholische Kirche! Von keiner Organisation kann man besser lernen, wie man mit einer limbischen Unternehmenskultur Millionen von Mitarbeitern für eine gemeinsame Idee begeistert und so über eine Milliarde Kunden unterschiedlichster Kulturen und Hautfarben in den zerstreutesten Winkeln dieser Welt überzeugt und für seine Produkte gewinnt. Zunächst ein Blick auf einige Kennzahlen:

Produkt:	Gnostische, kognitive, soziale und physische Sicherheit
Kunden:	Über 1,1 Milliarden Menschen in aller Welt
Filialen:	Ca. 5 Millionen Kirchen, Klöster und andere Einrichtungen
Mitarbeiter:	Weit mehr als 10 Millionen
Umsatz:	Unbekannt
Vermögen:	Das zigfache von Microsoft
Unternehmensalter:	Ca. 2.000 Jahre

Keine andere Institution kann eine derartig lange Existenz und Geschichte, eine vergleichbare Verbreitung und eine so intensive Kundenbindung vorweisen wie eben die katholische Kirche. Genau aus diesem Grund lohnt es sich, sich näher mit dieser Institution zu beschäftigen und nach übertragbaren Erfolgsfaktoren zu suchen.

10.1 Kann man ein normales Unternehmen mit der Kirche vergleichen?

Vielleicht sagen Sie ja jetzt, alles recht und gut, aber mein Unternehmen ist doch keine Kirche oder gar eine Sekte. Oder Sie werden noch deutlicher: Bleiben Sie mir mit solchem emotionalen Kram vom Hals, wir führen unser Unternehmen nach harten Zahlen. Möglicherweise sind diese Antworten etwas vorschnell. Kann es nicht sein, dass diese Mechanismen, die Menschen aus verschiedensten Nationen, mit unterschiedlichen Hautfarben und Kulturen auf ein gemeinsames Ziel ausrichten, möglicherweise auch auf normale Unternehmen anwendbar sind?

Denn die Aufgabenstellung ist prinzipiell dieselbe, nämlich 100, 1.000 oder 100.000 individualistische Mitarbeiter stärker auf ein gemeinsames Ziel zum Nutzen des Unternehmens und dadurch auch zum Nutzen der Mitarbeiter selbst einzuschwören. Denn je stärker das gemeinsame Ziel verfolgt wird, desto mehr werden die Energien der Dominanz-Kraft nicht in inneren Kämpfen vergeudet, sondern nach außen auf den Markt gelenkt. Und je stärker die Mitarbeiter von einer gemeinsamen Idee überzeugt sind, desto stärker sind sie auch in der Lage, ihre Kunden davon zu überzeugen.

Auch dagegen kann es möglicherweise wieder einen Einwand geben. Die Mitarbeiter von heute seien beruflich wesentlich besser gebildet und viel individualistischer als früher, vor 100 oder 1.000 Jahren. Deswegen sei es gar nicht möglich, die Menschen von heute für eine gemeinsame Idee zu begeistern.

Auch dieser Einwand greift nicht. Der Mensch und seine innere Steuerung haben sich, wie wir gesehen haben, auch in den letzten 10.000 Jahren nicht verändert. Denken wir nur an die Millionen von Menschen, die jede Woche in Vereinsfarben gekleidet die Fußballstadien bevölkern, die Vorstände, die sich in ihren alten Verbindungen zum Komment versammeln oder die Mitglieder unserer politischen Parteien, die auf ihren Versammlungen umso begeisterter klatschen, je härter und direkter der politische Gegner angegriffen wird. Dabei spielt die Bildung übrigens fast keine Rolle, weil sich eine überzeugende gemeinsame Idee an die unbewussten Mechanismen in unserem limbischen System wendet.

Und wer glaubt, dass ein Unternehmen ausschließlich von „Vernunft" und „Rationalität" gesteuert wird, irrt sich gewaltig: Für ein Unternehmen gilt das Gleiche, was für ein Individuum gilt: Zu über 70 % wird es von unbewussten Kräften, von Träumen, Wünschen, Intrigen usw. beherrscht — und dieses Unbewusste eines Unternehmens ist ganz und gar limbisch!

Alle erfolgreichen Gruppen, die ihre Mitglieder für ein gemeinsames Ziel begeistern und dadurch Spitzenleistungen vollbringen, gleichgültig ob Wirtschaftsunternehmen, Sportmannschaften oder politische Parteien, basieren letztlich auf limbischen Mechanismen, die schon seit tausenden von Jahren höchst wirksam eingesetzt werden. Sie sind in diesem Sinne auch keine Erfindung der Kirche, aber aufgrund der langen Existenz der Kirche und der im Laufe dieser Zeit erfolgten Erfahrungsbildung in Bezug auf diese Mechanismen kann man sie nirgendwo so gut studieren wie eben dort.

10.2   Die richtigen Innovationen zur richtigen Zeit

Der Kirche wird ja häufig vorgeworfen, sie sei extrem konservativ und würde sich den Zeichen der Zeit verschließen. Wer so argumentiert, hat die Aufgabe und das Angebot der Kirche noch nicht verstanden. Denn: Wenn ein Produkt „Sicherheit aus der unendlichen Ewigkeit Gottes für die lange Ewigkeit nach dem Tod" heißt und wenn dieses gleiche Produkt fast unverändert in tausenden verschiedenen Kulturen der Welt angeboten wird, dann ist man gut beraten, die Produktinnovationen allenfalls im 200-Jahresrhythmus vorzunehmen. Die Kritik, die man in einigen wenigen westlichen Ländern dafür erntet, zählt wenig im Vergleich zur großen Sicherheit, die man durch diese Linientreue der großen Mehrheit seiner Kunden bietet. Nur zur Klarstellung: Die Mitgliederzahl der katholischen Kirche ist von 1980 bis 2014 um ca. 220.000 Millionen Gläubige gestiegen — Tendenz: weiter wachsend! Merke: Wer Menschen Halt und Orientierung bietet, muss sich selber treu bleiben.

Trotzdem gehört die katholische Kirche eher zu den innovativen Religionen. Ein Blick in ihre Entstehungsgeschichte zeigt nämlich durchaus eine gewisse Aufgeschlossenheit für Neues. Schließlich hat die katholische Religion viele Elemente aus anderen Religionen übernommen.

Der Grundgedanke kommt aus dem jüdischen Glauben, nach einigen hundert Jahren wurde vom persischen und babylonischen Glauben die Existenz des Teufels übernommen, vom Islam wurden die Weihrauchzeremonien adaptiert, aus dem indischen Kulturkreis kommt die Taufe. Und die „Jungfrau" Maria soll durch einen Bibelübersetzungsfehler vom hebräischen ins Griechische entstanden sein. Aus die „junge Frau gebar einen Sohn" wurde die „Jungfrau gebar einen Sohn".[25]

Doch zurück zu unserer Frage: Warum ist die katholische Kirche so erfolgreich? Die Antwort ist relativ einfach: Weil sie mit einer einleuchtenden Idee, die für die Menschen von Belang ist, und einer perfekten limbischen Unternehmenskultur über 10 Millionen Mitarbeiter in aller Welt auf ein Ziel ausrichtet. Diese innerlich zutiefst überzeugten Mitarbeiter sind es, die mit der Verbreitung dieser Idee über einer Milliarde Menschen Hoffnung, Trost und Halt spenden. Und aus dieser gemeinsamen Überzeugung entsteht die einzigartige Stärke, die dieser Institution seit über 2.000 Jahren einen festen Platz in vielen Kulturen in aller Welt sichert.

Schauen wir uns nun die Sinn-Bestandteile einer perfekten limbischen Unternehmens- bzw. Gruppenkultur, nämlich Vision, Stolz, Feind, Mission und Werte etwas genauer an. Abbildung 37 gibt uns einen ersten Überblick.

Abb. 37: Die innere Sinnstruktur erfolgreicher Gruppen

10.3   Warum schließen wir uns zu Gruppen zusammen?

Wie wir gesehen haben, gibt uns die Evolution auf, unseren eigenen Genen die besten Chancen zu geben. Das führt zunächst dazu, dass der Mensch, ob wir das wahrhaben wollen oder nicht, im Prinzip ein purer Egoist ist. Allerdings, auch das wurde mehrfach angesprochen, ist Egoismus mit scheinbar altruistischem Sozialverhalten durchaus vereinbar.[2, 25, 86, 88] Für die eigenen Gene ist es nämlich von Vorteil, sich einer Gruppe anzuschließen, weil das Leben in der Gruppe in erster Linie die Sicherheit des Individuums erhöht. Dieses nutzenorientierte Kooperationsverhalten lässt sich sogar bei unseren Lebensgründern, den Bakterien, nachweisen. Solange das Umfeld genügend Ressourcen zur Verfügung stellt, pflegen die Bakterien, genauso wie wir, einen ausgeprägten Individualismus. In dem Moment, wo z. B. Wasser und Energie knapp werden, schließen sich die Einzeller zu kleinen Gruppen zusammen.[56] Diese Kooperation bleibt genauso lange bestehen, bis wieder genügend Ressourcen vorhanden sind, und löst sich dann wieder. Daraus folgt: Wir schließen uns nur dann Gruppen an, wenn unser Nutzen, den wir mit der Gruppe erreichen können, größer ist als der, wenn wir Einzelgänger bleiben. Der größte Nutzen, den eine Gruppe bieten kann: die zeitgleiche Erfüllung aller Emotionssysteme.

10.4   Die Vision: die Kraft auf ein faszinierendes Ziel lenken

Nur wenige Fragen beschäftigen den Menschen so sehr wie seine Zukunft. Die Ungewissheit, die mit der Zukunft verbunden ist, löst Angst aus. Gleichzeitig wird aber auch der Wunsch nach Erfüllung aller Emotionssysteme als Hoffnung in die Zukunft verlagert. Erfolgreiche Gruppen oder Organisationen wissen, wie tief dieses Bedürfnis nach gnostischer Sicherheit und Hoffnung im Menschen ist, und bieten ihren Mitgliedern eine faszinierende Vision an. Eine gute Vision ist ein plastisches Bild von einer gemeinsamen wunderbaren Zukunft, in der möglichst alle Emotionssysteme erfüllt werden. Gleichzeitig wird die Angst vor der Veränderung genommen, die notwendig ist, um diesen Endzustand zu erreichen.

Soll die Vision für die Gruppe nützlich sein, dann muss der Weg zur Erfüllung der Vision mit Entbehrung und der Einhaltung von Spielregeln verbunden sein. Nur wenn man die Vision nicht automatisch erreicht, sondern etwas dafür tun muss, werden die Kräfte im Individuum geweckt und für die Gruppe nutzbar gemacht.

Aus diesem Grund steht die Vision der Kirche auch im Mittelpunkt jeder Messe: Es ist die Aussicht, nach dem Jüngsten Tag zur Rechten Gottes sitzen zu dürfen, und die Gewissheit, durch ein gottgefälliges Leben in der Gemeinschaft der Kirche einen Platz im Paradies zu bekommen. Gute Visionen öffnen das Tor zum Paradies. Schlechte Visionen dagegen basieren auf abstrakten Umsatzzahlen, die man irgendwann in der Zukunft erreichen will.

Die gemeinsame Vision, die Hoffnung auf eine bessere bzw. faszinierende Zukunft, ist das Fundament jeder starken Gruppe. Doch eine Vision muss permanent wach gehalten werden und dazu bedarf es eines charismatischen Führers.

10.5 Der charismatische Führer als treibende Kraft

Wie wir in Kapitel 4 gesehen haben, gibt es in unserem limbischen System einen Mechanismus, der uns zunächst veranlasst, einem einmal etablierten Führer fast willenlos zu folgen. Ohne diesen Mechanismus würde sich eine Gruppe durch permanente Führungskämpfe selbst schaden. Damit wird auch klar: Ohne eine starke Führungspersönlichkeit kann sich auf Dauer keine stabile Gruppe bilden.

Die Grundvoraussetzung für jede Führungspersönlichkeit ist eine hohe Dominanz-Kraft. Allerdings birgt diese immer die Gefahr einer diktatorischen und menschenverachtenden Führung. Diese Rücksichtslosigkeit und die damit verbundenen eigennützigen Ziele aktivieren aber die Dominanz-Kraft der Rivalen, die es ja in jeder Gruppe gibt. Sie lauern nur auf die Gelegenheit zum Dolchstoß.

Diese Gefahr umgeht der charismatische Führer geschickt. Auch er wird von einer hohen Dominanz-Kraft gelenkt. Wie schafft er es aber, von seinen Rivalen akzeptiert zu werden? Ganz einfach: Er stellt sich und seine Macht unter einen höheren Zweck. Er betont laufend, warum er diese Macht eigentlich gar nicht will und sie letztlich uneigennützig nur zum Wohle der gemeinsamen Idee und für die Gruppe einsetzt. Auf diese Weise wird eine gruppeninterne Beiß-Hemmung installiert: Wer ihn angreift, greift damit die gemeinsame Idee an und schadet damit der Gruppe. Charismatische Führer appellieren deshalb ständig an die gemeinsame Idee und stellen harte Forderungen auf, um die Gruppe zu mobilisieren und die Kräfte nach außen zu lenken. Dieses Grundprinzip der charismatischen Führung, nämlich Tarnung der eigenen Absichten und den „Ich-nur-für-euch-Mechanismus", lernt jeder erfolgreiche Politiker meist schon im Kindergarten, ohne natürlich die dahinter stehenden limbischen Zusammenhänge näher erklären zu können.

Die Kirche hat die Wirksamkeit dieses charismatischen „Ich-für-euch-Führungsmechanismus" bald als wirksam erkannt und als festes Prinzip installiert. Wie ein Blick in die Geschichte der Kirche zeigt, ging es ihren Führern, den Päpsten und Bischöfen, ja nicht immer nur um das Seelenheil ihrer Gläubigen. Aufgrund ihrer Dominanz-Kraft war auch für sie der Griff zur Macht immer äußerst verlockend. Wie haben sie es aber geschafft, ihre Macht zu erhalten und auszubauen? Ganz einfach: Sie haben ihren eigenen Machtdrang geschickt getarnt, indem sie sich selbst nur als „Stellvertreter Gottes mit der Aufgabe, den Willen Gottes auf Erden zu erfüllen" bezeichnet haben.

10.6 Ein starkes Feindbild schmiedet Gruppen zusammen und lenkt Kräfte nach außen

Kommen wir zum nächsten wichtigen Mechanismus, der eine Gruppe zusammenführt: Ein Blick in die Natur zeigt nämlich, dass sich Organismen verstärkt dann zu Gruppen zusammenschließen, wenn eine Bedrohung von außen zu erkennen ist. Äußere Bedrohungen aktivieren die Balance-Kraft und diese trägt uns auf, verstärkt Sicherheit in der Gruppe suchen. Erfolgreiche Gruppen nutzen diesen unbewussten Mechanismus, indem sie ein Feindbild schaffen. Damit dies auch funktioniert, unser limbisches System „denkt" ja sehr einfach, muss die Bedrohung plastisch und sehr konkret sein. Darüber hinaus muss sie bezwungen werden können, denn nur wenn diese Voraussetzung geschaffen ist, wird im Menschen der „Kampf-Mechanismus" aktiviert. Ist die Bedrohung übermächtig, tritt dagegen der „Flucht-Mechanismus" in Aktion. Auch die Kirche hat schon früh die innere Bindungskraft eines starken Feindbilds erkannt. Aus der persischen Religion wurde deshalb der „Teufel" importiert. Der Teufel ist immer und überall unter uns und auch stets gefährlich. Doch er ist besiegbar, wie der heroische und siegreiche Kampf von St. Michael gegen Beelzebub lehrt.

Ein plastischer und bezwingbarer Feind wirkt also Wunder, um den Gruppenzusammenhalt zu stärken und die inneren Kräfte zu mobilisieren. Kein Formel-1- und kein Bundesliga-Team, das gewinnen will, kommen ohne ein solches Feindbild aus!

Auch ein Beispiel aus der neueren Geschichte zeigt eindrucksvoll die Wirkung eines starken Feindbilds. Erinnern wir uns an die Zeit vor dem 11. September 2001 und das Ansehen, dass der amerikanische Präsident George W. Bush in der Öffentlichkeit genoss. Die Presse machte sich über ihn und seine Tollpatschigkeit lustig. Mit dem Anschlag auf das World Trade Center und besonders wichtig mit dem dafür verantwortlichen Osama Bin Laden änderte sich das schlagartig. Plötzlich hatte die Nation einen konkreten Feind, der wie kein anderer perfekt in die Teufelssymbolik passte. George W. Bush, der sich ähnlich wie Sylvester Stallone in Kampfuniform und Rambo-Positur zeigte, wurde zum gefeierten Helden, der die ganze Nation geschlossen zum heiligen Krieg gegen diesen neuen „Teufel" führte.

10.7 Aura & Stolz: das Gefühl der Einzigartigkeit und Überlegenheit

Die Gruppenmitglieder wissen, wohin das Ziel des gemeinsamen großen Kampfes führt (Vision) und gegen wen sie kämpfen müssen (Feindbild). Weil der Feind stark ist und das Ziel viel Kraft verlangt, brauchen sie Mut. Sie müssen überzeugt davon sein, dass sie den Kampf gewinnen (Dominanz-Kraft). In erfolgreichen Gruppen geschieht dies durch Betonung und Hervorhebung der eigenen Stärken und Einzigartigkeit (oft verbunden mit einer Herabsetzung des vermeintlichen Feinds). So entsteht in den Gruppenmitgliedern ein Gefühl des Stolzes und der Überlegenheit (Dominanz-Kraft). Darüber hinaus vergessen starke Gruppen nie zu unterstreichen, wie wichtig der Einzelne für die Erreichung des großen gemeinsamen Ziels ist, ohne allerdings das Primat der Gruppe infrage zu stellen.

Auch diesen Mechanismus hat die Kirche über Jahrhunderte perfektioniert. Zusätzlich bedient sie sich noch eines weiteren Mechanismus, um ihren Mitgliedern Kraft zu verleihen: die Heilige Kommunion. Durch die Einnahme des Leib Jesu überträgt sich seine Kraft auf die Gläubigen. Jede funktionierende Religion, jede funktionierende Gruppe nutzt diesen Mechanismus des „Auserwählten Volkes".

10.8 Die Mythen: die magischen Kräfte aus der Vergangenheit

Eine ähnliche Funktion wie die Aura hat die Pflege der Mythen. Mythen sind Geschichten aus der Vergangenheit, die insbesondere von großen Taten und Fähigkeiten des Gründers bzw. wichtiger Leitfiguren berichten. Die damit ausgelöste unbewusste Botschaft „Weil du Mitglied bist, steckt dieselbe Kraft auch in dir" stärkt den Stolz, zu einer solchen Gruppe dazuzugehören (Dominanz-Kraft). Gleichzeitig wird durch diese Geschichten an die gemeinsame Idee und an die Wichtigkeit der gemeinsamen Werte erinnert. Die Geschichten von den Heiligen und Märtyrern und die Berichte über die vielen Wunder von Jesus in der Heiligen Schrift unterstreichen, wie wichtig Mythen für den Aufbau einer starken Gruppenidentität sind.

10.9 Die Mission: die Formulierung der Aufgabe und ihrer Rechtfertigung

Vor den Preis, heißt es, haben die Götter den Schweiß gesetzt. Während in der Vision das faszinierende Ziel formuliert wird, enthält die Mission einer starken Gruppe die Anweisung, was zu tun ist, um dieses Ziel zu erreichen. Aufgabe einer Gruppe ist es ja nicht nur, den bösen Feind zu besiegen und ins Paradies zu kommen, sondern die einzigartige Idee (oder das Produkt) möglichst auf der ganzen Welt zu verbreiten und die Gruppe größer und noch mächtiger zu machen (Dominanz-Kraft). Diese Aufgabe wird als Mission formuliert. In der Missionsformulierung findet sich immer auch eine Begründung und eine moralische Rechtfertigung für dieses Tun: Denn die Ausführung der Mission ist mit Kampf gegen andere verbunden, was zu Gewissenskonflikten (kognitive Unsicherheit = Balance-Kraft) führen kann.

Die Mission der Kirche erkennen wir an der Errichtung von Klöstern und immer weiteren Dependancen, an den vielen Kreuzzügen, aber auch an der Errichtung von Missionsstationen in den entferntesten Winkeln der Welt mit dem Ziel, den katholischen Glauben in der ganzen Welt zu verbreiten.

10.10 Der Kodex: die verbindenden und verbindlichen Werte

Vision, Feindbild, Mythos, Aura und Mission bilden zusammen das, was man gemeinhin als den verbindenden „Sinn" oder in Erich Fromms Worten „die faszinierende Idee" einer Gruppe bezeichnet. Ziel einer expandierenden Gruppe ist es ja, ihre Idee (bzw. ihr Produkt) möglichst auf der ganzen Welt zu verbreiten. Doch je weiter Menschen von der „Zentrale" und ihrem charismatischen Führer entfernt sind, desto größer ist die Gefahr, dass das Autonomiestreben aufgrund der Dominanz-Kraft aktiviert wird und die Menschen sich in kleinen Schritten von der Idee und von der Gruppe lösen. Gleichzeitig gibt die große Idee zwar den gemeinsamen Weg und das Ziel vor, aber im Alltag gibt es viel zu viele Situationen, in der diese eher grobe Orientierung nicht ausreicht, um genau zu wissen, was zu tun ist und wie man sich zu verhalten hat. Starke Gruppen und Organisationen basieren deshalb immer auf einem gemeinsamen Wertesystem. Gleichzeitig vermeidet ein Wertesystem Konflikte und Unklarheiten und fördert Verhaltensweisen, die zur Erreichung der gemeinsamen Idee dienen. Solche Wertesysteme sind relativ einfach formuliert und für jeden leicht einprägsam.

Auch die Kirche und der christliche Glaube pflegen seit Jahrtausenden ein solches Wertesystem: Es sind die 10 Gebote. Gleichzeitig hat sich in der Kirche noch ein weiterer Mechanismus etabliert, der dazu beiträgt, diese Werte zu erhalten und insbesondere die wichtigsten Werte-Übermittler, die Priester, vor dem Einfluss fremder Werte zu schützen: Es ist der Zölibat. Durch diesen scheinbar anachronistischen Mechanismus bleiben Priester auf der Spur und werden nicht durch weltliche Einflüsse „unberechenbarer" Ehepartnerinnen abgelenkt.

Die verbindende Kraft aus gemeinsamem Sinn und Wertesystemen hat auch der amerikanische Soziologe Etzioni in vielen Untersuchungen bestätigt. Gruppen mit einem starken gemeinsamen Wertesystem haben wesentlich weniger innere Konflikte und sind im Inneren wesentlich kooperationsbereiter als Gruppen ohne gemeinsame Werteorientierung.[34] Wirkungsvolle Wertesysteme beinhalten übrigens auch harte Strafen bei Nichtbeachtung der gemeinsamen Spielregeln.

10.11 Die gekonnte Inszenierung der Idee: der direkte Weg ins limbische System

Die gemeinsame Idee und Spielregeln sind wichtig, sie haben aber eine kleine Schwäche: Sie werden über Sprache und Schrift vermittelt. Unser Gehirn ist aber ein sensuales Gehirn, das wesentlich stärker auf Bilder, Töne und Gerüche reagiert als auf Buchstaben und Worte. Sprachfreie Signale wie Bilder, Symbole und Rituale haben eine zehnmal höhere Kommunikationswirkung. Und weil diese Botschaften direkt auf das limbische System einwirken, erfolgt ihr Einfluss für uns oft weitgehend unbewusst. Wer sich die Mühe macht, die Dramaturgien für die nationalsozialistischen Massenveranstaltungen einmal näher anzuschauen, wird erkennen, mit welcher Perfektion über den direkten Weg des limbischen Systems eine ungeheure suggestive Massenwirkung erzeugt wurde. Und machen wir uns nichts vor: Ihre Wirkung wäre auch heute noch dieselbe!

Alle Organisationen, die eine engere Bindung ihrer Mitglieder zum Ziel haben, nutzen diese unbewussten Mechanismen. Doch keine Organisation macht das so perfekt wie die Kirche. Es würde den Rahmen sprengen, alle im „Einsatz" befindlichen Symbole und Rituale aufzuzählen und limbisch zu analysieren. Beschränken wir uns auf die wesentlichen:

- Das Kreuz-Zeichen dient als Symbol der Zugehörigkeit, aber auch der Abgrenzung nach außen (Balance-Kraft, Dominanz-Kraft).
- Taufe, Kommunion, Firmung, Priesterseminar, Priesterweihe sind Initiationsriten, die in kleinen Schritten das innere Commitment aufbauen (Balance-Kraft: Etablierung von Sicherheit gebenden, festen Denkweisen und Gewohnheiten).
- Die Pflicht jedes Priesters, jeden Tag eine heilige Messe zu lesen, sorgt für Commitment (Balance-Kraft).
- Mit der Verabreichung/Einnahme der heiligen Kommunion wird die Macht Gottes übertragen und Kraft gespendet (Dominanz-Kraft).

Darüber hinaus bedient sich die Kirche in der heiligen Messe vieler limbischer Formen der Kommunikation, denken wir an den Einsatz von Gerüchen wie Weihrauch. (Weihrauch wird übrigens aus einer Pflanzenart gewonnen, zu deren Gruppe auch Cannabis zählt.) Oder dem bewussten Einsatz von Musik und Liedern (gemeinsames Singen erzeugt inneres Commitment = Balance-Kraft) und Tönen, genauer: sehr tiefen Tönen. Jede größere Kirchenorgel verfügt nämlich über so genannte Demutspfeifen. Diese mächtigen Orgelpfeifen erzeugen niedrigfrequente, tiefe Töne, die sowohl den Kirchenraum wie auch die Gläubigen erzittern lassen. Dieser überwältigende Eindruck löst im limbischen System das „Donnerschema" aus, das die Allmacht Gottes und der Kirche unterstreicht.

Die Kirche ist deshalb zum größten, erfolgreichsten und auch einflussreichsten Unternehmen der Welt geworden, weil sie nicht nur Hoffnung, Sicherheit und Halt anbietet, sondern vor allem deshalb, weil im Laufe ihrer langen Existenz ein System entstanden ist, das sich in höchster Perfektion direkt an die Emotionssysteme sowohl ihrer Mitarbeiter als auch ihrer „Kunden" richtet.

10.12 Der Irrtum des rationalen Organisationsdenkens

Wie lassen sich diese geschilderten limbischen Mechanismen auf die Unternehmenspraxis übertragen? Sicherlich nicht in dieser perfekten Form, wie wir sie gerade bei der katholischen Kirche studieren durften. Um diese Perfektion zu erreichen, waren ja auch 2.000 Jahre Erfahrungsbildung notwendig. Ziel soll auch nicht sein, aus einem Unternehmen eine Kirche zu machen. Ziel ist es aber, ein Unternehmen zu einer schlagkräftigen Einheit zu machen, in einem Markt, der von zunehmendem Wettbewerbsdruck geprägt ist. Dieses Ziel wird weniger durch ausgefeilte Controllingsysteme erreicht, sondern weit mehr über das Herz (= limbisches System) der Mitarbeiter. Auch die „rationalen" Unternehmen, die sich einem bewussteren Kulturmanagement verweigern, haben übrigens eine Unternehmenskultur. Allerdings eine, die in der Regel gegen die Unternehmensinteressen arbeitet.

Think Limbic: Empfehlungen für den Alltag

1. Richten Sie die Kraft Ihrer Mitarbeiter nach außen! Eine starke Vision und eine überzeugende Mission helfen Ihnen dabei.

Nutzen Sie die ungeheure Kraft einer gemeinsamen und starken Idee. Lassen Sie nicht locker, diese Idee zu jedem Anlass und immer und immer wieder zu kommunizieren.

2. Führen Sie mehr über das Herz und weniger über Zahlen!

Wer allein über Zahlen führt, weckt die Kräfte seiner Mitarbeiter nicht. Zahlen sind nützlich, aber nie der Schlüssel zum Erfolg. Sprechen Sie lieber die Emotionssysteme Ihrer Mitarbeiter direkt an. Machen Sie sie stolz, etablieren Sie ein Feindbild und führen Sie mit Werten.

3. Denken Sie daran! Mythen, Symbole und Rituale haben eine tausendmal stärkere Wirkung als Worte!

Vermeiden Sie Leitbilder, die eher Leidbilder oder Light-Bilder sind, weil sie mit blässlichen und hochgestochenen Aussagen die Mitarbeiter langweilen. Denken Sie lieber darüber nach, wie Sie Ihre gemeinsame Idee limbisch inszenieren können.

4. Ein gemeinsames inneres Wertesystem erspart Ihnen tausend Handbücher!

Handbücher haben die Tendenz, ungelesen in Schubladen zu verschwinden: Ein strenges, einfaches und aus der gemeinsamen Idee abgeleitetes Wertesystem dagegen, das laufend kommuniziert wird, bleibt im Kopf und ist deshalb wirksamer. Aber: Werte kommen nicht von selbst in den Kopf — seien Sie Vorbild und nehmen Sie sich Zeit für entsprechende Workshops und Seminare mit Ihren Mitarbeitern.

5. Suchen Sie nur passende Mitarbeiter!

Achten Sie auf die Übereinstimmung Ihrer Mitarbeiterpolitik mit den Zielen und Werten Ihres Unternehmens. Bringen neue Mitarbeiter völlig andere Werte und Eigenschaften in Ihr Unternehmen ein, sind unlösbare Konflikte programmiert.

6. Haben Sie Geduld!

Der Aufbau einer limbischen Unternehmenskultur erfordert Zeit, weil Mitarbeiter eingebunden und überzeugt werden müssen.

7. Schützen Sie Ihr kostbarstes Gut!

Eine limbische Unternehmenskultur schafft einen ungeheuren Wettbewerbsvorsprung, doch ihr Aufbau dauert lange Zeit. Die Zerstörung dagegen kann sehr schnell gehen:
Insbesondere unsensible Performer schaffen dies in wenigen Monaten.

Limbic Marketing: Starke Marken entstehen im limbischen System

Was Sie in diesem Kapitel erwartet

Das limbische System entscheidet über den Erfolg oder den Misserfolg einer Werbebotschaft. Nur Botschaften, die möglichst direkt die Emotionssysteme ansprechen, haben die Chance auf einen Logenplatz im Kopf des Verbrauchers. Nach dem gleichen Prinzip erfolgt auch die Markenbildung. Marken werden nur dann zur unverwechselbaren Persönlichkeit, wenn sie eindeutig limbisch positioniert sind. Sowohl für die Werbung als auch für die Markenbildung ist es wichtig, diese unbewussten Mechanismen zu kennen und gleichzeitig geschlechts- und altersspezifische Unterschiede in der Ausprägung der Emotionssysteme zu beachten.

Der wertvollste Teil von Firmen wie Google, Coca-Cola, Apple und BMW sind nicht deren Anlagen und Produktionsstätten, sondern der Markenname und dessen weltweite Bekanntheit. In einem wachsenden Meer von immer neuen Produkten und Angeboten, die letztlich alle um die Gunst des Verbrauchers konkurrieren, lassen sich starke Marken mit Leuchttürmen vergleichen, die aus der Masse herausragen. Allein schon durch ihren hohen Bekanntheitsgrad erfüllen sie die Vorgabe der Balance-Kraft, die kognitive Sicherheit fordert. Bekannte Marken reduzieren die Komplexität, die bei der Auswahl von meist vergleichbaren Produkten entsteht. Auch aus diesem Grund wird die Bedeutung von Marken weiter zunehmen. Doch gute Marken sind nicht nur bekannt, sondern sie vermitteln durch ihre Persönlichkeit bestimmte Vorstellungen, die mit Emotionen einhergehen. Emotionen sind es aber, die uns unbewusst steuern. Diese mit der Marke verbundenen Emotionen übertragen sich auf das Markenprodukt und verstärken sowohl den Kaufanreiz als auch den Wert des Produkts für den Verbraucher selbst. Bevor wir uns nun gleich der limbischen Positionierung von Marken zuwenden, sollten wir uns zuvor kurz damit beschäftigen, wie Marken- und Werbebotschaften ihren Weg in den Kopf des Verbrauchers finden und welche Voraussetzungen gegeben sein müssen, damit sie dort einen Stammplatz erhalten. Schließlich sind der Aufbau und die Pflege einer Marke enorm kostspielig. Die ausgesendete Werbe- und Markenbotschaft konkurriert ja nicht nur mit der Botschaft des direkten Wettbewerbs, also Waschmittel nur mit Waschmitteln. Vielmehr konkurrieren Waschmittel-, Auto- und Schokoladenwerbung auch untereinander. Alle diese Werbebotschaften kämpfen um ein Ziel: einen festen Platz im Kopf des Verbrauchers. Nur: Diese Plätze sind leider extrem begrenzt.

11.1 Das limbische System entscheidet über den Erfolg einer Markenbotschaft

Darüber, wer hinein darf, wacht ein misstrauischer Türsteher: das limbische System — vor allem durch seine Balance-Kraft. Diese gibt ihm nämlich vor, möglichst wenige das Fließgleichgewicht störende Informationen hineinzulassen. So finden von den 2.000 bis 3.000 Werbebotschaften, die über Internet, Plakate, Rundfunk, TV, Verkehrsmittelwerbung, Schaufenster usw. auf uns täglich einstürmen, nur ca. 20 bis 30 den Weg ins Kurzzeitgedächtnis. In diesem werden sie einige Sekunden zwischengespeichert, bevor die meisten von ihnen dann wegen Wertlosigkeit auch diese hoffnungsvolle Vorhalle zum Langzeitgedächtnis wieder verlassen müssen. Den Weg ins ersehnte Langzeitgedächtnis dagegen können in der Regel nur 2 bis 3 Werbebotschaften antreten.

Aber welche Werbebotschaften kommen ins Kurzzeitgedächtnis, und welche kommen ins Langzeitgedächtnis? Um ins Kurzzeitgedächtnis zu kommen, muss die Werbebotschaft die Aufmerksamkeit des limbischen Systems und insbesondere des im limbischen System dafür zuständigen Gyrus Cinguli[3, 74] auf sich ziehen. Der Gyrus Cinguli ist so etwas wie ein Vorwarnsystem, das bei Unregelmäßigkeiten und Widersprüchlichkeiten in der Außenwelt in Aktion tritt.

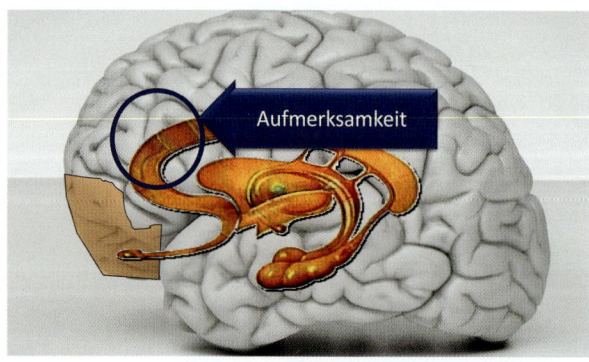

Abb. 38: Das Zentrum für Aufmerksamkeit

Um ihn zu aktivieren, muss sich die Botschaft vom Gewohnten abheben. Das ist die Aufgabe der Kreativität, nämlich die Werbe- oder Markenbotschaft neu und ungewohnt darzustellen. Die neue und ungewohnte Darstellung aktiviert aber auch gleichzeitig positiv das Stimulanz-System. Das Stimulanz-System hebt nicht nur die Laune (bei guter Laune nehmen wir Botschaften schneller und besser wahr), es ist auch unser System im Gehirn für das Lernen von Neuem. Der Effekt: Kreative Werbebotschaften können wir weit besser behalten.

Doch entgegen der landläufigen Meinung vieler Werber reicht es nicht aus, durch eine unkonventionelle Gestaltung nur den Gyrus Cinguli für sich zu gewinnen, denn er macht ja nur auf das Ungewohnte aufmerksam.

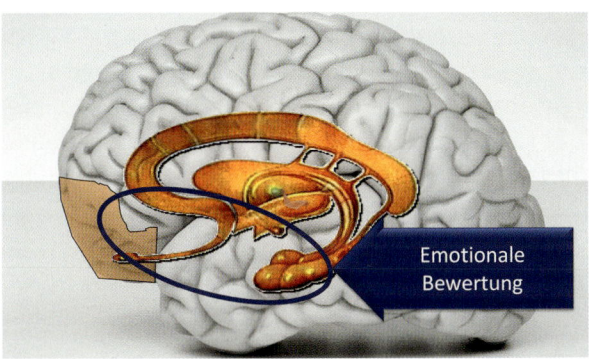

Abb. 39: Emotionale Bewertung

Die eigentliche und entscheidende Bewertung der Botschaft findet durch die graue Eminenz des limbischen Systems, durch die Amygdala, statt. Aber auch der zum limbischen System zählende orbitofrontale Cortex und andere Bereiche wie der Hippocampus oder der Nucleus accumbens sind maßgeblich an der Bewertung beteiligt. Und wie Amygdala & Co. Werbebotschaften bewerten und beurteilen, wissen wir auch. Sie fragen nämlich jede Botschaft, ob ihr Versprechen dazu beiträgt, die Emotionssysteme zu erfüllen. Die Fragen, die sie an die Botschaften stellen, sind einfacher Natur:

- Trägst du zu meiner Sicherheit/Ruhe/Stabilität bei, hast du einen Sinn? (Balance)
- Hilfst du mir, damit ich mächtiger und stärker werde als die anderen? (Dominanz)
- Bietest du oder versprichst du mir neue lustvolle Reize und Erlebnisse? (Stimulanz)

In enger Zusammenarbeit mit dem Hypothalamus wird die Werbebotschaft auch hinsichtlich ihres Beitrags zur Befriedigung der Vitalbedürfnisse, wie Sexualität, Essen und Trinken, befragt. Je nach innerer Bedürfnisspannung (Hunger/Durst/sexuelles Verlangen) erhält die Werbebotschaft zusätzlich mehr oder weniger Gewicht.

Kann die Werbebotschaft die Fragen von Amygdala & Co. positiv beantworten, wird sie über den Hippocampus im Neocortex und damit im erfolgsentscheidenden Langzeitgedächtnis abgelegt. Dieser Vorgang erfolgt für uns weitgehend unbewusst. Das einzige, was wir manchmal bewusst wahrnehmen, ist ein „Nebenbei-Interesse" für die Werbung und mitunter ein positives Gefühl. Warum wir ausgerechnet diese Botschaft näher beachtet haben, nämlich aufgrund der Emotionssysteme, bleibt uns aber verborgen. Erfolgreiche Werbebotschaften erfüllen also zwei Bedingungen: Sie aktivieren durch ungewohnte Gestaltung die Aufmerksamkeit des Gyrus Cinguli und sie versprechen dem Amygdala-Syndikat die Erfüllung der Emotionssysteme, je direkter, desto besser. Auch aus diesem Grund ist die Unterscheidung zwischen rationaler Werbung und emotionaler Werbung unsinnig: Erfolgreiche Werbung ist immer emotional, weil wir durch Gefühle gesteuert werden. Werbung, die keine limbische Kraft anspricht und deshalb keine Gefühle auslöst, ist weitgehend wirkungslos.

11.2 Die neuronalen Marken-Bauplätze im Kopf des Verbrauchers sind begrenzt

Die Wirkung dieser Werbebotschaft kann nun durch häufigere Wiederholung verstärkt werden. Wie der amerikanische Nobelpreisträger Edelmann[30] zeigte, verfestigen solche bestätigenden Erfahrungen die neuronalen Strukturen, die diese Erfahrung speichern. Aus diesem Grund ist Werbewirkung auch altersabhängig. Je älter man wird, desto fester und zahlreicher sind die bereits gebildeten Strukturen. Umso schwieriger ist es aber, auf diesem bereits eng bebauten „Hirnland" neue Strukturen zu etablieren. Aus diesem Grund gilt das Interesse der Marken- und Werbeindustrie den Kindern und der Jugend. In diesem Alter werden die entscheidenden neuronalen Strukturen für starke Marken angelegt und letztlich die „Markenrechte" im Kopf vergeben. Wer sich zu dieser Zeit seinen neuronalen „Marken-Bauplatz" im Kopf gesichert und ihn durch häufige Wiederholungen bebaut hat, kann im späteren Alter fast nicht mehr verdrängt werden. Die Erfolgsformel für starke Marken lautet also: Beginne früh, kommuniziere limbisch und wiederhole häufig.

Wie sieht es nun für Werbebotschaften mit nur schwacher emotionaler Ladung aus? Haben sie überhaupt eine Chance? Auch sie haben die Möglichkeit, in den Neocortex zu kommen. Dabei müssen wir diese Informationen nicht einmal bewusst beachten, wie das folgende Beispiel zeigt: Wir denken bei der Fahrt ins Büro an eine bevorstehende Besprechung, kommen dabei an einem Werbeschild am Straßenrand vorbei und lassen einen Bus mit Werbebemalung passieren. Würden wir hinterher gefragt werden, an was wir uns erinnern — die Werbebotschaften wären nicht dabei. Trotzdem haben sie sich, wenn sie häufig wiederholt wurden, unbemerkt einen Platz im Gehirn erschlichen, weil auch beiläufige Informationen unbewusst gespeichert werden.[70] Der Grund dafür liegt in einer Funktion des Gehirns, scheinbar neutrale, aber wiederholt auftretende „Nebenbei-Botschaften" mit „sicher" zu bewerten. Dadurch wird Stück für Stück ein Erfahrungsspeicher „mit sicheren Ereignissen" aufgebaut, der unsere Aufmerksamkeit zunehmend entlastet, weil sie sich nicht mehr um solche Dinge kümmern muss. Gegenüber Werbebotschaften, die wir tatsächlich noch nie gesehen haben, haben diese unbewusst gespeicherten Botschaften einen enormen Vorteil. Ohne dass wir wissen warum, beurteilen wir die so beworbenen Produkte als „sympathischer" als die völlig fremden Produkte und kaufen sie wesentlich häufiger.[35]

Allerdings haben aber diese unbewussten Botschaften erhebliche Nachteile gegenüber den vorher beschriebenen kreativen Botschaften mit „limbischem Inhalt". Weil sie „eingeschmuggelt" wurden, können sie nur durch Vorlage desselben Bildes (recognition) aktiviert werden. Ein bewusster Abruf durch Erinnerung ist nicht möglich. Anders verhält es sich mit limbischen Botschaften, die die Aufmerksamkeit und das Interesse des limbischen Systems direkt aktiviert haben. Sie können aktiv aus dem Gedächtnis abgerufen werden. Ihr unbewusster Einfluss auf unser Kaufverhalten ist durch die Auslösung von verhaltensbeeinflussenden Emotionen ungleich größer.

11.3   Das limbische Profil der Zielgruppe beachten

Durch diesen kleinen Ausflug ins Gehirn haben wir gesehen, wie wichtig die Beachtung und Nutzung der Emotionssysteme für die Werbung und für den Aufbau von Marken ist. Plätze in den hinteren Kopfreihen sind bei entsprechend häufiger Wiederholung für fast alle Botschaften möglich. Die Logenplätze dagegen sind aber für Werbebotschaften reserviert, die die Emotionssysteme direkt und klar ansprechen. Solche Werbebotschaften aktivieren das limbische System und lösen so „limbische Resonanz" aus. Sie sorgt für die positiven Gefühle, mit denen wir unbewusst gelenkt werden. Allerdings, und das ist für die Werbung und für die Markenpositionierung gleichermaßen wichtig, reagieren unterschiedliche Zielgruppen mit unterschiedlicher „limbischer Resonanz".

Für die „limbische Resonanz" einer Werbebotschaft ist in allererster Linie natürlich das individuelle limbische Profil des Angesprochenen maßgeblich. Menschen mit hoher Dominanz-Kraft beispielsweise reagieren verstärkt auf Werbebotschaften mit „Dominanz-Hinweisen". Daraus erklärt sich auch der große Erfolg des Autoverleihers Sixt. Mit frechen Werbesprüchen wie „Hass, Neid und Missgunst für DM 99.-" oder „Ab sofort vermietet Sixt die linke Fahrspur" hat Sixt genau die limbische

Kraft angesprochen, die für das limbische Profil der Zielgruppe Manager prägend und entscheidend ist: die Dominanz-Kraft.

Wichtig dabei ist, dass diese Dominanz-Botschaft in der für das Individuum bzw. für das Milieu der Zielgruppe relevanten Bildsprache codiert wird. Bei einem Arbeiter wird ein Dominanz-Motiv aus der Welt der Wall Street-Hochfinanz nur geringe Wirkung zeigen, weil er die spezifischen Signale und Symbole aufgrund der fehlenden Erfahrung nicht vollständig dekodieren kann. Auch nationale und kulturelle Unterschiede müssen aus gleicher Perspektive beachtet werden. Zwar sind die Emotionssysteme universell und kulturell unabhängig, die sie vermittelnden Symbole und Bilder aber häufig nicht; diese sind gelernt.

Das limbische Profil eines Individuums bestimmt also, welche Botschaften mit besonderem Interesse beachtet werden. Menschen mit hoher Stimulanz-Kraft sind für Botschaften empfänglich, die neue Erlebnisse versprechen. Menschen mit hoher Balance-Kraft nehmen verstärkt Botschaften von Produkten bzw. Marken auf, die Sicherheit, Vertrauen und Stabilität versprechen.

11.4   Wann und warum Werbung mit Sex wirkt

So individuell verschieden wir Menschen auch sein mögen, zwei relativ starken übergeordneten Einflüssen auf unser limbisches Profil unterliegen wir alle, nämlich dem Alter und dem Geschlecht.

Bei Frauen ist die Dominanz-Kraft im Durchschnitt geringer ausgeprägt als bei Männern. Zusätzlich weist die Dominanz-Kraft bei jungen Männern eine stärkere sexuelle Komponente auf, wie wir im Kapitel 4 gesehen haben. Ein Werbesujet für ein männliches Produkt mit hohem Dominanz-Aspekt, wie beispielsweise für ein schweres Motorrad, löst in Verbindung mit einer spärlich bekleideten jungen Frau beim Mann ein hohe limbische Resonanz aus. Genau diese Strategie verfolgt der Tuningteile-Händler D & W. Die Titelblätter seiner Kataloge (Abbildung 40) zieren Pin-up-Girls und im Einleitungstext wird den männlichen Käufern erklärt, warum Frauen auf solche Autos (und damit auf ihre Besitzer) abfahren. Die männliche Kernzielgruppe von D & W liegt in ihrem Alter übrigens zwischen 20 und 30 Jahren. Es ist kein Zufall, dass in diesem Zeitraum die Produktion des Sexual- und Aggressionshormons Testosteron beim Mann seinen Höhepunkt hat.[65]

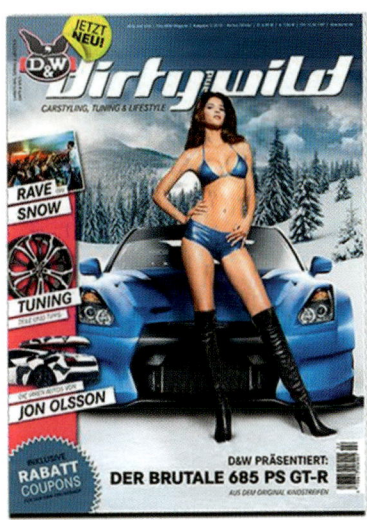

Abb. 40: Ein Titelbild des Autotuner-Katalogs D & W

Im umgekehrten Fall funktioniert dies nicht. Ein weibliches Dominanz-Produkt, wie z. B. teurer Schmuck, würde durch gleichzeitige Darbietung eines gut gebauten und spärlich bekleideten jungen Manns weit weniger Resonanz erzeugen. Auch in der Werbung für das Dominanz-Produkt Parfüm müssen die unterschiedlichen evolutionsbiologischen Sexualrollen beachtet werden. Da Parfüm prinzipiell ein Sexual-Lockstoff ist, muss die Werbung für männliches Parfüm die einfache sexuelle Eroberung der Frau versprechen und suggerieren, dass damit letztlich die Chance für einen Geschlechtsverkehr mit vielen Frauen zunimmt (Eroberungsprinzip). Die Werbung für ein weibliches Parfüm dagegen wirkt dann, wenn eine lustbetont-prickelnde, aber harmonische, einfühlsame Paarbeziehung versprochen wird (Sicherungsprinzip) und wenn eine höhere Attraktivität und Anziehungskraft suggeriert wird.

Damit wird ein zweiter wichtiger Geschlechtsunterschied deutlich: Bei Frauen ist die Balance-Kraft — insbesondere Bindung & Fürsorge — wesentlich ausgeprägter: Sie suchen stärker nach Harmonie und Geborgenheit und sind auch ängstlicher. Aus diesem Grund werden Wohn- und Einrichtungszeitschriften überwiegend von Frauen gekauft und gelesen.

11.5 Starke Marken sind limbisch positioniert

Nach der Beschäftigung mit der neuronalen Verarbeitung von Werbebotschaften betrachten wir nun die dahinter stehenden Marken etwas genauer aus der limbischen Perspektive. Wie eingangs skizziert, leitet eine Marke ihre Kraft insbesondere aus ihrer prägnanten Markenpersönlichkeit ab. Die Markenpersönlichkeit definiert sich durch ein Bündel von erstrebenswerten Charaktereigenschaften, die in uns positive Gefühle auslösen. Welche Eigenschaften lösen aber Gefühle in uns aus? In der Tat nur solche, die die Emotionssysteme ansprechen. Und ähnlich wie sich auch Menschen durch ihre individuelle Ausprägung der Emotionssysteme charakterisieren lassen, wir haben dies in Kapitel 7 näher beleuchtet, definieren sich letztlich auch starke Markenpersönlichkeiten durch ihr individuelles limbisches Marken-Profil. Oder um es in der Fachsprache auszudrücken: Starke Marken haben immer eine limbische Positionierung. Eine Marke, die keine limbische Kraft anspricht, kann aus diesem Grunde auch keine starke Markenpersönlichkeit aufbauen: Sie bleibt schwach und blass.

Zusätzlich gilt auch für die Markenpersönlichkeit der oben beschriebene Zusammenhang: Je mehr das limbische Markenprofil mit dem limbischen Profil des Konsumenten oder der Zielgruppe übereinstimmt, desto höher ist die limbische Resonanz und die damit empfundene Sympathie für die Marke.

Zur Positionierung von Marken nutzen wir die Limbic Map, die wir ja bereits kennen gelernt haben.

11.6 Das limbische Marken-Profil von Automobil-Marken

Betrachten wir zunächst den Automobilmarkt, genauer einige bekannte Automobil-Marken. Aus der limbischen Perspektive werden wir schnell feststellen, dass sie sich auf der Limbic Map erstaunlich gut eingerichtet haben (Abbildung 41). Ein Automobil-Markenprofil entsteht durch eine Vielzahl von Botschaften und Kommunikationsformen wie Werbung, PR, Sponsoring, dem Produkt selbst sowie der Gestaltung der Autohäuser usw. In den Zentralen wird deshalb durch eine strenge Corporate-Identity-Politik darauf geachtet, dass alles die gleiche unsichtbare Sprache spricht. Mittelpunkt und genetischer Code für alle Markenaktivitäten ist in der Regel das Markenemblem und — viel wichtiger — der Slogan, der knapp und präzise die Essenz der Markenpersönlichkeit ausdrückt. Diese Slogans und die damit zusammenhängende limbische Positionierung der Marken schauen wir uns deshalb näher an.

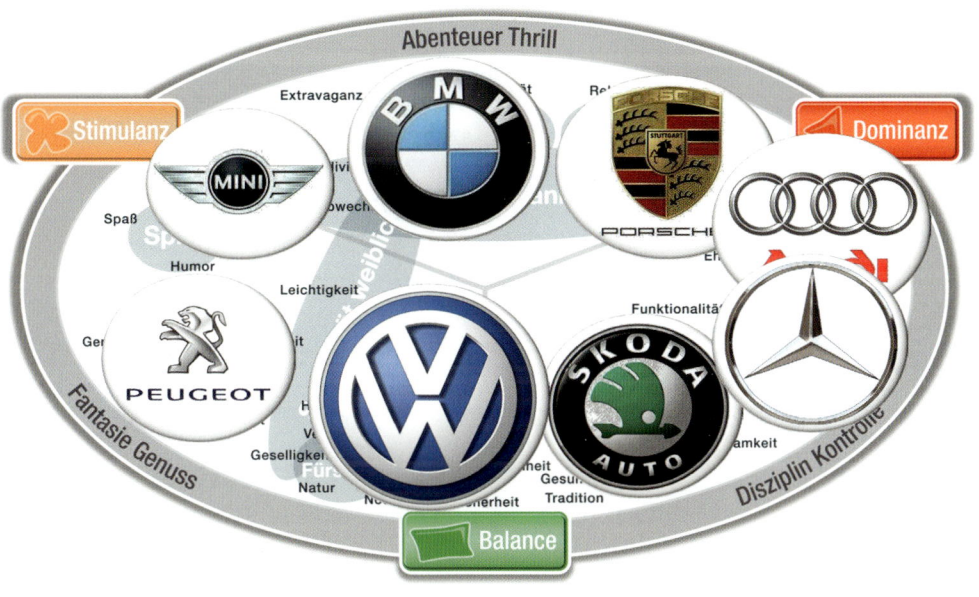

Abb. 41: Wo Automarken im Emotionsraum sitzen

Audi: die klare Dominanz-Position

Beginnen wir bei A wie Audi. Audi tritt heute mit den vier silbernen Ringen der ehemaligen Auto-Union als Markenemblem und dem Slogan „Vorsprung durch Technik" an. Diesen Slogan analysieren wir etwas genauer: „Vorsprung" signalisiert „Ich bin dir voraus". Dadurch wird eindeutig die Dominanz-Kraft angesprochen. „Durch Technik" heißt so viel wie „gut durchdacht", was Kontrolle und Leistung vermittelt. „Durch Technik" assoziiert aber auch „Innovation" und spricht damit auch die Stimulanz-Kraft etwas an. Der Markenkern liegt ganz eindeutig auf der Dominanz-Achse, strahlt aber sowohl auf die Stimulanz-Achse wie auch auf die Balance-Achse aus.

Bei welchem Typ erzeugt dieses Profil die höchste limbische Resonanz? Audi-Fahrer haben im Durchschnitt eine höhere Dominanz-Ausprägung und eine mittlere Balance- und Stimulanz-Ausprägung.

BMW: die Marke der Entdecker

Nun zu BMW und zum Markenslogan: „Freude am Fahren". „Freude" spricht eindeutig die Stimulanz-Kraft an, „am Fahren" bedeutet freie Bewegung und damit Autonomie, was eindeutig auf die Dominanz-Achse abzielt. Der Markenkern liegt demnach klar zwischen Dominanz und Stimulanz. Während aber Audi verstärkt den geradlinigeren „Performer" anspricht, wendet sich BMW eindeutig stärker an den risikofreudigeren, genussorientierten „Entdecker". Die limbische BMW-Mischung „Stimulanz/Dominanz" ist die gleiche wie die, die auch risikobetontere Sportarten kennzeichnet.

Mercedes: die Angst vor der Fahrer-Gerontokratie

Nun zu Mercedes-Benz mit dem bekannten Stern. Beginnen wir mit dem alten noch in vielen Köpfen verankerten Slogan: „Ihr guter Stern auf allen Straßen". Bei diesem Slogan steht eindeutig Schutz und Sicherheit im Vordergrund (Balance-Kraft). Zusätzlich selektierten das Hochpreis-Image und die entsprechenden Produkte von vornherein begüterte und erfolgreiche Männer. Da der Sicherheitsanspruch mit dem Alter, wie wir gesehen haben, stark ansteigt, wird klar, wie der Typ mit der höchsten limbischen Resonanz aussah: ein Mann mit hoher Dominanz-Kraft, hoher Balance-Kraft und extrem geringer Stimulanz-Kraft. Sein Alter: ca. 50 bis 60 Jahre.

Damit wird das limbische Problem deutlich, das Mercedes mit dieser Positionierung hatte. Die Marke war im Begriff, alt und langweilig zu werden. Für die Ausdehnung der Fahrzeugpalette und für die Erschließung neuer Marktsegmente, wie z. B. Roadster oder Smart, ist dieses „Alters-Image" aber schädlich. Junge Zielgruppen, die diese Autos kaufen sollen, werden davon unbewusst abgeschreckt, weil die Stimulanz-Kraft, die Spaß- und Risikolust signalisiert, im Markencharakter vollständig fehlt. Vor diesem Hintergrund ist die vor einigen Jahren eingeleitete Imageveränderung mit dem neuen Slogan „Das Beste oder nichts" zu sehen. Damit wird die Marke aus der starken Balance-Bindung befreit und nach oben in die Dominanz-Ecke gehievt. Verbunden damit sind auch eine innovative Modell-Palette und eine neue innovative Design-Sprache.

Franzosen und Italiener: Genussfahrzeuge

Eng verbunden mit dem allgemeinen Italien- oder Frankreich-Image ist das Marken-Image z. B. von Fiat, Peugeot, Renault oder Citroën. Sie liegen eindeutig im Bereich Genuss & Offenheit auf der Limbic Map. Diese emotionale Position wird auch durch ein kreatives Fahrzeug-Design unterstrichen. Ein kleines Problem ist damit allerdings verbunden: Der Wert „Zuverlässigkeit" liegt auf der anderen Seite der Limbic Map. Deswegen haben diese Marken zumindest in Deutschland den Ruf, nicht zuverlässig = reparaturanfällig zu sein.

Welches limbische Persönlichkeitsprofil wird von diesen Marken erreicht? Während insbesondere Audi und Mercedes eine deutliche männliche Komponente haben, sind die französischen und italienischen Marken auch für Frauen attraktiv. Der limbische Typ, der von ihnen angesprochen wird, hat eine höhere Ausprägung im Stimulanz-Bereich, aber auch im Balance-/Harmonie-Bereich.

Volkswagen: das Auto

Der Name ist Programm: das Auto für das ganze Volk. Damit liegt die Marke im Balance-Bereich, geht allerdings hoch bis in die Mitte der Limbic Map. Während Audi und BMW durch ihre Dominanz-Positionierung ein hohes Statusversprechen haben, fehlt dies bei Volkswagen vollständig. Das ist auch der Grund, warum der Phaeton in Deutschland nicht sonderlich erfolgreich ist. Die Technik des Autos ist hervorragend (ein großer Teil der Phaeton-Komponenten wird auch bei der VW-Konzernmarke Bentley eingesetzt), aber unter „Volkswagen" lässt sich kein Status-Image etablieren. In China sieht das übrigens ganz anders aus. Dort hat die Marke Volkswagen eine völlig andere Lerngeschichte als in Deutschland. Deutsche Autos sind per se mit Status verbunden — aus diesem Grund verkauft sich der Phaeton dort weit besser. Bleiben wir im Volkswagen-Konzern, denn hier können wir studieren, wie man emotionale Marken-Images intelligent nutzt. Wie wir wissen, versucht der Konzern möglichst viele Fahrzeugkomponenten zu vereinheitlichen. Im Design und in der Kommunikation werden die Marken aber höchst unterschiedlich emotional positioniert. Die Marke Skoda z. B. ist die sparsamere, „vernünftigere" Alternative zur Marke Volkswagen. Sie sitzt deshalb im Bereich „Disziplin & Kontrolle". Porsche und Lamborghini dagegen liegen oben auf der Limbic Map: Dominanz = Testosteron pur. Während Porsche und Lamborghini sehr spitz im Dominanz-Bereich angesiedelt sind, ist die Marke Volkswagen sehr viel breiter als Massenmarke angelegt. Innerhalb der Marke Volkswagen werden durch verschiedene Modellreihen unterschiedliche Emotionsfelder besetzt. Der Beetle ist für das Stimulanz-System, der Touareg ist im Abenteuer-Feld, der Passat im Balance-Bereich und der Golf im Harmonie-Bereich angesiedelt. Aber auch innerhalb der Modellreihen werden unterschiedliche Emotionsfelder anvisiert. Der Golf R mit 300 PS spricht andere Zielgruppen an als der Familien-Golf mit 85 PS.

11.7   Es geht auch mit Bier

Starke Marken haben eine klare und eindeutige Position auf der Limbic Map. Schauen wir mal, ob das mit Biermarken auch geht. Die erfolgreichsten und bekanntesten Biermarken in Deutschland sind Krombacher, Beck's und Radeberger. Alles sind Pils-Biere und sind, wenn man Konsumenten die Augen verbindet und die Biere verkosten lässt, von ihnen im Geschmack fast nicht zu unterscheiden.

Trotzdem drücken sie im limbischen System auf völlig unterschiedliche emotionale Kaufknöpfe. Während Beck's Bier im Abenteuer-/Stimulanz-Bereich auf der Limbic Map verortet ist, liegt Krombacher im Balance- / Harmonie-Bereich und Radeberger im Dominanz-/Balance-Bereich. Unsere Untersuchungen zeigen, dass sich die Käufer dieser Marken erheblich unterscheiden. Krombacher-Käufer haben eine überdurchschnittlich hohe Ausprägung im Balance-/Harmonie-Bereich; Beck's Käufer dagegen sind überdurchschnittlich stark im Stimulanz-Bereich.

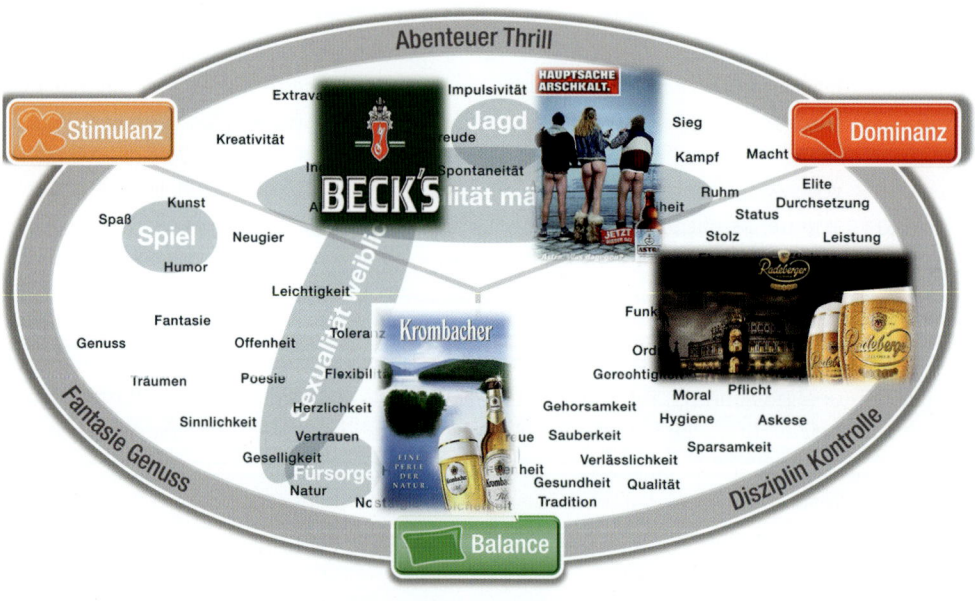

Abb. 42: Wo Biermarken im Emotionsraum sitzen

Bleiben wir noch etwas oben auf der Limbic Map und gleichzeitig auf der Deutschlandkarte, nämlich in Hamburg. Hier sorgt der oft provokante Auftritt von Astra-Bier für Diskussionen. Mit Sprüchen wie „Hauptsache arschkalt" und „Her mit den geilen Schnallen" trifft man nicht unbedingt den Geschmack der Mitglieder des piekfeinen Hamburger Übersee-Clubs. Die will man aber auch gar nicht als Kunden. Zielgruppe von Astra sind Männer mit extrem hohem Testosteron- und Dopaminspiegel im Gehirn — nämlich im Alter von 16 bis 30 Jahren. Das ist zwar im Verhältnis zur Gesamtbevölkerung eine relativ kleine, aber eine höchst trinkfreudige und alkoholaffine Zielgruppe. Für sie bedeutet Bier „sexuelle Enthemmung", „Freiheit" und „Rebellion" . Das Dopamin-System, ebenfalls stark bei Jugendlichen ausgeprägt, ist auch das Sucht- und Belohnungszentrum im Gehirn. Sucht ist ja nichts anderes als die krankhafte Suche nach Belohnung, und die wird von Alkohol in hohem Maße bedient.

Junge Männer sind die ideale Zielgruppe für alle Marken mit suchtnahen Ingredienzien. Das hatte vor vielen Jahren auch schon Jägermeister erkannt. Während Jägermeister früher als Magenbitter und damit als „Gesundheitselexier" (Balance) von meist älteren Männern getrunken wurde — hat das Unternehmen Mast-Jägermeister seine Marke konsequent vom Balance-Bereich in ungefähr die gleiche Position wie Astra verschoben.

Think Limbic: Empfehlungen für den Alltag

1. Eruieren Sie zuerst das limbische Profil Ihrer Zielgruppe!

Bevor Sie mit Ihrer Werbung starten: Überlegen Sie sich vorher genau, welche Zielgruppe Sie ansprechen wollen und welches limbische Profil für diese Gruppe kennzeichnend ist.

2. Positionieren Sie Ihre Marke limbisch!

Definieren und formulieren Sie eine limbische Positionierung für Ihre Marke. Sollte dies nicht gelingen, fehlt Ihrer Marke noch die innere Kraft.

3. Denken Sie daran: Aufmerksamkeit allein ist erst der halbe Weg zum Werbeerfolg!

Erfolgreiche Werbung basiert auf zwei neurobiologischen Mechanismen: Schaffen Sie zunächst Aufmerksamkeit für Ihre Botschaft durch eine unkonventionelle Gestaltung. Achten Sie darüber hinaus darauf, dass die Amygdala durch eine positive und klare Ansprache der Emotionssysteme, und zwar zielgruppengerecht, überzeugt wird.

4. Haben Sie keine Angst vor einer klaren, direkten Sprache und einfachen Bildern!

Je klarer und direkter die drei Emotionssysteme angesprochen werden, umso größer ist der Werbeerfolg. Hüten Sie sich vor Abstraktionen, die mühsam entschlüsselt werden müssen.

5. Je früher Sie die Plätze im Kopf besetzen, desto besser!

Je älter der Mensch wird, desto schwieriger und teurer wird es, durch Werbung in seinem Kopf Spuren zu hinterlassen. Warten Sie deshalb nicht, bis es zu spät ist: Wenden Sie sich an die Jugend!

6. Achten Sie auf die Konstanz und „Selbstähnlichkeit" Ihrer Marke

Jede Marke ist eine Persönlichkeit, zu der man in vielen kleinen Schritten Vertrauen und Sympathie aufbaut. Dieser Prozess wird erschwert bzw. verhindert, wenn sich die Marken-Persönlichkeit ständig in ihrem Charakter verändert und sich wie eine Fahne im Wind jedem modischen Zeitgeist anpasst. Aus diesem Grund sollte auch die ästhetische Ebene der Kommunikation (Bildsprache, Typografie, Sprachstil) stimmig zur Markenpersönlichkeit sein und über viele Jahre beibehalten werden.

12 Limbic Products: die limbische Botschaft erfolgreicher Produkte

Was Sie in diesem Kapitel erwartet

Die direkten Reize, die über die Augen, die Ohren, die Nase, die Finger und über die Haut auf uns einwirken, sind um ein Vielfaches stärker als die abstrakte Sprache. Gleichzeitig wirken sie meist unbewusst direkt auf unser limbisches System ein. Dies gilt es bei der Produktgestaltung zu beachten, denn jedes Produkt vermittelt durch sein Design, seinen Geruch und seine Geräusche immer eine unbewusste limbische Botschaft. Erfolgreiche Produkte überlassen diese nicht dem Zufall, sondern sprechen damit genau und gezielt die Emotionssysteme ihrer Wunsch-Zielgruppe an.

Im vorhergehenden Kapitel haben wir gesehen, dass Werbung und Marken dann erfolgreich sind, wenn sie direkt die Emotionssysteme ansprechen. Gilt diese Erkenntnis gleichermaßen auch für das beworbene Produkt selbst? Oder gelten hier möglicherweise andere Gesetze? Eine klare Antwort auf diese Frage liefert die Erkenntnis des bekannten österreichischen Psychotherapeuten Paul Watzlawick. Er formulierte: „Man kann nicht nicht kommunizieren". Und selbstverständlich gilt diese Regel auch für jedes Produkt: das Packungs- und Produktdesign, die Anmutung, der Geruch, das Geräusch, die tastbare Oberfläche und das Gewicht — alles ist eine limbische Botschaft. Und diese Botschaften wirken um ein Vielfaches stärker und direkter auf unser limbisches System als ein Wort, weil sie nicht wie Worte übersetzt und decodiert werden müssen, sondern direkt das limbische System aktivieren.

Erfolgreiche Hersteller wenden sehr viel Geld dafür auf, diese limbischen Produktbotschaften zielgruppengerecht zu gestalten. Auch hier gilt: möglichst hohe Übereinstimmung zwischen dem limbischen Profil des Käufers und den limbischen Kernbotschaften, die vom Produkt ausgehen. Die limbischen Kernbotschaften sind übrigens jene, die das Produkt von seinen Wettbewerbern der gleichen Produktklasse abheben sollen. Dabei spielt es keine Rolle, ob es sich um einen einfachen Schokoriegel, einen Staubsauger, eine Bohrmaschine oder um einen exklusiven Sportwagen handelt.

12.1 Verpackungen – der schöne Schein

Bis wir das ersehnte Erzeugnis in den Händen halten, dauert es aber noch ein wenig, denn der Weg zum eigentlichen Produkt führt meist über eine Verpackung. Verpackungen haben eine funktionelle Aufgabe — nämlich die Ware zu schützen, transportierbar zu machen und die gesetzlich vorgeschriebene Produktinformation zu vermitteln. Dafür würde in der Regel eine feste Tüte oder ein einfacher Karton genügen. Nur: So sehen die wenigsten Verpackungen aus.

Warum geben Hersteller immens viel Geld für die Gestaltung und die Produktion von hochwertigen Verpackungen aus, wenn es doch auch billiger ginge? Die Antwort: Weil Verpackungen unsere Kaufentscheidungen erheblich beeinflussen, indem sie Produkte für uns unbewusst wertvoller machen, als sie es eigentlich sind. Häufig sogar sind die Verpackungen teurer als das Produkt!

12.1.1 Der erste Eindruck zählt

Nehmen wir einmal an, Sie wären auf eine Party oder ein Fest eingeladen, wo Sie weder die Gastgeber noch die Gäste kennen würden. Diese wären aber wichtig für Sie, weil Sie Ihnen beruflich den Weg nach oben öffnen können. Wie würden Sie sich anziehen? Würden Sie in der Kleidung kommen, die Sie jeden Tag zu Hause tragen, oder würden Sie schauen, was Ihr Schrank an schönen und attraktiven Kleidungsstücken hergibt? Ich nehme an, Letzteres wäre der Fall.

Wenn wir zum ersten Mal mit Fremden zusammentreffen, dann wissen wir eines genau: Der erste Eindruck zählt doppelt und dreifach. Bei Produkten ist das nicht anders. Genau wie wir auf der Party mit unserer Kleidung, möchten Produkte im Supermarktregal mit ihrer Verpackung Aufmerksamkeit erregen und einen guten ersten Eindruck machen. Nur wenn es gelingt, unser Interesse zu wecken und uns eine emotionale Belohnung durch den Produktkauf in Aussicht zu stellen, werden wir die Packung in die Hand nehmen und uns näher mit dem Produkt beschäftigen. Das geschieht zunächst durch eine emotionale Bilddarstellung. Sie verspricht den allerfeinsten Kaffeegenuss. Wie funktioniert das? Gezeigt wird nicht der Kaffee, sondern die dampfende Tasse mit einer herrlichen Crema. Allein bei diesem Anblick jubelt das limbische System und das gibt dem Bewusstsein den Befehl, diese Kaffeebelohnung sofort in den Einkaufswagen zu packen.

12.1.2 Was uns das Gewicht suggeriert

Auch das Gewicht einer Verpackung hat unbewusst große Auswirkungen auf unsere Kaufentscheidung. Mit dem Gewicht spielen Hersteller ganz bewusst. Wenn Hersteller wollen, dass wir das Produkt als exklusiv erleben, dann wird die Packung schwerer gemacht. Besonders gut eignet sich dazu Glas. Warum wird Parfüm grundsätzlich in schweren Glasflaschen angeboten? Richtig: Weil das Produkt so um vieles wertvoller wirkt. Durch die dicken Glaswände wirkt die Verpackung zudem größer und signalisiert mehr Volumen. Leert man den Inhalt aus, wundert man sich aber, wie wenig tatsächlich drin war. Das Spiel mit dem Gewicht erfolgt aber auch in die andere Richtung — Hersteller machen die Packung ganz leicht. Warum? Weil mit dem leichten Gewicht unbewusst eine andere Eigenschaft des Produktes suggeriert werden soll, z. B., dass das Produkt fast keine Kalorien hat. Denken wir dabei an Raffaelo. Die Verpackung ist federleicht — und die verführerischen Kugeln auch. Schaut man aber, wie viele Kalorien in den Kugeln pro 100 Gramm enthalten sind, ist es mit der Leichtigkeit vorbei — genauso viel, wie bei jeder anderen Schokolade auch!

12.1.3 Die versteckte Botschaft der Oberfläche

Nicht nur das Gewicht beeinflusst unser Preis- oder Qualitätsempfinden, auch die Oberfläche der Verpackung ist ein wichtiges Wert-Signal für unser Gehirn. Ein glatter, dünner Glanzkarton wirkt funktional und eher billig — anders ist es, wenn der Karton dicker und beispielsweise mit feinen Rillen auf der Oberfläche durchzogen ist. Je mehr die Fingerspitzen zu tasten und zu greifen haben, desto wertvoller wirkt das Produkt. Diese Effekte werden oft auch durch Prägung und besondere Druckeffekte hervorgerufen. Ein schönes Beispiel ist dafür die Verpackung der Toblerone-Schokolade. Fahren Sie mal mit Ihren Fingern darüber — die Verpackung ist nicht glatt, sondern bietet auch Ihren Fingerspitzen ein Erlebnis.

12.1.4 Die versteckte Botschaft der Form

Toblerone ist übrigens nicht nur ein gutes Beispiel für die unbewusste Beeinflussung durch Oberflächen, sondern auch durch die Packungsform. Während herkömmliche Schokoladen als Tafeln verkauft werden, gibt es Toblerone nur in Form der typischen Dreieckspackung. Diese Verpackungsform hebt sich zum einen vom gleichförmigen Allerlei der restlichen Schokolade ab und sie symbolisiert gleichzeitig die Schweizer Herkunft und das Matterhorn. Zum anderen aber sorgt sie von der Öffnung bis zum typischen Abbrechen der Schokolade für ein einzigartiges Nutzungserlebnis.

Verpackungsformen werden auch dazu genutzt, Produkteigenschaften, für die der Konsument gerne mehr bezahlt, unbewusst zu verdeutlichen. Eine Parfümflasche in Kugelform verspricht Harmonie und Geborgenheit, eine mit Ecken und Kanten und ohne Symmetrie Spannung und prickelnde Erotik.

Verpackungen aktivieren oft auch tief verborgene Assoziationswelten. Ein besonders schönes Beispiel ist die Verpackung der Wrigley's Extra Professional-Kaugummis mit seinen runden Kaugummi-Boxen. Diese Kaugummis kombinieren frischen Geschmack mit medizinischem Zusatznutzen, nämlich sauberen und gesunden Zähnen. Genau dieser medizinische Anspruch wird unbewusst durch die Packungsform signalisiert. Sie sieht aus wie eine medizinische Pillenflasche.

12.1.5 Die versteckte Botschaft des Geräuschs

Mit Methoden der Hirnforschung hat man einmal untersucht, wann für einen Konsumenten im Gehirn die größte Freude beim Konsum eines Fruchtjoghurts entsteht. Man war überrascht, dass dies nicht beim ersten Löffel im Mund geschah, sondern genau in dem Moment, als die Versuchspersonen den Deckel des Joghurtbechers abzogen. Offensichtlich ist dies der entscheidende Moment der Lust. Professionelle Hersteller achten auch darauf bei der Packungsentwicklung und inszenieren diesen entscheidenden Lustmoment.

Das Öffnen der Ritter Sport Schokolade erfolgt durch den Bruch der Verpackung und der Tafel in der Mitte   verbunden mit einem deutlichen Knack-Geräusch. Ein weiteres schönes Beispiel für die akustische Inszenierung dieses Lustmoments liefert die Verpackung des Schweizer Bonbon-Herstellers Ricola. Wird die Klappe der Bonbon-Schachtel geöffnet, hört der Konsument ein leichtes „Klick". Dieses Geräusch wurde bei der Verpackungsentwicklung bewusst eingebaut. Und ähnlich wie beim pawlowschen Hund, dem beim Glockenton das Wasser in der Schnauze zusammenlief, aktiviert dieses „Klick" nicht nur das Lustzentrum im Gehirn, sondern auch die Speicheldrüsen im Mund.

12.2 Warum wir gerne Illusionen kaufen

Kommen wir nun zum eigentlichen Produkt. Warum kaufen wir überhaupt? Die erworbenen Gegenstände helfen uns, unsere Wünsche zu befriedigen und unsere Ziele zu erreichen. Diese Ziele und Wünsche sind uns selbst nur teilweise bewusst und dahinter stehen immer unsere Emotionssysteme. Mit einem Putzmittel versuchen wir Ordnung und Sauberkeit ins Haus zu bekommen, der Treiber ist unser Balance-System. Kaufen wir uns ein TV-Gerät oder einen MP3-Player, dann ist das Stimulanz-System daran schuld. Eine Bohrmaschine schließlich erhöht unsere Effizienz und Leistung und dieser Wunsch kommt aus dem Dominanz-System. Produkte haben also einen Grundnutzen, für den wir bereit sind, Geld zu bezahlen. Neben diesem Grundnutzen versprechen viele Produkte aber zusätzlich die Erfüllung von Sehnsüchten und Träumen. Das sind emotionale Erlebniswelten, die ebenfalls in unserem Gehirn gespeichert sind.

Begleiten Sie mich einfach einmal zum riesigen Shampoo-Regal eines Drogerie-Marktes. Da ist beispielsweise das Wellness-Shampoo, das Ihnen verspricht, dass Sie völlig entspannt aus Ihrer Dusche steigen, und schon taucht in Ihrem Bewusstsein die Erinnerung an Ihren letzten Spa-Besuch auf. Daneben steht ein Produkt, welches mit einem Anti-Aging-Versprechen ausgestattet ist. Ihre Dusche, so die Illusion, verwandelt sich in einen Jungbrunnen. Und natürlich gibt es auch Fitness- und Energizing Shampoos, die Kraft und Vitalität versprechen. In diesen Erlebniskategorien finden wir auch Shampoos mit Regenwald-Frische oder einem Ayurveda-Gesundheitsversprechen. Die Inszenierung dieser Illusionen beginnt bei der Konsistenz und Farbe der Creme-Flüssigkeit. Das Energizing-Shampoo ist durchsichtig und rot, das Ayurveda-Shampoo ist milchig. Dann kommt der Geruch: Gerüche haben eine ungeheure Wirkung auf unsere Emotionssysteme. Besonders wichtig ist die Verpackung — die Shampoo-Flasche. Das männliche Energizing Shampoo erhalten wir in einer schwarzen Flasche mit Noppen, die aussieht wie ein Pistolengriff, während das Anti-Aging-Shampoo medizinisch-puristisch gestaltet ist. Diese Illusionsstrategien finden wir in allen Konsumbereichen: Pizzas, die uns das Erlebnis einer italienischen Dorfkneipe versprechen, oder die H-Milch, die uns direkt auf die Weide von Alpenkühen führt.

12.3 Nomen est Omen: Was Produktnamen auslösen

Zur perfekten Produktinszenierung gehört auch die Namensgebung für das Produkt. Der Name ist die Visitenkarte des Produktes, und oft kommt der Konsument zum ersten Mal über den Namen mit dem Produkt in Kontakt. In Deutschland gibt es inzwischen eine Reihe von Agenturen, die sich einzig und allein auf Namensfindung spezialisiert haben. Meist sind diese Namen künstliche Namen ohne jegliche konkrete Bedeutung. Eine wichtige Bedeutung haben sie allerdings — eine emotionale. Die künstlichen Kunstnamen werden so gewählt, dass sie direkt die Kerngefühle des Produktversprechens auslösen. Die folgenden Beispiele machen dies deutlich. Schließen Sie die Augen und sprechen Sie innerlich langsam die Produktnamen: Dove, Softlan und Balea. Welches Gefühl empfinden Sie dabei? Das Gefühl der Weichheit, der Harmonie und der sanften Pflege. Nun machen wir dieselbe Übung mit zwei anderen Produktnamen: Tuc und Crunchips. Was empfinden Sie jetzt? Ein hartes Knacken.

12.4 Produkt-Tuning: den Sinnen schmeicheln

Unsere unbewusste Beeinflussung geht über alle Sinne. Kein Wunder, dass auch die Produkte selbst mit allen Mitteln „aufgehübscht" werden.

12.4.1 Farben

Beginnen wir mit den Farben. Farben haben für uns eine hohe emotionale Bedeutung. Diese Bedeutung ist in verschiedenen Kulturkreisen unterschiedlich, wir werden uns hier nur mit dem mitteleuropäischen Farbcode beschäftigen. Abbildung 43 zeigt, welche Emotionen wir in unserem Kulturkreis in der Regel mit bestimmten Farben verbinden.

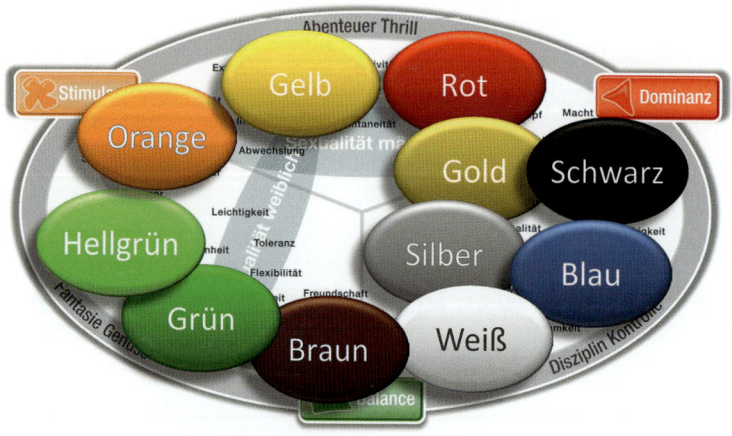

Abb. 43: Die emotionale Heimat von Farben

Wenn man diese Zusammenhänge kennt und auf die Alltagsprodukte schaut, wird klar, warum Zahnpasten weiß / blau, Zahngels und Mundwasser blau, Bio-Spülmittel grün und Energizer-Shampoos rot sind. Die Farbe unterstreicht und verstärkt unbewusst das Wirkungsversprechen.

12.4.2 Geruch

Gerüche sind emotionale Botschaften, die im Unterschied zum Hören und Sehen direkt und meist unbewusst auf das limbische System einwirken. So signalisiert in Haushaltsreinigern der eine Duft „Frische" und „Reinigungskraft", in einem Familienshampoo dagegen ein anderer „sanfte Pflege". Auch Düfte werden dem eigentlichen Produkt künstlich beigemischt und beeinflussen unsere Produktwahrnehmung. In einem Versuch wurden Toilettenpapierrollen, die in ihrer Stoffzusammensetzung und Produktqualität identisch waren, unterschiedlich behandelt. Ein Teil der Papierrollen wurde mit einem kaum wahrnehmbaren frischen, sanften Geruch versehen, der andere Teil blieb unbehandelt. Das Ergebnis des Tests: In 65 % aller Fälle zogen die Versuchspersonen die geruchsveredelten Rollen den unbehandelten vor. Und: Nur wenige Versuchspersonen (15 %) bemerkten den Unterschied.

12.4.3 Geschmack

Im Gehirn eng mit dem Geruchssinn gekoppelt ist der Geschmackssinn. Welche Bedeutung jeder dieser Sinne allein und diese zusammen haben, erkennt man an den bereits erwähnten Milliardenumsätzen der Aromen-Industrie. Dabei spielt es nur eine geringe Rolle, ob es sich um natürliche Aromastoffe (die können aus Holzspänen gewonnen sein), um naturidentische Aromastoffe (die chemische Struktur muss gleich der natürlichen sein) oder um synthetische Aromastoffe handelt. Die meisten Erdbeer-Joghurts beispielsweise verdanken ihr Erdbeer-Feeling nicht Erdbeeren, sondern Chemikern! Viele Produkte wären ohne die Arbeit von Geschmacksillusionisten nicht mehr verkäuflich.

12.4.4 Fühlen

Wenn Sie einmal in einem Automobil-Museum sind und sich beispielsweise mit einem alten VW-Käfer beschäftigen, dann werden Sie feststellen, dass das Lenkrad aus einem relativ dünnen und harten Rohr besteht. Ein kühles und billiges Griffgefühl. Nun machen Sie das gleiche Experiment mit einem modernen VW Golf: Das Lenkrad ist umschäumt und mit Leder oder einem Lederimitat bezogen. Hat man ein solches Lenkrad in Händen, hat man das Gefühl, ein solides und wertvolles Auto zu besitzen.

Daimler hat in Berlin ein eigenes Forschungslabor eingerichtet, in dem jährlich mit über 1.600 Versuchspersonen Tastversuche durchgeführt werden: Welche Oberflächen fühlen sich gut an? Wie wird das Drehen von Knöpfen empfunden? Wie müssen Schalter gebaut sein, dass sie gerne angetippt werden? Das Ergebnis dieser Forschung findet man in vielen kleinen Details in einem Mercedes wieder: Weiches Leder und warmes Holz am Lenkrad schmeicheln der Handfläche. Drehschalter, die sich präzise und genau einstellen lassen, geben das Gefühl der Kontrolle und aktivieren so unser Balance- und Dominanzsystem.

12.4.5 Hören

Bleibt noch der Hörsinn — auch er beeinflusst unsere Produktwahrnehmung, Die besten Beispiele kommen dafür aus der Autoindustrie. Hier werden Sound-Designer beschäftigt, die angefangen vom Motor- und Auspuffgeräusch, über das Schließgeräusch der Tür bis hin zum Innenraum-Geräusch, die Sounds erzeugen, die zum Produkt am besten passen. Das Porsche-Motorgeräusch beispielsweise ist aggressiv schreiend, obwohl der Motor selbst diesen Sound nicht macht. Ganz anders das Motorgeräusch einer Mercedes S-Klasse oder eines 7-er BMWs. Diese Autos stehen für absoluten Fahrkomfort — aus diesem Grund versuchen die Sound-Designer das Motorgeräusch so weit wie möglich zu unterdrücken.

Sound-Designer kümmern sich heute noch um viel mehr: Wie klingt Ihre elektrische Zahnbürste? Wie Ihre Bohrmaschine? Und: Vermittelt das Schließgeräusch Ihrer Waschmaschinen-Luke die vom Hersteller versprochene Qualität? Ein sattes „Plupf" hat für unser Gehirn eine völlig andere emotionale Botschaft als ein wackeliges „Klack".

12.5   Status und Distinktion

In den vorherigen Abschnitten haben wir gesehen, dass viele Produkte neben diesen Grundnutzen noch eine weitere Funktion haben. Wir nutzen Produkte auch
dazu, um anderen etwas zu zeigen und / oder sexuell attraktiver zu werden. Kauft
sich eine Frau eine farbige Bluse mit größerem Ausschnitt oder ein Mann einen
Sportwagen mit dröhnenden Motorgeräuschen, steckt auch das Sexualitätssystem
hinter diesen Kaufwünschen. Denn: Schönheit macht Frauen, Stärke und Reichtum
machen Männer für das jeweils andere Geschlecht attraktiv.

Eng verbunden mit der Sexualität ist der Wunsch nach Status und Individualität.
Eine Oberklassen-Limousine wird nicht nur wegen des besseren Fahrkomforts gekauft, sondern auch, um der Mitwelt zu zeigen, dass man jemand ist. Und das neueste Designer-Outfit soll unterstreichen, dass man anders ist als die breite Masse.
Insbesondere für Attraktivitäts-, Status- und Individualitätsversprechen von Produkten sind wir bereit, sehr viel Geld auszugeben. An einem einfachen Beispiel,
nämlich Mineralwasser, soll das kurz gezeigt werden. Für ein durchschnittliches
Marken-Mineralwasser bezahlen Sie im Supermarkt 80 Cent. Wenn Mineralwasser
aber mit Status- oder Individualitätsversprechen ausgestattet werden, wird's richtig teuer. Das VOSS-Wasser (Status) aus Norwegen kostet ca. 5 Euro, das Bling-
Wasser (Individualität) aus den USA kostet 45 Euro. Geschmacklich werden Sie keinen Unterschied zwischen dem billigen und dem teuren Wasser feststellen.

Think Limbic: Empfehlungen für den Alltag

1. Überlassen Sie die limbische Produktbotschaft nicht dem Zufall!

Ob wir wollen oder nicht: Jedes Produkt vermittelt seine limbische Botschaft
über sein Design, sein Geräusch, seinen Geruch und seine Oberfläche. Wenn
Sie diese Botschaften nicht beachten oder dem Zufall überlassen, vergeben Sie
wertvolle Chancen.

2. Legen Sie eine limbische Kernbotschaft entsprechend Ihrer Zielgruppe fest!

Je komplexer und größer Ihr Produkt ist, desto mehr Botschaften gehen davon aus. Damit im Kopf Ihrer Kunden kein „Gefühlsbrei" durch unkoordinierte
Signale entsteht, ist es wichtig, eine übergeordnete limbische Kernbotschaft
zu formulieren, die alle anderen dominieren soll und das Produkt im Wettbewerb profiliert. Die größte Wirkung erzeugen Sie, wenn Sie die Kernbotschaft
so formulieren, dass sie mit dem limbischen Profil Ihrer Wunsch-Zielgruppe
übereinstimmt.

3. Beachten Sie: Auch Investitionsgüter sprechen eine limbische Produktsprache!

Der ungeheure Einfluss der limbischen Produktsprache gilt auch für Investitionsgüter. Dies wird in der Praxis leider oft übersehen. Nutzen Sie die Chance und machen Sie das (limbische) Produktdesign zur Chefsache.

4. Machen Sie eine limbische „Störer-/Erfüller-Rechnung" vor der Entwicklung neuer, innovativer Produkte oder Dienstleistungen!

Bevor Sie eine teure Investition in ein neues Produkt oder eine Dienstleistung tätigen, erarbeiten Sie gemeinsam mit allen an der Entwicklung und Vermarktung beteiligten Mitarbeitern eine limbische Störer-/Verstärker-Analyse. Denn sie gibt Ihnen Aufschluss über den wirklichen Nutzen des Produkts. Fragen Sie sich, welche Emotionssysteme und welche ihrer Ebenen durch das neue Produkt oder die Dienstleistung erfüllt bzw. gestört werden. Setzen Sie Ihre ganze Kraft dafür ein, limbische Störer zu vermeiden und Erfüller zu schaffen. Beachten Sie aber, dass für unterschiedliche Zielgruppen Störer zu Erfüllern werden können et vice versa.

13 Limbic Shopping: von Jägern und Sammlern

Was Sie in diesem Kapitel erwartet

Neben der Werbung und dem Produkt selbst spielt der POS, der Point of Sale, eine entscheidende Rolle für den Verkaufserfolg eines Produkts. Die unbewussten Gesetze des limbischen Systems gelten auch hier: Beispielsweise, wie wir uns in Verkaufsräumen bewegen und orientieren, wie wir uns durch die Warenpräsentation verführen lassen und welchen enormen Einfluss Licht, Geruch und Musik auf unser Kaufverhalten haben. Durch Beachtung dieser Mechanismen kann der Umsatz erheblich gesteigert werden.

Die meisten Produkte werden trotz Internet heute und morgen über den stationären Handel verkauft. Handel ist aber weit mehr, als die Produkte ins Regal zu stellen und zu warten, bis ein Kunde kommt. Durch eine geschickte Dramaturgie des Raumes und der Warenpräsentation, die sich direkt an unser limbisches System wendet, kann der Umsatz erheblich gesteigert werden. Dazu gilt es die unbewussten Mechanismen des Jagens und Sammelns zu beachten, denn diese Funktion erfüllt ja letztlich jeder Einkauf.

Gemeinsam machen wir einen Streifzug durch die Welt des Handels und des Einkaufens, um zu erkennen, welchen enormen Einfluss unsere Emotionssysteme auch in diesem Bereich haben und vor allem, mit welchen Maßnahmen dieser Einfluss so genutzt werden kann, dass wir weit mehr kaufen, als wir eigentlich geplant hatten.

13.1 Wie man Kunden in das Geschäft lockt

In einer belebten Einkaufsstraße passieren am Tag oft tausende von Menschen ein Geschäft. Die Mieten für Geschäfte in diesen Lagen sind entsprechend teuer. Deswegen wünschen sich die Händler, möglichst viele dieser Passanten als Kunden begrüßen zu dürfen. Doch trotz guter Lage sind oft viele Geschäfte leer. Der Grund für den Misserfolg liegt häufig in der Nichtbeachtung unseres unbewussten Territorial-Verhaltens. Diese Läden bauen eine Vielzahl von Hindernissen auf, die uns unbewusst vom Eintritt abhalten. Jedes Geschäft, jedes Restaurant und jeder neue Raum ist für unser limbisches System nämlich zunächst ein unbekanntes und damit gefährliches Territorium, das die Balance-Kraft aktiviert, die uns mit Unlustgefühlen vom Eintritt abrät.

Clevere Händler überlisten die Balance-Kraft, indem sie die Hindernisse abbauen und durch gezielte Ansprache der Stimulanz-Kraft die Neugier wecken, in das Geschäft einzutreten. Doch wie funktioniert dies konkret? Ein enorm starkes Signal für den Beginn eines fremden Territoriums ist der Material- und Farbwechsel des Fußbodens zwischen Geschäft und Straße. Diese Grenze beachten wir nicht bewusst, doch in unserem limbischen System löst sie eine Art Voralarm aus. Dieser Alarm wird nun dadurch ausgeschaltet, indem der Fußbodenbelag des Geschäftes einfach in den Gehsteig oder in den Hauptgang des Einkaufszentrums weitergeführt wird. Ohne es zu bemerken, stehen wir schon mit beiden Beinen im fremden Territorium und damit im Geschäft.

Doch wie geht es weiter? Weil unser limbisches System nichts so sehr hasst wie fremde dunkle, enge Räume oder Wege, wird die Eingangszone des Geschäfts besonders hell erleuchtet und bietet enorm viel Bewegungsfreiheit. Gleichzeitig werden extrem breite Türöffnungen geschaffen und vor allem breite Wege angeboten, die weit in das Geschäftsinnere führen. Auf diese Weise kann das fremde Territorium vorab erkundet werden. Deshalb sind auch die hinteren Bereiche des Geschäfts heller ausgeleuchtet. Zusätzlich finden im mittleren Bereich weithin sichtbare Aktivitäten statt, die die Stimulanz-Kraft ansprechen, die nach Erkundung drängt: Dies können blinkende oder sich bewegende Displays sein oder aber auch Verkaufsförderungsaktionen durch Propagandisten. Das wichtigste Ziel ist jedenfalls erreicht: Der Kunde steht im Geschäft.

13.2   Wie man Kunden freundlich stimmt

In den USA ist es oft üblich, dem Kunden beim Eintritt in das Geschäft einen Einkaufswagen mit einem freundlichen Lächeln und einem herzlichen Willkommensgruß zu überreichen.

Auch dies ist keine selbstlose Geste: Durch das Lächeln und das zugrunde liegende unbewusste Vertrauensschema wird Angst ab- und Sicherheit aufgebaut, was sich in einer positiveren Stimmung auswirkt. Menschen kaufen, wenn sie freundlich gestimmt sind, ca. 5 bis 10% mehr als wenn sie ärgerlich sind oder unter Stress stehen. Aber auch die Übergabe des Einkaufswagens durch die nette Frau oder den netten älteren Herrn war kein Altruismus. Weil Kunden ihren Einkauf unterschätzen, nehmen sie oft keinen Einkaufswagen mit. Ohne Einkaufswagen endet der Einkauf aber schon, wenn die Arme und Hände voll sind. Die nette Geste, jedem einen Einkaufswagen in die Hand zu drücken, verhindert diese Begrenzung.

13.3 Wie sich Kunden im Geschäft bewegen

Nehmen wir an, wir stehen jetzt mit unserem Einkaufswagen in der Eingangszone und überlegen nun, was wir tun und wohin wir laufen sollen. Professionelle Händler lassen ihre Kunden in dieser wichtigen Orientierungsphase nicht allein: Sie vermeiden die Unlust auslösende kognitive Unsicherheit, indem sie den Kunden unbewusst an die Hand nehmen und ihm einen breiten, unverstellten Weg in das Geschäft anbieten.

Die im Handel oft zu beobachtende Unsitte, die vordere Verkaufszone mit Schütten zuzustellen, wirkt dagegen wie Gift auf unser limbisches System: Die Dominanz-Kraft gibt uns nämlich vor, dass unsere Autonomie und unser Bewegungsspielraum nicht eingeschränkt werden dürfen — aus diesem Grunde werden enge oder verstellte Wege unbewusst abgelehnt. Große, breite und freie Wege dagegen werden gerne akzeptiert. Gleichzeitig haben wir, ausgelöst durch unsere überwiegende Rechtshändigkeit, in unserem Orientierungs- und Bewegungsverhalten einen Rechtsdrall. Geschickte Händler nutzen dies, indem sie uns auf breiten Wegen mit einem leichten Rechtsknick nach hinten in ihr Geschäft ziehen und in einem Rundgang, der von aktivierenden Erlebnispräsentationen und Fokuspunkten gesäumt ist, durch ihr ganzes Geschäft führen.

Allerdings darf das limbische System des Kunden zu keiner Sekunde das Gefühl einer Einschränkung seiner Autonomie haben — Abkürzungen müssen deshalb zu jeder Zeit möglich sein. Doch um dieses „geschäftsschädigende" Verhalten zu minimieren, gibt es einen einfachen Trick. Die angebotenen Abkürzungen sind viel enger und verwinkelter als der breite Hauptgang.

Unbewusst bleiben wir lieber auf dem breiten Hauptgang und durchlaufen auf diese Weise das ganze Geschäft. Allerdings lauert noch eine kleine Gefahr: Breite, sehr lange Wege, die schnurgerade in eine Richtung laufen, führen zu einer unbewussten Beschleunigung unseres Schrittes. Dadurch rennen wir an Angeboten vorbei: Der Umsatz sinkt. Deshalb werden solche breiten Rennstrecken von Zeit zu Zeit durch kleine überschaubare Aktionsinseln unterbrochen.

Unsere Dominanz-Kraft hasst, wie wir gesehen haben, Zwang und jede Einschränkung unserer Autonomie. Sie mag es deshalb auch nicht, wenn unsere Bewegungen zwangsweise abrupt unterbrochen oder geändert werden müssen. Dies geschieht, wenn Regale beispielsweise im rechten Winkel zum Hauptweg aufgestellt sind und uns der Kauf einer Ware zum scharfen Abbiegen zwingt. Eine Schrägstellung der Regale im 45-Grad-Winkel vermeidet diesen Unlust auslösenden Effekt.

Apropos Zwang und eingeschränkte Autonomie: Die größte Störung für unser limbisches System beim Einkaufen und damit größter Stressauslöser ist das Warten bzw. Schlangestehen an Bedienungstheken oder an der Kasse. Herrscht darüber hinaus noch Gedränge, wird der Flucht-Mechanismus aktiviert, der für zusätzlichen Stress sorgt. Kassenschlangen haben zusätzlich noch eine weitere fatale Wirkung: Das Erlebnis an der Kasse ist der letzte Eindruck, den der Kunde unbewusst vom Einkaufsort mit nach Hause nimmt. Dieser bleibt als prägende Erinnerung bestehen. Muss der Kunde also warten — schon Wartezeiten von mehr als zwei Minuten führen zu Unruhe — und wird er zusätzlich noch von einer unfreundlichen Kassenkraft abgefertigt, entstehen daraus für das Geschäft schwere Imageschäden.

13.4 Mental Maps: die inneren Landkarten des Kunden

Wir wissen jetzt, wie sich ein Kunde bewegt — wie kauft er aber ein? Untersuchungen zeigen, dass über 70 % der Käufer ohne Einkaufszettel zum Einkaufen gehen.[92] Sie gehen durch das Geschäft und benutzen die Ware in den Regalen als Einkaufszettel. Da die Verbraucher eine ungefähre Vorstellung davon haben, was sie brauchen, sind sie innerlich immer auf der Suche nach diesen Wunschartikeln. Auf der Suche sein ist aber nichts anderes als „kognitive Unsicherheit", die zu innerer Anspannung führt und von den Kunden als leichter „Stress" erlebt wird.

Wie wir nun wissen, hängt die Höhe des Einkaufs aber stark von der Stimmung ab. Ein Kunde mit „Stress-Gefühlen" ist deshalb ein schlechter Kunde. Was kann man nun tun, um diesen Suchstress abzubauen? Ganz einfach: die Waren in ihrer Abfolge so platzieren, dass sich der Kunde unbewusst sofort zurechtfindet.

Aber wie findet er sich zurecht? Ein Hauptziel der Balance-Kraft ist ja, Gewohnheiten aufzubauen und diese vor allem beizubehalten. Diese festen Abläufe werden unbewusst als „Orientierungs-Landkarten" oder „Mental Maps" im Gehirn gespeichert. Heute weiß man, dass der Hippocampus im limbischen System, der ja für die Organisation des (episodischen) Langzeitgedächtnisses verantwortlich ist, diese „Mental Maps" im Gehirn anlegt.[84]

Eine Gewohnheit, die sich fast jeden Tag wiederholt, haben fast alle Menschen zumindest im westlichen Kulturkreis aufgebaut und fest im Kopf gespeichert: Frühstück — Mittagessen — Abendessen. Und nach genau diesem Ablauf sind die Warengruppen in guten Supermärkten aufgebaut, in denen der Tagesbedarf eingekauft wird.

Der Ablauf beginnt mit dem so genannten Frühstückskreis. Dieser besteht aus Kaffee, Tee, Konfitüren, Cerealien, Backwaren. Darauf folgen der Mittagskreis aus Konserven, Gewürzen, Mehl, Fleisch/Fisch und schließlich der Abendkreis aus Wurst, Käse, Getränken, Knabberartikeln und Süßwaren. Am Schluss des Marktes kommen die Tiernahrung und die Drogerieartikel. Durch diesen psychologischen Aufbau nach Mental-Map-Gesichtspunkten wird der Suchstress des Kunden erheblich minimiert, weil er unbewusst auf seinem inneren Leitstrahl durch das Geschäft geführt und in kauffördernder Stimmung zwanglos an seine Käufe erinnert wird.

Mit dem Prinzip der festen Gewohnheiten oder „Mental Maps" können viele zusätzliche Impulskäufe ausgelöst werden, weil der Hippocampus Artikel, die im Alltag zusammen verwendet oder konsumiert werden, in Assoziationskreisen im Neocortex abspeichert. Werden diese Assoziationskreise des Verbrauchers bei der Warenpräsentation beachtet, steigt der Umsatz erheblich, weil ein Artikel automatisch auch alle anderen Artikel des Assoziationskreises unbewusst aktiviert. Stellt man beispielsweise direkt vor der Käsetheke einen Warenständer auf, auf dem in einer Sonderplatzierung Rotwein und Crackers angeboten werden, so ist ein erheblicher Mehr-Umsatz sowohl beim Käse als auch beim angebotenen Rotwein und den Crackers zu verzeichnen. Wird die gleiche Sonderplatzierung mit Wein und Crackers im Tiernahrungsbereich aufgebaut, ist der so erzielte Mehrumsatz minimal, weil kein Assoziationskreis zur Tiernahrung besteht.

13.5   Das gute Geschäft mit der Augenhöhe

Doch Kunden kaufen in der Regel nicht nur mehr, sondern meist auch teurere Artikel, als sie es geplant haben. Was ist der Grund dafür? Sie haben unbewusst nur die teuren Artikel gesehen. Und das, obwohl das Geschäft doch auch über eine breite Auswahl billigerer Produkte verfügt. Wie kommt das? Durch eine besondere Form der Warenpräsentation, die menschliche Wahrnehmungsschwächen geschickt ausnutzt. Die teuren Waren werden nämlich in den Regalen genau in Augenhöhe präsentiert, die billigeren Artikel, bei denen der Ertrag geringer ist, kommen nach unten ins Regal. Aufgrund unserer Balance-Kraft bewegen wir Kopf und Augen kaum. Aus diesem Grund bekommt das Auge deshalb meist nur die Artikel zu sehen, die genau in Augenhöhe präsentiert werden. Und weil der Handel diesen Mechanismus kennt, sind dies nicht die billigen, sondern eher die teureren Artikel mit einer höheren Gewinnspanne.

In konkreten Zahlen macht sich das wie folgt bemerkbar: Artikel, die in Augenhöhe, also zwischen 155 und 170 cm präsentiert werden, werden unbewusst ca. 4-mal so häufig gekauft wie Artikel, die in der so genannten Bückzone, also zwischen 30 und 50 cm, stehen.[91]

13.6 Wie billige Waren teurer verkauft werden können

Bleiben wir noch etwas bei den unbewussten Mechanismen, die uns teurer kaufen lassen, als wir eigentlich wollen. Angenommen, eine Kundin geht in ein exklusives Geschäft, um sich eine Bluse zu kaufen. Das Geschäft ist mit den edelsten Materialien eingerichtet, sehr aufmerksame Verkäuferinnen begrüßen die Kundin herzlich und führen sie in eine Ecke, die zusätzlich durch das Logo eines bekannten Designers gekennzeichnet ist. Einige Marken-Blusen sind durch eine besondere Dekoration und durch Licht hervorgehoben. Unsere Kundin ist sofort von dieser Bluse angetan und bezahlt, ohne mit der Wimper zu zucken, ca. 150 Euro dafür. Doch was ist die Bluse wirklich wert? Beschafft und produziert wurde sie in der Türkei nämlich für 9 Euro.

Woraus ergab sich diese Wertsteigerung also? Ganz einfach: Weil wir nicht wissen, was ein Artikel kostet bzw. kosten darf, orientiert sich unser limbisches System unbewusst an äußeren Signalen, um kognitive Unsicherheit abzubauen. Das hochwertige Geschäft, die besondere Form der Warenpräsentation und insbesondere der Markenname des Designers etablieren unbewusst den Preisrahmen. Gleichzeitig aktivieren die Exklusivitätssignale des Geschäfts und der Design-Marke die Dominanz-Kraft der Kundin, die auf Erfüllung, sprich Kauf, drängt. Von all diesen inneren Prozessen bemerkt unsere Kundin nichts, sie legt 150 Euro auf den Tisch und ist zufrieden.

Wie einfach sich unser limbisches System übertölpeln lässt, zeigt ein Versuch, der vor einigen Jahren gemacht wurde: In einem Discounter wurden vom Wühltisch einige Blusen gekauft, in die ein Markenetikett eingenäht wurde. Diese Blusen wurden nun für den 10-fachen Preis in einem hochwertigen Geschäft angeboten: Schon nach wenigen Tagen waren sie verkauft.

Wie wichtig insbesondere der Markenname für die Preisorientierung ist, zeigt ein anderes Beispiel: Als in den 1980er-Jahren das Gerücht aufkam, das berühmte Bild des Manns mit dem Goldhelm sei nicht von Rembrandt, verfiel sein Wert von einem Tag zum anderen auf den Bruchteil des vorherigen Schätzwerts.

13.7 Sonderangebote: Wie der Jagdtrieb aktiviert wird

Doch wir lassen uns nicht nur zum teureren Kauf verlocken, auch Billigangebote haben unbewusst eine magische Anziehungskraft auf den Konsumenten. Sicherlich haben Sie in der Tageszeitung schon des Öfteren gelesen, wie Geschäfte regelrecht gestürmt wurden und sich die Kunden fast in wilde Wölfe verwandelten, die sich gierig auf die Sonderangebote stürzten und sich mitunter um die Waren prügelten.

Diese Reaktionen treten immer dann ein, wenn das Sonderangebot nur in begrenzter Stückzahl zur Verfügung steht. Insbesondere Aldi und Media Markt haben die ungeheure unbewusste Wirkung dieses Jagdmechanismus erkannt und als zentrale Säule in ihrer Aktionspolitik verankert. Wie lässt sich dieses Verhalten erklären?

In unserem limbischen System wird durch enges Zusammenspiel der Dominanz- und Balance-Kraft ein „Kampf- und Jagdmechanismus" bei einem begrenzten Angebot ausgelöst. Neuere Untersuchungen zeigen, dass es im Gehirn so etwas wie ein Jagd- und Beutemodul gibt[43].

Damit dieser Mechanismus aber aktiviert wird, müssen zwei Faktoren erfüllt sein: Erstens müssen sich viele andere für diesen Artikel interessieren. Dies geschieht durch einen attraktiven Preis und einen Artikel, der eine breite Masse anspricht. Weil wir uns unbewusst am Verhalten anderer orientieren, um kognitive Unsicherheit zu vermeiden (Balance-Kraft), rückt der Artikel so in unsere Aufmerksamkeit. Das hohe Interesse der anderen signalisiert unserem limbischen System unbewusst, dass es sich um einen besonders wichtigen und interessanten Artikel handeln müsse. Zweitens muss der Artikel knapp sein. Dies erreicht man mit Aussagen wie „Nur solange der Vorrat reicht". Dies aktiviert unsere Dominanz-Kraft, die uns ja vorgibt, andere zu verdrängen und unsere eigenen Interessen durchzusetzen. Wir erhalten dadurch vom limbischen System den Befehl, schneller als unsere Konkurrenz zu sein und ihr diesen scheinbar besonders wertvollen Artikel wegzuschnappen.

Zuhause angekommen wird die errungene Siegestrophäe stolz ausgepackt — allerdings folgt dem meist eine gewisse Ernüchterung, weil die Kundin selbst nicht versteht, warum sie sich beispielsweise wegen dieses Strumpfpaares auf dem Ausverkaufstisch so vehement mit einer anderen Frau gestritten hat.

13.8 Der unbewusste Einfluss von Licht

Fast nichts wird so wenig beachtet und ist von einem so ungeheuren unbewussten Einfluss auf unser Einkaufsverhalten wie Licht. Licht führt und Licht verführt. Licht verführt durch Akzentuierung von Höhepunkten entlang des Weges, was die Stimulanz-Kraft positiv anspricht. Licht führt, indem Unterräume, die Unsicherheit auslösen, wie beispielsweise Treppen, Übergänge und/oder hintere Raumbereiche, besonders hervorgehoben werden und entschärft werden. Diese Maßnahmen tragen der Balance-Kraft Rechnung, weil sie das fremde Territorium sicherer machen.

Viel spannender und einflussreicher ist aber die verführerische Wirkung von Licht. Dies kann man allein schon an den Ausgaben des Handels für Licht erkennen. Ungefähr die Hälfte aller Einrichtungskosten wird allein für Licht ausgegeben. Begeben wir uns deshalb auf einen kleinen Lichtstreifzug durch verschiedene Geschäfte. Beginnen wir im Lebensmittelhandel. In der Gemüseabteilung, in der Käse-, in der Fleisch- und in der Brottheke sorgen spezielle Leuchten für eine perfekte Darstellung dieser Produkte in den idealtypischen Erwartungsfarben, die wir im Kopf gespeichert haben. Aus einem matten Grüngrau wird ein leuchtendes Grün in der Gemüseabteilung. Der blässliche Käse strahlt uns gelb an und das fahle Fleisch sieht aus, als sei es frisch geschlachtet. Schaltet man das Licht aus, fällt der Umsatz sofort um ca. 30 bis 40 %.[91]

Im Modehandel akzentuieren Halogenspots die Dekorationen, heben die Farben hervor und geben dem Ganzen eine plastische Wirkung. Würde man im exklusiven Modehandel auf diese Effektbeleuchtung verzichten, würde der Umsatz enorm sinken. Selbst in den Umkleidekabinen wird ein spezielles Licht eingebaut. Beim Blick in den Spiegel erhält der Käufer eine gesunde, strahlende Gesichtsfarbe, was sein Selbstbewusstsein, seine Stimmung und damit auch den Umsatz hebt.

13.9 **Die Macht des Geruchs und der Musik**

Mit dem unbewussten Einfluss von Gerüchen als limbische Produktbotschaften haben wir uns im vorhergehenden Kapitel kurz beschäftigt. Doch auch im Handel wird die Nase immer stärker entdeckt und umschmeichelt. Zu Recht: So stieg der Umsatz einer Bäckerei um über 30 %, als sie den frischen Brotgeruch aus der Backstube mittels Ventilatoren auf die Straße blies. Die gleichen Leute, die Wochen und Tage zuvor gleichgültig vorbeiliefen, strömten plötzlich wie magisch angezogen hinein.

Inzwischen gibt es einige Klimaanlagen-Hersteller, die die Möglichkeit bieten, spezielle Gerüche beizumischen. Gleichzeitig bieten Firmen, die sich auf Geruchsdesign spezialisiert haben, eine Palette von über 30.000 Gerüchen an.

Das wichtigste Ziel des „Geruchsmanagements" im Handel ist heute, den Kunden möglichst lange im Laden zu halten. Je länger ein Kunde im Laden verweilt, desto mehr kauft er.

Bei der Entscheidung über die Verweildauer spielt die Nase eine ungeheuer wichtige Rolle. Verbrauchte, miefige Luft oder störende Gerüche führen aufgrund der Balance-Kraft zu einem kaum merklichen Gefühl der Unlust. Das veranlasst uns, das Geschäft schneller zu verlassen.

Deshalb wird die Luft aus Klimaanlagen mit leichten Gerüchen der Frische und der Natur maskiert. Unserer Nase wird so suggeriert, sie stände in der gesunden, frischen Umgebung. Auf diese Weise kann die Verweildauer um bis zu 5 % gesteigert werden, was sich nach nicht viel anhört, sich aber im Laufe eines Jahres trotzdem im Umsatz erheblich bemerkbar macht. Allerdings mussten hier besonders forsche Händler schon teures Lehrgeld bezahlen: Nach dem Motto, je mehr, desto besser, mischten sie Geruchsessenzen in einer so starken Konzentration bei, dass man sie bewusst riechen konnte. Von den Kunden wurde dies als Störung und Belästigung empfunden, was zum früheren Verlassen des Geschäfts führte.

Inzwischen wird der Geruch auch gezielt zur Verkaufsförderung eingesetzt; das Beispiel des Bäckers hat Schule gemacht: Viele Backwarenabteilungen riechen nach frischem Brot, und in der Windelabteilung riecht es leicht nach Baby, um nur einige Beispiele zu nennen. Umsatzsteigerungen von 10 bis 30 % werden berichtet, allerdings handelt es sich bei diesen Berichten nicht um wissenschaftliche Untersuchungen, sondern um Angaben aus der Praxis.[91]

Einen ähnlichen Effekt hat auch die Musik in Geschäften. Ihr Einfluss ist aber weit geringer als der von Licht und Geruch. Der Grund liegt darin, dass Musik „Geschmackssache" ist. Bei Einkaufsstätten, die ein breites Publikum ansprechen, ist deshalb die Gefahr groß, mit einem Musikstil eine Gruppe zu gewinnen, die andere aber durch dieselbe Musik zu verlieren. Geschmacksunabhängig wirkt dagegen der Rhythmus der Musik: Schnelle Musik führt zu einer leichten Beschleunigung der Bewegung. Der Kunde verlässt das Geschäft auf diese Weise früher als geplant.

Musik hat noch einen weiteren Effekt: Ist ein Kunde allein in einem geräuscharmen Raum, meldet sich sein limbisches System aufgrund der Balance-Kraft mit Angst- und Unsicherheitsgefühlen, weil er sich alleine bzw. beobachtet fühlt. Durch den Einsatz von leiser Musik wird diese Angst reduziert.

13.10 Die limbische Positionierung von Geschäften

Im Gegensatz zu Marketingmanagern, die wissen, wie wichtig die Positionierung für den Erfolg eines Produktes ist, überlassen Handelsunternehmen ihre limbische Positionierung oft dem Zufall. Ähnlich wie Marken und Produkte strahlen aber auch Geschäfte und ihre Werbung limbische Botschaften aus, die bei bestimmten Zielgruppen je nach Botschaft höhere oder geringere Resonanz auslösen. Die erfolgreichen Handelsunternehmen dagegen haben erkannt, wie wichtig diese unbewusste Ebene ist und haben ihre Unternehmen intuitiv limbisch richtig positioniert: Limbische Positionierung und limbisches Profil der Zielgruppe stimmen bei ihnen überein. Dazu einige Beispiele auf der Limbic Map (Abbildung 44).

Abb. 44: Wo Handelsunternehmen im Emotionsraum sitzen

Die Masse der Unterhaltungselektronik wird überwiegend von Männern zwischen 16 und 35 gekauft. Und genau entsprechend dem limbischen Profil dieser Zielgruppe hat sich der Media Markt positioniert. Wie wir wissen, ist die Dominanz-Kraft in diesem Alter am stärksten. Aus diesem Grund ist Rot die beherrschende Farbe im Werbeauftritt. Rot ist die Farbe der Dominanz, sie aktiviert im limbischen System, genauer im Hypothalamus, den Kampf-Mechanismus. Dieser Dominanz-Anspruch wird durch den Slogan „Ich bin doch nicht blöd" unterstrichen — der ja das Gegenteil impliziert, nämlich „Ich bin schlauer als andere". Welche Werte sind damit verbunden? Durchsetzung, Aggression und Effizienz. Die damit einhergehenden Shopping-Erwartungen: Kampfpreise und riesige Auswahl.

Anders verhält es sich mit Drogeriewaren. Hier sind es Frauen, die diese Produkte überwiegend einkaufen. Während das männliche Gehirn durch das Testosteron im Dominanz-System eine Verstärkung erfährt, wird bei Frauen durch Östrogen das Bindungs- und Fürsorge-System aktiviert. Die Karlsruher Drogeriekette dm Drogeriemarkt hat sich mit ihrer Marke und ihrer Unternehmenskultur konsequent in dem Emotionsbereich angesiedelt, in dem Frauen im Durchschnitt die stärkste Ausprägung im Emotionsmix haben. Der Slogan „Hier bin ich Mensch, hier kauf ich ein" ist ein Volltreffer in das Bindungs- und Fürsorge-Hirn. dm-Drogeriemärkte liegen deshalb im Emotionsraum genau gegenüber von Media Markt. Werte, die mit der Marke verbunden sind: Vertrauen, Menschlichkeit und Nähe. Die Shopping-

Erwartungen: verlässliche, gute Preise, freundliche Mitarbeiter und eine angenehme Ladenatmosphäre.

Kommen wir nun in den Stimulanz-/Abenteuer-Bereich der Limbic Map. Auch hier gibt es eine Handelskette, die dieses Feld prototypisch besetzt: Der Outdoor-Ausrüster Globetrotter. Mit seinem Slogan „Träume leben" macht er Lust auf kleine und große Abenteuer. Treiber ist hauptsächlich das Stimulanz-System, das ja für Exploration, Neugier und Entdecken steht. Damit sind auch die wichtigsten Werte fast schon beschrieben — diese sind: Exploration, Aktivität und Freiheit. Welche Shopping-Erwartungen sind damit verbunden? Eine große Auswahl, um spielerisch entdecken zu können, erlebnisorientierte Warenpräsentation und die Möglichkeit, die Ware aktiv auszuprobieren.

Letztes Beispiel für eine gelungene limbische Positionierung ist ALDI. Das eingeschränkte, qualitativ gute, sehr preiswerte Angebot spricht die Balance-Kraft und hier insbesondere den Bereich Kontrolle voll und ganz an. Werte, die damit verbunden sind, sind Sparsamkeit, Zuverlässigkeit und Einfachheit. Genau diese Werte aktiviert ALDI prototypisch. ALDI gelingt es in 1.000 Details diese Emotionswelt zu bedienen. Welche Shopping-Erwartungen sind damit verbunden? Sicherheit, einfache Orientierung, geringe Auswahl zur Komplexitätsreduzierung, Dauer-Niedrigpreise als Vertrauensbilder und gleichbleibend verlässliche Warenqualität. Dieses Grundprinzip der Einfachheit findet sich konsequent im Auftritt dieses erfolgreichen Discounters.

Think Limbic: Empfehlungen für den Alltag

1. Bauen Sie Territorial-Schranken ab: Der Eingang ist erfolgsentscheidend!

Viele gute Geschäfte werden verhindert, weil der Eingang und die Eingangszone hohe Territorial-Schranken aufbauen. Ein weithin sichtbarer Eingang, der architektonisch hervorgehoben wird, eine freie, hell erleuchtete Eingangszone ohne größere Differenzen im Fußboden und ein freier Überblick über den ganzen Shop signalisieren dem limbischen System „Keine Gefahr".

2. Geben Sie den Weg vor!

Unser limbisches System akzeptiert es aufgrund der Balance-Kraft gerne, wenn es geführt wird. Unverstellte, breite Wege mit kleinen, spannenden Unterbrechungen sind die Voraussetzung dafür, dass Sie Ihre Kunden durch Ihr ganzes Geschäft leiten können.

3. Bauen Sie Ihre Angebote nach Mental Maps und Assoziationskreisen auf!

Präsentieren Sie Ihre Waren in der Reihenfolge oder in dem Zusammenhang, wie sie von Ihrem Kunden verwendet werden. Achten Sie auch bei Sonderplatzierungen auf solche Verwendungskreise.

4. Präsentieren Sie Ihre ertragreichsten Artikel in Augenhöhe!

Die wichtigste Zone in Ihrem Geschäft sind die Regalflächen, die sich auf Augenhöhe zwischen 155 bis 170 cm befinden. Dorthin gehören alle Artikel, die Ihr Geschäft profilieren sollen und gleichzeitig den größten Ertrag für Sie bringen. Achten Sie bei der Präsentation darauf, dass diese Artikel mit ihrer „Schokoladenseite" in Richtung Kundenlauf stehen.

5. Setzen Sie Ihre Ware ins richtige Licht und umschmeicheln Sie die Nase Ihrer Kunden!

Licht ist neben der Warenanordnung und Warenpräsentation der wichtigste unbewusste Verkaufsförderungsfaktor. Sparen Sie nicht mit Licht und setzen Sie es richtig ein. Denken Sie auch daran: Die Nase ist der wichtigste Seiteneingang zum limbischen System Ihres Kunden. Überlassen Sie deshalb auch den Geruch in Ihrem Geschäft nicht dem Zufall.

6. Machen Sie die Schnäppchen knapp!

Weit besser als 10 Sonderangebote, die es bei der Konkurrenz in ähnlicher Weise gibt, ist eine Aktion mit spektakulärem Preis, aber knappem Angebot. Aktivieren Sie damit den Jagdinstinkt Ihrer Kunden und machen Sie mit regelmäßigen Aktionen dieser Art Ihr gesamtes Geschäft zum Abenteuerland.

7. Achten Sie auf die limbische Positionierung Ihres Geschäfts!

Überprüfen Sie, ob Ihre Positionierung mit dem limbischen Profil Ihrer Wunschzielgruppe übereinstimmt — wenn nicht, sollten Sie Ihr Geschäft von der Außendarstellung über das Sortiment und den Verkaufsraum bis hin zu den Mitarbeitern neu ausrichten.

14 Limbic Customer Relations: Wie man Kunden dauerhaft und fest an sich bindet

Was Sie in diesem Kapitel erwartet

Viele Marketing-Lehrbücher suggerieren, dass der Business-to-Business-Bereich (B2B) im Vergleich zum Consumer-Markt überwiegend von „rationalem Handeln und Entscheiden" bestimmt wird — ein gewaltiger Trugschluss. Sowohl Lieferantenauswahl als auch Kundenbindung sind hoch emotionale Prozesse, die völlig nach den Gesetzen der Emotionssysteme verlaufen. Und: Das limbische Image-Profil eines Anbieters zieht unbewusst Kunden an, die ein ähnliches limbisches Profil haben. Dies ist der wichtigste Grund dafür, warum Sieger am liebsten bei und von Siegern kaufen.

Das Geschäft zwischen Unternehmen, das so genannte Business-to-Business-Geschäft (B2B), so hört man mitunter, werde ausschließlich von der kühlen „Ratio" gesteuert. Und im Unterschied zum „emotionalen" Consumer-Markt spielten in diesem Bereich Gefühle keine bzw. nur eine sehr untergeordnete Rolle.

Ein gewaltiger und für viele Unternehmen folgenschwerer Irrtum. Denn die Emotionssysteme steuern uns im Privatleben mit den gleichen Mechanismen wie im Business-Leben. Ein Vorstandsvorsitzender eines weltweiten Konzerns, der vor einer größeren Investition die Stellungnahme eines namhaften Unternehmensberaters einholt und sie mit ihm im Nobel-Restaurant bespricht, wird von derselben Balance-Kraft mit den gleichen Gefühlen der Unsicherheit dazu angeleitet wie ein bei ihm im Konzern beschäftigter Arbeiter, der abends in seiner Stammkneipe einen Freund befragt, ob er an seiner Stelle das finanzielle Risiko eingehen würde, sich ein neues Auto zu kaufen.

Es gibt auch keinen Unterschied zwischen dem Manager, der in zähen Einkaufsverhandlungen mit seinem Lieferanten um die letzten Prozente streitet, und seiner Frau, die fast zeitgleich auf dem Markt vom Gemüsehändler einen Nachlass fordert, weil das Obst Flecken hat. Beide spüren den Ärger aufgrund ihrer Dominanz-Kraft, wenn sie den Eindruck haben zu verlieren. Beide spüren das lustvolle Kribbeln im Bauch, das mit dem leichten Risiko des Spiels um Prozente verbunden ist. Die Emotionssysteme beherrschen auch das Business-to-Business-Geschäft. Werden wir etwas konkreter: Das limbische Profil von Consumer-Marken entscheidet, wie wir im vorhergehenden Kapitel gesehen haben, darüber, welche Kunden das Produkt kaufen oder nicht. Je höher die Übereinstimmung des limbischen Profils des Kunden mit dem limbischen Markenprofil ist, desto höher ist die Kaufwahrscheinlichkeit.

Gelten diese Gesetze aber auch für Hersteller oder Zulieferbetriebe, die ihre Produkte z. B. an „professionelle" Kundengruppen wie Verarbeiter oder Handwerker verkaufen? Wer glaubt, in diesem Bereich zählten ausschließlich die Fachkompetenz des Außendienstes sowie der Preis, und weiche Faktoren wie Erscheinungsbild, Kommunikation und Auftritt spielten dort nur eine untergeordnete Rolle, der irrt, wie das folgende Beispiel zeigt.

14.1   Der schleichende Tod der Firma Klinger

Ein mittelständischer Zulieferbetrieb, A. M. Klinger & Sohn (Name geändert), mit Produkten für Bauhandwerk und Schreinereien in Hessen war stolz auf seine seit Jahrzehnten gepflegten Kundenbeziehungen. Der Inhaber, 62 Jahre alt, war alleiniger Geschäftsführer des schon in der vierten Generation bestehenden Familienbetriebs. Auch auf diese Tradition war das Unternehmen sehr stolz. Dies wurde z. B. im Briefpapier der Firma durch das besonders hervorgehobene Gründungsdatum demonstriert.

Das Erscheinungsbild des Unternehmens stammte aus den 1970er-Jahren. Der Außendienst bestand aus 60 Mitarbeitern, die im Durchschnitt zwischen 50 und 55 Jahre alt waren und sich selbst eines hervorragenden, über viele Jahre aufgebauten Kundenkontakts rühmten.

Aber: Trotz der scheinbar hervorragenden Kundenbeziehungen gingen die Umsätze und Erträge langsam aber stetig zurück. Diese negative Entwicklung konnte man sich aufgrund der guten Kundenbeziehungen nicht erklären.

Die Einführung eines elektronischen Bestell- und Informationssystems für die Kunden wurde vom Inhaber mit der Begründung abgelehnt, ihre Kunden würden stets den persönlichen Kontakt — verbunden mit der guten Beratung — bevorzugen. Diese Meinung wurde durch den Außendienst bestätigt, der das Thema bei seinen Kunden ansprach und von weitgehend ablehnenden Reaktionen berichtete.

Als die Umsätze weiter zurückgingen und der Schmerz schließlich zu groß wurde, entschloss man sich, eine Marktanalyse durchführen zu lassen. Im Vertriebsgebiet wurden dazu auch verdeckte Interviews bei vielen Kunden des Unternehmens, aber auch bei Nicht-Kunden unterschiedlicher Größe durchgeführt. Und durch diese Analyse wurde deutlich, wo das tatsächliche Problem lag: Es war durch und durch limbisch!

Sowohl die aktiven Inhaber von jungen Unternehmen, die schnell wuchsen, als auch die Unternehmer der großen und erfolgreichen Verarbeitungsbetriebe bezeichneten die Fa. Klinger als solides Unternehmen, bei dem sie ab und zu auch kauften. Den großen Teil ihrer Beschaffung aber würden sie bei dem national operierenden Konzern abdecken, der vor einigen Jahren eine Niederlassung im Gebiet gegründet hatte. Beide Gruppen berichteten übereinstimmend von der modernen und aktiven Marktbearbeitung des Konzerns.

Die jungen, aktiven Handwerker waren vom elektronischen Katalog- und Bestellsystem des Konzerns begeistert, mit dem sie rund um die Uhr Informationen abrufen und bestellen konnten. Gleichzeitig berichteten sie darüber, wie schnell der Außendienst auf dem iPad Bestellungen eingeben, Informationen abrufen und ausdrucken könne, während beim Klinger-Außendienst alles noch von Hand ginge (worauf Klinger stolz war und dies als Ausdruck der persönlichen Nähe bezeichnete).

Die Inhaber der großen und erfolgreichen Verarbeitungsbetriebe dagegen erzählten begeistert von den Unternehmertagungen, zu denen sie persönlich vom Konzern gemeinsam mit einigen Inhabern ähnlich großer und erfolgreicher Betriebe der Region regelmäßig eingeladen würden. Auch an den tollen Reisen in alle Welt, die der Konzern für den gleichen Personenkreis organisieren würde, nähmen sie gerne teil. Sowohl für die Tagungen als auch für die Reisen müsste man zwar bezahlen, aber das sei es wert.

Doch auch die Fa. Klinger wurde positiv bewertet — nämlich von ihren Stammkunden: Sie lobten die gewachsenen Beziehungen mit dem Außendienst und seine regelmäßigen Besuche. Auch der persönliche, über viele Jahre gepflegte Kontakt zum Inhaber wurde hervorgehoben. Der jährliche Besuch des immer gemütlichen Kundenfestes der Fa. Klinger sei inzwischen schon zur festen Tradition geworden.

So weit, so gut: Das wirkliche Problem der Fa. Klinger offenbarte sich aber bei einer näheren Analyse dieser Stammkunden: Es waren fast ausschließlich kleine und mittlere traditionelle Handwerksbetriebe mit Inhabern meist um die 50 Jahre und älter. Kennzeichnend für diese Betriebe war eine Ablehnung von modernen Marketingmethoden, die Verherrlichung der alten Zeiten und die Klage über die Regierung, die an der schlechten Konjunktur Schuld wäre. Sie kauften zwar einen großen Teil ihres Beschaffungsvolumens bei Klinger, aber weil diese Betriebe zunehmend Marktanteile an die marktaktiven Unternehmen abgaben, verlagerte sich das Gesamtvolumen kontinuierlich in Richtung Konzern.

14.2   Warum Sieger am liebsten von Siegern kaufen

An diesem Praxisbeispiel zeigt sich die unbewusste Wirkung des limbischen Systems: Die traditionellen und älteren Handwerker, also die treuen Klinger-Kunden, hatten nämlich das gleiche limbische Profil wie Klinger und sein Außendienst. Die Balance-Kraft, die fordert, am Bewährten festzuhalten, Traditionen zu pflegen und vor wichtigen Veränderungen die Augen zu verschließen, regierte im Kopf der Kunden genauso wie im Kopf des Klinger-Inhabers und seiner Mitarbeiter. Aufgrund des stets positiven Feedbacks dieser Gruppe erkannte man die tödliche Gefahr nicht, die in dieser verhängnisvollen Kundenbeziehung steckte. Verstärkt wurde diese Ignoranz durch den Klinger-Außendienst. Dieser schilderte den neuen Wettbewerber als äußerst aggressiv und berichtete gleichzeitig von einigen seiner Kunden, die dort gekauft hätten, aber durch diese Aggressivität abgeschreckt wurden und deshalb gerne wieder zu Klinger zurückkehrten.

Viele mittelständische Unternehmen, die auf diese fatale Weise „traditionsbewusst" sind und von einem Management geführt werden, bei dem z. B. aufgrund von Überalterung die Balance-Kraft die Vorherrschaft hat, leben mit dieser Zeitbombe im Kundenkreis. Das Problem: Die langsamen Abschmelzungsprozesse auf Seiten der Kunden bzw. die Entwertung des Kundenbestands werden aufgrund der Balance-Kraft erst dann wahrgenommen, wenn es zu spät ist: Die Balance-Kraft blendet ja, wie wir wissen, unliebsame Botschaften für uns unbewusst aus.

Schauen wir uns dagegen das limbische Profil der beiden Kundengruppen an, die zum Wettbewerber, dem „anonymen" und „aggressiven" Konzern tendierten.

Bei erfolgreichen und expansiven Unternehmern ist vor allem die Dominanz-Kraft extrem hoch ausgeprägt. Gleichzeitig sind sie, aufgrund ihrer überdurchschnittlichen Stimulanz-Kraft, neugierig. Das VIP-Programm des Konzerns, bei dem strikt darauf geachtet wurde, dass nur große, erfolgreiche Kunden daran teilnehmen durften, traf voll die Emotionssysteme dieses Kreises. Das Gefühl, etwas Besseres zu sein, und der damit verbundene Stolz, zu den Gewinnern zu gehören, war die bestätigende Antwort des limbischen Systems, sich enger an den Konzern zu binden.

Auch die jungen, aktiven Handwerker zeichneten sich durch eine extrem hohe Dominanz-Kraft aus. Im Vergleich zu ihren etablierten erfolgreichen Kollegen waren sie aber durch ihre „Jugend" und die damit einhergehende höhere Stimulanz-Kraft ungleich offener für technische Innovationen. Aus diesem Grund waren sie von den vielen Möglichkeiten fasziniert (Stimulanz), die das elektronische Bestell- und Informationssystem des Konzerns bot. Gleichzeitig begeisterte sie aber auch die Autonomie, die sie durch dieses System bekamen: Sie brauchten, um eine Bestellung aufzugeben oder um Informationen abzufragen, nicht mehr auf den Außendienst zu warten, sondern konnten alles am Abend oder am Wochenende erledigen. Zu dieser Zeit war bei der Firma Klinger keiner mehr erreichbar. Beide Gruppen, sowohl die jungen wie auch die etablierten Unternehmer, waren zudem stolz, zu den Kunden des deutschen Marktführers zu gehören. Und die vom Klinger-Außendienst berichtete Aggressivität des Konzerns wurde von ihnen völlig anders bewertet. Sie bezeichneten dieses Verhalten als kreativ, aktiv und leistungsorientiert.

Beide Kundengruppen, die Erfolgreichen wie die weniger Erfolgreichen, hatten also unbewusst den Zulieferpartner ausgesucht, dessen limbisches Profil gleich ihrem eigenen war. Dieses Beispiel zeigt, wer das B2B-Geschäft regiert: nämlich das limbische System. Es zeigt auch, warum eine Trennung in „emotionale" und „rationale" Kundenbindungsinstrumente unsinnig ist. Alle Geschäftsbeziehungen basieren letztlich auf der Erfüllung der drei Emotionssysteme und sind damit immer emotional und rational zugleich.

14.3 Entscheidungsträger fliegen auf VIP-Programme

Beruflicher Erfolg setzt, wie wir gesehen haben, in der Regel eine überdurchschnittlich hohe Dominanz-Kraft voraus. Und wie im Beispiel eben deutlich wurde, führt die direkte Ansprache dieser Kraft zu einer höheren Kundenbindung seitens dieser Gruppe. VIP-Programme wirken in dieser Hinsicht deshalb Wunder — nicht nur bei erfolgreichen Unternehmern, sondern auch bei Entscheidungsträgern in Unternehmen.

Primäres Ziel des limbischen Systems eines angestellten Managers ist es nämlich nicht, dem Unternehmen jeden Cent einzusparen, sondern den Status und die Macht des Managers zu vergrößern! Wie man das limbische System und die Dominanz-Kraft dieser Gruppe erfolgreich anspricht, demonstriert die Lufthansa mit ihrem Frequent-Traveller-, ihrem Senator- und ihrem HON-Programm. Sowohl der VIP-Status in den Lounges, die beschleunigte Abfertigung und vor allem das Siegergefühl den Zurückgebliebenen gegenüber beim bevorzugten Aufruf der Warteliste lässt die Dominanz-Kraft jubeln. Um schneller in den Genuss dieser Privilegien zu kommen, ist es meist notwendig, die teurere Business-Class zu buchen. Da dieser höhere Preis vom Unternehmen und nicht vom Manager selbst bezahlt werden muss, ist der innere Konflikt zwischen der Balance-Kraft, die meist für das Sparen zuständig ist, und der Dominanz-Kraft, die den VIP-Status einfordert, gering: Die Dominanz-Kraft bleibt in der Regel Sieger.

14.4 Worauf Kundenbefragungen keine Antwort geben

Würde man übrigens in den VIP-Lounges eine Befragung durchführen, wie wichtig Status und die damit verbundene Überlegenheit für die Besitzer sind, erhielte man mit Sicherheit die Antwort „eher unwichtig". Zum einen, weil die inneren unbewussten Mechanismen des eigenen Antriebs nicht durchschaut werden, zum anderen, weil man sich aufgrund seiner Erziehung nicht traut, schlicht und einfach die Wahrheit zu sagen. Damit stoßen wir auf ein wichtiges Problem jedes Customer-Relation-Managements: Kundenbefragungen haben nur eine eingeschränkte Aussagekraft. Der für Kundenbindung zuständige Lufthansa-Manager müsste sein VIP-Programm aufgrund einer Kundenbefragung einstellen: mit verheerenden Folgen. Denn das tatsächliche Verhalten der Menschen ist in der Praxis völlig anders als das, was sie in der Befragung angeben. Antworten in Kundenbefragungen zeigen nämlich die fatale Tendenz der Befragten, sich selbst als hochvernünftige und rationale Wesen darzustellen. Die wirklichen Gefühle — insbesondere solche, die unserem christlich geprägten Wertesystem zuwiderlaufen, wie der Wunsch nach Status, Überlegenheit etc., werden verleugnet. Da der Mensch aber im täglichen Leben mehr von seinen eigenen Emotionssystemen als vom propagierten gemeinsamen Wertesystem gesteuert wird, setzt wirksame Kundenbindung direkt beim limbischen System an. Kundenbefragungen können wichtige Hinweise geben — als alleinige Entscheidungsbasis sind sie jedoch ungeeignet, weil sie den unbewussten Einfluss der Emotionssysteme viel zu wenig beachten.

14.5 Gute Events haben einen ungeheuren Einfluss

Das „Selbstbild vom vernünftigen Menschen" führt im B2B-Bereich aber noch zu anderen Trugschlüssen — nämlich dem verleugneten Einfluss von Events. Befragt man Entscheidungsträger, ob die Teilnahme an einem Event ihre Kaufentscheidung beeinflussen würde, hört man ein entschiedenes Nein.

Viele Unternehmen vertrauen aber mehr der Praxiserfahrung als diesen Selbstauskünften. Zu Recht übrigens. Sie geben viel Geld dafür aus, um mit spektakulären Events ihre Kunden für ein Produkt oder eine Dienstleistung zu begeistern. Die eingeladenen Entscheidungsträger glauben zwar selbst, ihre Entscheidung fest in der Hand zu haben. Doch sie irren, denn längst hat das limbische System unbewusst die Entscheidungsweichen gestellt. Denn während des Events wurden das Produkt und der Name des Anbieters durch die Amygdala mit extrem starken und positiven limbische Markern versehen und über den Hippocampus im Neocortex abgespeichert.

Kommt es nun zu einer Kaufentscheidung, werden in der Regel der Name und das Produkt mit den stärksten limbischen Markern am ersten und schnellsten erinnert. Gleichzeitig werden durch diese limbischen Marker auch bei der Erinnerung wieder die positiven Gefühle aktiviert, die mit dem Event verbunden waren. Und genau diese Gefühle sind es ja, die unseren Entscheider unbewusst steuern. Denn gegenüber einem Produkt mit nur schwachen limbische Markern wird ein Entscheider bei sonst vergleichbaren Rahmenbedingungen unbewusst immer das Produkt mit den stärkeren positiven limbischen Markern bevorzugen.

14.6 Perfekte Events müssen nicht teuer sein

Aber es ist nicht der Aufwand, der Events erfolgreich macht, sondern ihre perfekte limbische Inszenierung. Und welche enormen Erfolge auch mit einem kleinen Etat möglich sind, zeigt das Beispiel eines mittelständischen Unternehmers aus Berlin. Der Unternehmer hatte einen maroden Betrieb zusammen mit einem Kollegen durch einen Management-Buy-out übernommen. Sparsamkeit war deshalb oberstes Gebot, um die Kredite der Banken zu bedienen.

Eine Analyse der Umsatz- und Kundenstruktur ergab nun, dass viele interessante Unternehmen mit großen Einkaufspotenzialen zu den Kunden zählten. Das Problem: Diese deckten nur einen kleinen Bruchteil ihres tatsächlichen Bedarfs bei unserem Unternehmen. Der Grund: fehlendes Vertrauen in das Unternehmen aufgrund seiner Vergangenheit und, weil die Besitzer neu waren, auch in die Besitzer selbst.

Durch regelmäßige Besuche, die der frisch gebackene Unternehmer machte, lernte er seine Kunden zwar persönlich etwas näher kennen, doch die Umsätze mit ihnen entwickelten sich nur spärlich. Vertrauen, so die landläufige Meinung, braucht eben viel Zeit.

Dem Unternehmer war schnell klar, dass diese Art der formellen Kontaktpflege zu lange dauern würde. Was tun? Ein Event musste her — doch angesichts der Kosten trat schnell Ernüchterung ein.

Die rettende Idee ließ aber nicht lange auf sich warten: Als begeisterter Sporttaucher und Tauchlehrer besann er sich auf das, was nahelag. Er aktivierte einige seiner Tauchverein-Kameraden als Betreuer und lud genau diese Potenzial-Kunden zum Gerätetauchen an einen See in der Berliner Umgebung ein. Für die Kunden, Entscheidungsträger mit hoher Dominanz-Kraft, war dies ein faszinierendes neues Abenteuer. Der Gedanke an die Entdeckungsreise unter Wasser aktivierte ihre Dominanz-Kraft und ihre Stimulanz-Kraft.

14.7 Die Macht der körperlichen Berührung

Doch dies war nicht alles: Unser Unternehmer ging mit fast jedem seiner potenziellen Kunden selbst unter Wasser, nahm ihn bei der Hand und führte ihn in die zunächst bedrohliche Unterwasserwelt ein. Durch diese lange intensive Berührung wurde die geschäftliche Distanz für immer aufgelöst! Denn in wenigen Sekunden entstand so ein tiefes Vertrauen zu unserem Unternehmer. Ohne dass er dies geplant hatte, aktivierte sein „An-die- Hand-nehmen-bei-Gefahr" bei den Kunden ein „Mutterschema" mit den entsprechenden Geborgenheitsgefühlen. Und diese Geborgenheitsgefühle wurden auf ihn übertragen.

Die Kunden selbst bekamen natürlich von diesem in ihnen ablaufenden unbewussten Vertrauensmechanismus so gut wie nichts mit. Das Ergebnis war phänomenal: Der Umsatz mit dieser wichtigen Kundengruppe explodierte nach oben. Preiszugeständnisse, in früheren Gesprächen von diesen Kunden als erste Bedingung gefordert, waren nicht mehr notwendig.

An diesem Beispiel wird deutlich: Events müssen nicht teuer sein. Ein prickelndes gemeinsames Abenteuer, einige wenige körperliche Berührungen, die das Feindschema auflösen und die Balance-Kraft direkt ansprechen, können mehr bewirken als hunderte von Verkaufsgesprächen mit ausgeklügelter Nutzenargumentation!

14.8 Die erfolgreichen Kunden sind immer auf dem Sprung

Doch Kundenbindung besteht nicht nur aus faszinierenden Events, auch im Alltag gibt es viele Möglichkeiten, wie man seine Kunden durch Be- bzw. Missachtung der Emotionssysteme für sich gewinnen bzw. sie für immer verlieren kann. Die wichtigste Kraft der Kundenbindung ist übrigens die Gewohnheit. Die Balance-Kraft wehrt sich nämlich, wie wir wissen, mit aller Macht dagegen, Gewohnheiten aufzugeben. Jeder Lieferantenwechsel ist für den Kunden mit Arbeit verbunden. Er muss sich an neue Gesichter gewöhnen. Er muss sich auf neue Abläufe einstellen, und zusätzlich bleibt das Risiko bestehen, dass der neue Lieferant oder Dienstleister am Schluss auch nicht besser als der alte ist.

Allerdings gilt es dabei einen wichtigen Zusammenhang zu beachten: Je höher die Balance-Kraft auf Seiten des Kunden, desto höher ist auch die Kundenbindung aufgrund dieser inneren Kraft. Allerdings sind diese Kunden, wie wir gesehen haben, oft nicht die erfolgreichsten.

Erfolgreiche, auf Wachstum programmierte Kunden zeichnen sich eher durch eine geringe Ausprägung der Balance-Kraft aus. Diese Kunden haben weit weniger Angst davor, lieb gewordene Gewohnheiten wie eine Bindung zu einem Lieferanten in Frage zu stellen, wenn ein anderer Lieferant mehr bietet.

Eines ist für beide Gruppen wichtig: Die tägliche Gewohnheit und Sicherheit in den Abläufen darf nicht gestört werden. Dieses Gesetz kann in puncto Kundenbindung aber auch positiv formuliert werden: Die bewusste Ansprache und Gestaltung der Balance-Kraft in der Kundenbeziehung kann wichtige Wettbewerbsvorteile ergeben.

14.9 Die große Chance: neue Gewohnheiten etablieren

Der Convenience-Markt boomt: Vorbereitete Speisen, die sich mit wenigen Handgriffen zu einem leckeren Mahl verwandeln lassen, oder der schnelle Lebensmittel-Einkauf auf der Heimfahrt an der Tankstelle, beides ist Convenience. Aber was ist Convenience tatsächlich? Manche übersetzen diesen Begriff mit „Bequemlichkeit/Einfachheit". Convenience wäre demnach eine Antwort auf die Balance-Kraft, die uns anleitet, sparsam mit unseren inneren Ressourcen umzugehen und Ruhe zu suchen. Doch Convenience ist weit mehr: Convenience spart Zeit und etabliert völlig neue Gewohnheiten in unseren täglichen Abläufen. Dadurch erhöht sich unsere Handlungsfreiheit, unsere Autonomie. Convenience spricht deshalb auch die Dominanz-Kraft an.

Wie kann dieser Convenience-Gedanke, der aus dem Consumer-Markt stammt, auf das professionelle B2B-Geschäft und die Kundenbindung übertragen werden? Indem man Serviceleistungen schafft, die zu einer festen Gewohnheit für den Kunden werden (Balance), weil sie ihm das Leben bequemer machen (Balance) und gleichzeitig seine Autonomie (Dominanz) erhöhen.

Soll dieser Bindungsmechanismus seine volle Kraft entfalten, ist es wichtig, sich mit seiner Dienstleistung so in die Abläufe seiner Kunden zu integrieren, dass man zum unverzichtbaren Bestandteil wird. Dies setzt aber die genaue Kenntnis der bestehenden Gewohnheiten, Abläufe und Prozesse seiner Kunden voraus. Und: Die Autonomie und die limbischen Territorien der Kunden dürfen nicht verletzt werden.

Mit enormem Erfolg setzt das Montage-Technik-Unternehmen Würth genau diesen Gedanken in der Praxis um: Das Unternehmen befasst sich vor allem mit dem Vertrieb von Befestigungsteilen wie Schrauben, Muttern usw. für verschiedenste Branchen. Würth hatte festgestellt, wie wichtig für Handwerks- und Produktionsbetriebe die Verfügbarkeit dieser Kleinteile (in der Fachsprache: C-Teile) für einen reibungslosen Ablauf ist. Diese Wichtigkeit steht allerdings im umgekehrten Verhältnis zum Interesse des Handwerkers, sich um die Beschaffung dieser Teile zu kümmern, denn der Aufwand dafür ist im Vergleich zu ihrem Materialwert enorm groß. Die Folge: Es gab häufig Störungen in der Produktion, weil im Materialeinkauf diese Kleinteile oft vernachlässigt wurden.

Aufgrund dieser Erkenntnis entwickelte Würth ein perfektes System: Gemeinsam wird mit dem Handwerksbetrieb zu Beginn der Zusammenarbeit festgelegt, welche Kleinteile benötigt werden. Und von diesem Zeitpunkt an sorgt Würth für eine perfekte Verfügbarkeit dieser Teile in der Werkstatt durch ein spezielles Regal, das regelmäßig von Würth aufgefüllt wird. Der Betrieb zahlt nur, was er verbraucht, und braucht sich ansonsten um nichts mehr zu kümmern. Auf diese Weise spricht Würth die Balance-Kraft des Handwerkers in dreifacher Hinsicht an:

- Die lästige Beschaffung fällt weg.
- Ärger wird vermieden, weil die Teile immer vorrätig sind.
- Durch den reibungslosen Ablauf wird der Würth-Service zu einer verlässlichen Größe und damit zur festen Gewohnheit.

Auch die Dominanz-Kraft des Handwerkers ist zufrieden: Zwar greift Würth zunächst in sein Territorium ein, weil das „fremde" Würth-Teileregal ja der Herrschaft des Handwerkers entzogen ist und als Fremdkörper auf seinem Territorium steht.

Weil aber die Teile keine Bedeutung für den Handwerker haben, rebelliert die Dominanz-Kraft nicht, sondern freut sich über die so gewonnene Autonomie, die es dem Handwerker ermöglicht, seine Zeit mit für ihn wichtigeren Dingen zu verbringen.

Natürlich profitiert auch Würth davon. Weil der Handwerker sich nicht mehr um die Beschaffung kümmert, kümmert er sich auch nicht mehr um die Preise. Die hohe Umsatzrendite von Würth ist u. a. auch darauf zurückzuführen.

Think Limbic: Empfehlungen für den Alltag

1. Vorsicht Scheuklappen: Analysieren Sie das limbische Profil Ihres Unternehmens!

Ihr visueller Auftritt, Ihre Mitarbeiter und Ihr Marktverhalten prägen die limbische Botschaft und das limbische Profil Ihres Unternehmens. Damit ziehen Sie automatisch die Kundengruppen an, die ein ähnliches Profil haben. Denken Sie daran: Sieger kaufen grundsätzlich nur bei aktiven und innovativen Unternehmen!

2. Strahlen Sie Signale für Sieger aus: Sprechen Sie die Dominanz-Kraft direkt an!

Ihre erfolgreichsten Kunden sind deshalb erfolgreich, weil sie von einer überdurchschnittlich hohen Dominanz-Kraft gesteuert werden. Scheuen Sie sich nicht, diese Dominanz-Kraft direkt anzusprechen: mit Kundenbindungsmaßnahmen, die Status, Überlegenheit und Sieg hervorheben!

3. Verlassen Sie sich nicht auf Kundenbefragungen!

Ihre Kunden sagen Ihnen oft nicht die Wahrheit. Wünsche, die im Widerspruch zu gesellschaftlichen Normen stehen, werden häufig verschwiegen — gleichzeitig wissen Ihre Kunden nicht, welche unbewussten Steuerungsmechanismus ihrem Verhalten zugrunde liegen. Bauen Sie Ihr Customer-Relations-Management deshalb stärker auf die Emotionssysteme auf.

4. Inszenieren Sie Events!

Gute Events haben eine weit stärkere unbewusste Wirkung, als man gemeinhin glaubt. Das propagierte Bild vom „vernünftigen Menschen" verstellt den Blick vor der limbischen Wahrheit. Achten Sie aber darauf, dass die mit dem Event vermittelte limbische Botschaft mit Ihren Zielen und Ihrer Zielgruppe übereinstimmt.

5. Werden Sie zur unverzichtbaren Gewohnheit für Ihre Kunden!

Integrieren Sie Ihre Leistungen als unverzichtbare Gewohnheit in die Abläufe Ihrer Kunden. Dazu ist es aber notwendig, diese Abläufe genauestens zu kennen.

6. Vermeiden Sie Störungen!

Jeder kleine Fehler, seien es Lieferfehler, Rechnungsfehler oder Lieferverzögerungen, aktiviert und alarmiert die Balance-Kraft Ihres Kunden und seiner Mitarbeiter aufs Höchste. Der dadurch entstehende Ärger wirkt lange nach und beschädigt das Partner-Vertrauen.

7. Machen Sie neugierig!

Sprechen Sie die Stimulanz-Kraft Ihrer Kunden gezielt dadurch an, dass Sie laufend etwas Neues bieten. Bereiten Sie Ihre Informationen und Anregungen spannend und aktivierend auf und inszenieren Sie bewusst Ihre Kundenseminare.

8. Bringen Sie die richtigen Kunden zusammen!

Wenn Sie Seminare oder Events für Kunden planen, achten Sie auf die limbischen Profile Ihrer Kunden. Trennen Sie die Neugierigen und Expansionswilligen von den Bewahrern und Beharrern, denn beide Gruppen stören sich gegenseitig.

15 Limbic Selling: Wie man ins Herz seiner Kunden verkauft

Was Sie in diesem Kapitel erwartet

Menschen und damit natürlich auch Kunden unterscheiden sich in der individuellen Ausprägung ihrer Emotionssysteme. Diese Ausprägung ist nicht nur maßgeblich dafür verantwortlich, was uns motiviert, sondern auch dafür, was wir gut finden, welche Eigenschaften eines Produktes für uns besonders wichtig sind. Gute Verkäufer stellen sich in ihrer Argumentation auf die Persönlichkeit ihrer Kunden ein.

Der Verkaufsleiter eines großen Automobilherstellers kam mit der Frage auf mich zu, ob man Limbic nicht auch im Verkaufs- und Beratungsgespräch in den angeschlossenen Autohäusern einsetzen könnte. Schließlich wären die Kunden sehr unterschiedlich in ihrer Persönlichkeitsstruktur. Aus seiner langjährigen Erfahrung wisse er, dass dicke Reifen und ein mächtiger Auspuff einen jungen Mann, nicht aber eine ältere Frau begeistern können. Auch die Cabrio-Käufer wären ganz andere Typen als z. B. die vernünftigen Kleinwagen-Käufer. Und diese Unterschiede müssten sich doch mit Limbic erklären und nutzen lassen. Genau so ist es, und heute werden alle Verkäufer dieses Herstellers entsprechend ausgebildet.

Wie nicht anders zu erwarten, und unsere Untersuchungen von über 150.000 Menschen bestätigt dies, bestimmt die Persönlichkeitsstruktur eines Kunden maßgeblich, wie er das Produkt oder die Dienstleistung wahrnimmt und welche Produktmerkmale für ihn von besonderer Bedeutung sind. Überlegen Sie selbst einmal kurz, welche Merkmale eines Autos für unsere vier bekannten limbischen Prototypen, den Bewahrer, den Harmonisierer, den Kreativen und den Performer, jeweils von besonderer Bedeutung sind.

15.1 Welches Auto für wen?

Beginnen wir mit dem Bewahrer und seinem besonders stark ausgeprägten Balance-System. Für ihn hat Sicherheit eine hohe Bedeutung. Er wird beim Autokauf nach Sicherheitsmerkmalen und Wirtschaftlichkeitsaspekten fragen. Ganz anders der Kreative. Er sucht das Neue, den Spaß und das Außergewöhnliche: Für ihn ist ein extravagantes Design, das Infotainment-System und ein versenkbares Dach von Interesse. Der Performer dagegen sucht Leistung und Status. Er will die stärksten Motoren, eine Optik, die den Status unterstreicht, und luxuriöse Ausstattung. Dem Harmonisierer dagegen ist Technik egal. Er will ein bequemes und einfaches Auto, das problemlos läuft und zu bedienen ist. Viele Automodelle lassen sich heute durch Ausstattungs-, Form- und Farbvarianten vielseitig in diese völlig unterschiedlichen emotionalen Erwartungswelten transferieren — es kommt also nur darauf an, das limbische Kundenprofil zu erkennen und das Verkaufsgespräch so zu führen, dass sich der Kunde emotional aufgehoben und verstanden fühlt. Wichtig für jedes Verkaufsgespräch ist, dass zunächst etwas Vertrauen zwischen dem Verkäufer und Kunden aufgebaut wird.

Wie entsteht Vertrauen? Dadurch, dass Kunden und Verkäufer auf der gleichen emotionalen Wellenlänge agieren. Und um herauszufinden, wer der andere ist, nutzen wir den Small Talk über Gott und die Welt, über Hobbys, Familie und sonstige Interessen. Dabei ist wichtig: Auch im Small Talk und seinen Inhalten unterscheiden sich die limbischen Prototypen erheblich. Während der Kreative begeistert vom letzten Rockkonzert berichtet, unterhält sich der Bewahrer lieber über Haus und Garten. Und während der Harmonisierer von der gemütlichen Fahrradtour mit Freunden und Familie schwärmt, kann es der Performer kaum erwarten, einen Anlass zu finden, um über sein verbessertes Golf-Handicap zu berichten.

Doch damit nicht genug. Nicht nur in den Inhalten des Small Talks und des eigentlichen Beratungsgesprächs unterscheiden sich die Prototypen, auch die Inszenierung des Umfelds will bedacht sein. An billigen Plastikkugelschreibern und Strohblumen stört sich der Harmonisierer nicht, im Gegenteil solche heimeligen Signale sind für ihn Vertrauen auslösend. Auf den Performer dagegen wirkt eine solche „Wohnzimmeratmosphäre" minderwertig. Aber auch die Kleidung des Verkäufers spielt eine Rolle. Präsentiert sich der Verkäufer mit goldenen Manschettenknöpfen, Einstecktuch usw. wird er für den ungezwungenen Kreativen zum Antityp, während ihn der Performer so sofort als seinesgleichen akzeptiert.

Nach diesem kurzen Überblick schauen wir uns nun am Beispiel der vier Prototypen genauer an, wie man deren limbisches System individuell zum Jubeln bringt.

Die Harmonisierer

Komplexe, unbekannte und risikoreichere Produkte lehnen Harmonisierer ab. Einfachheit und Überschaubarkeit sind für sie wichtig. Harmonisierer sind immer etwas unsicher und ängstlich, deshalb ist für sie der vertrauensbildende Small Talk von allergrößter Wichtigkeit. Sie genießen es, wenn man sich viel Zeit für sie nimmt und auf ihre Sorgen und Lebensnöte eingeht. Die Freizeit- und Lebensinteressen drehen sich um Familie, Haus und Garten und um die Besorgung des alltäglichen Lebens. Die regionale Nähe, auch im gemeinsamen Dialekt zwischen Berater(in) und Kunde, wirken auf Harmonisierer besonders positiv.

Für sie ist auch eine gemütliche Gesprächsumgebung wichtig. Kühles Hightech-Design und Designermöbel lösen Unwohlsein aus. Am liebsten mag der Harmonisierer eine heimelige Wohnzimmeratmosphäre mit Signalen der Gemütlichkeit. Warmes Holz, weiche Teppiche sind die Welt des Harmonisierers.

Die Kreativen

Die Kreativen sind offen für neuere und ungewohnte Produkte und Produktmerkmale. Zudem sie sind auch bereit Risiken einzugehen. Sie sind spontan in ihren Kaufentscheidungen und wollen die Ersten sein, die ein neues Produkt besitzen. Produkte mit Individualismus-Versprechen haben eine hohe Anziehungskraft auf sie.

In der Verkaufssituation ist Lockerheit und Freude am Leben angesagt. Der Kreative betrachtet den Verkäufer gerne als Kumpel. Nach dem Motto: Was gibt es Neues in der Stadt? Welche Themen beherrschen die Szene? Darf es ein Latte macchiato oder eine Bionade sein? Das Verkaufsgespräch soll schnell gehen, da draußen das spannende Leben wartet.

Die Performer

Die Performer halten sich selbst fürs Profis und wirken deshalb oft auch etwas arrogant und überheblich. Der Performer möchte das Beste und die Umwelt soll das auch sehen. Aus diesem Grund liebt und kauft er gerne Produkte, die mit Status verbunden sind. Der Verkäufer muss deshalb kompetent sein und sich auskennen. Der Small Talk sollte beim Performer auch „small" bleiben. Er hat nur wenig Zeit und er möchte seine Zeit effizient einsetzen. Trotzdem erwartet er Bewunderung: Man muss ihm ausreichend Gelegenheit geben, über seine beruflichen und sportlichen Erfolge zu sprechen.

Der Performer arbeitet täglich an seiner eigenen Perfektion, und das Gleiche erwartet er auch vom Verkäufer. Während der Kreative und der Harmonisierer über kleine Schlampigkeiten gnädig hinwegsehen, erwartet der Performer Perfektion im Detail. Ein Verkäufer mit billigem Plastikkugelschreiber, verknautschtem Anzug und nachlässigem Schuhwerk wird unbewusst als inkompetent und als nicht satisfaktionsfähig abgelehnt.

Die Bewahrer

Der Bewahrer ist zunächst einmal jedem Angebot gegenüber misstrauisch. Aufgrund seiner Denkstruktur geht dieses Misstrauen in jedes Detail. Während der spontane Kreative schnell zum Kaufentschluss kommt, braucht's beim Bewahrer ewig. Vom Verkäufer wird deshalb große Geduld abverlangt. Individualität und Status spielen beim Bewahrer keine Rolle, dafür gibt er kein Geld aus. Der Bewahrer ist der sparsamste und geizigste aller Prototypen. Er kauft niemals ein Produkt, bei dem er der Erste ist — dagegen liebt er es, wenn dieses Produkt schon von tausenden Kunden benutzt und für gut befunden wurde. Testergebnisse haben für ihn genauso wie Garantien eine hohe Relevanz. Vom Verkäufer erwartet er ein korrektes, aber nicht übertriebenes Auftreten. Teure Verkaufsumgebungen lehnt er ab, denn er muss es ja mit seinem Geld bezahlen.

15.2   Unbewusste Konflikte mit dem Kunden

Wir wissen jetzt, wie wir unsere Kunden emotional ansprechen sollten, um sie für unser Anliegen zu gewinnen. Es gibt allerdings noch ein größeres Hindernis auf dem Weg zum Erfolg: Das sind wir selbst. Denn wir, unsere Persönlichkeit, unsere Körpersprache und unser Verhalten, senden ja extrem wichtige Signale für das limbische System unserer Kunden. Nun wissen wir aus dem Alltag, dass sich „Gleich gerne zu Gleich gesellt". Und so ist es auch im Verkäufer-Kundenkontakt. Gegensätze schaffen unbewusst oft starke Ablehnung. Ein kleines Beispiel soll das verdeutlichen. Herr Maier ist Versicherungsvertreter und in seiner Persönlichkeit ein Performer pur. Alles dreht sich um Leistung, sein Tag ist genau strukturiert, denn es gilt ja zum einen die Verkaufsziele zu übertreffen und im internen Verkaufswettbewerb der Versicherung ganz vorne dabei zu sein, um die ausgelobte Sonderprämie zu erhalten. Seine ganze Körperhaltung ist straff, seine Stimme ist klar und direkt und sein ganzes Verhalten ist selbstbewusst und zielgerichtet. Sein erstes Beratungsgespräch am Morgen führt ihn zu Frau Müller. Sie hat eine kleine Summe geerbt und möchte eine Lebensversicherung abschließen.

Frau Müller ist vom Typ eine herzliche Harmonisiererin, die menschliche Kontakte liebt und sich gerne lange über Gott und die Welt unterhält. Nun stellen Sie sich einmal vor, was beim Zusammentreffen zwischen Frau Müller und Herr Maier unbewusst passiert. Genau: Das schneidige Auftreten von Herrn Maier wird vom limbischen System von Frau Müller als arrogant und gefühlskalt bewertet.

Glauben Sie, dass sie bei ihm gerne einen Vertrag abschließt? Nun werfen wir einen Blick in das limbische System von Herrn Maier. Frau Müller erzählt lange und ausführlich von ihrer Oma, von der sie das Geld geerbt hatte, von den Kindheitserlebnissen mit ihr usw. Das Dominanz-System von Herrn Maier, das auf Effizienz und Zielerreichung pocht, sorgt in seinem Bewusstsein für extreme innere Spannung, verbunden mit leichtem Ärger über diesen scheinbaren Zeitverlust. Da wir genauso wenig wie Herr Maier unsere Mimik und Körpersignale immer im Griff haben, spürt Frau Müller die negativen Wellen die von Herrn Maier ausgehen. Ein Abschluss kommt natürlich nicht zustande.

Ein weiteres Beispiel: Herr Graf ist ein junger Autoverkäufer, der Benzin und Technik im Blut hat. Als limbischer Typ ist er ein Kreativer mit einem ausgeprägten Stimulanz-System. Nun betritt Herr Holzer den Verkaufsraum. Herr Holzer ist 65 Jahre alt und eindeutig vom Typ her ein Bewahrer. Herr Holzer interessiert sich für ein bestimmtes Modell, und Herr Graf stellt ihm dieses mit voller Begeisterung vor. Er sagt ihm, dass er mit der Erste wäre, der dieses Auto ausgeliefert bekäme und zeigt ihm gleich die ganzen technischen Innovationen dieses Autos. Am Schluss wundert er sich, warum Herr Holzer sich mit den Worten „Er müsse sich das Ganze nochmals überlegen", verabschiedet. Herr Graf hört natürlich nichts mehr von ihm. Was war passiert? Herr Graf hatte die Merkmale des Autos betont, die sein Stimulanz-System zum Jubeln bringen. Leider waren das genau die Signale, die im starken Balance-System von Herrn Holzer Angst und Unsicherheit auslösten. Allein der Gedanke, mit als Erster dieses Auto zu fahren und möglicherweise alle Mängel erleiden zu müssen! Für das Balance-System von Herrn Holzer Gift. Aus diesem Grund ist es wichtig, als Verkäufer seine eigene Persönlichkeit mit allen ihren Stärken und Schwächen zu kennen und sich selber etwas in den Griff zu nehmen.

15.3 Wie man seine Kunden erkennt

Wir haben ja in den vorhergehenden Kapiteln schon einiges über die Persönlichkeitsunterschiede und ihre Auswirkungen auf unser Verhalten und das der Kunden erfahren. Natürlich wäre es im Verkaufsgespräch sehr hilfreich, seinen Kunden schnell einschätzen zu können. Der Wunsch jedes Verkäufers ist es, dass es ein Merkmal gibt, das ihn sofort auf die richtige Spur bringt. Leider gibt es dieses Schlüsselmerkmal nicht. Die richtige Kundenzuordnung ist wie die Arbeit eines so genannten Profilers bei der Kriminalpolizei. Dieser kombiniert verschiedenste Spuren, die ein Täter am Tatort hinterlassen hat und erstellt daraus ein Täterprofil. Wir machen es nicht anders. Wir sehen ja auf den ersten Blick, welches Alter und welches Geschlecht unser Kunde hat. Die Wahrscheinlichkeit, dass eine ältere Dame eine starke Harmonie-

Ausprägung hat, ist ca. 20 Mal größer als die einer starken Dominanz-Ausprägung. Wir schauen uns an, wie unser Kunde gekleidet ist. Wenn er sich sehr modisch und auffallend anzieht, werden auf dem Stimulanz-Konto Punkte addiert. Und wenn er uns noch erzählt, dass er am liebsten so richtige Abenteuerurlaube macht, ist die Wahrscheinlichkeit groß, dass er eher als Stimulanz-Typ einzuschätzen ist. Und wenn uns ein anderer Kunde stolz erzählt, wie er mit seinem Porsche zum Wochenendtrip im Luxushotel gefahren ist, dort nur die teuersten Weine getrunken und zudem sein Golf-Handicap entscheidend verbessert hat, können wir ihn getrost als Performer einordnen. Wie gesagt: Es gibt nicht ein Merkmal, das alles erklärt — auch ein Harmonisierer kann mal einen Porsche fahren, auch ein Bewahrer kann mal auffällig angezogen sein — aber wenn man eine Reihe von Merkmalen betrachtet und ein Gespür dafür entwickelt, bekommt man ein gutes Bild vom Kunden.

Think Limbic: Empfehlungen für den Alltag

1. Richten Sie Ihre Argumente auf die emotionale Persönlichkeit Ihres Kunden aus

Achten Sie darauf, dass Sie Ihre Argumente und Worte auf die Hauptemotionsbereiche Ihres Kunden zuschneidern.

2. Der Fisch muss dem Wurm, nicht dem Angler schmecken

Denken Sie daran, dass Sie nicht die Merkmale in den Vordergrund setzen, die für Sie wichtig sind, sondern die, die der Persönlichkeit Ihres Kunden entsprechen.

3. Emotionale Konflikte / Ablehnungen entstehen aus den gegenüberliegenden Emotionsbereichen

Oft kommen wir bei den Kunden nicht an, die von ihrer Persönlichkeit anders als wir aufgestellt sind. Ein Harmonisierer empfindet einen Performer als arrogant, ein Kreativer den Bewahrer als langweilig.

4. Achten Sie auf das Setting

Denken Sie daran, dass auch Kleidungsstil, Büroeinrichtungen etc. Signale sind, die von den limbischen Typen unterschiedlich bewertet werden. Während z. B. der Performer „Luxus-Signale" liebt, wirken diese auf den Harmonisierer eher abschreckend.

5. Nutzen Sie den Selbsttest

Auf meiner Website www.haeusel.com können Sie in einem kurzen Selbsttest erfahren, welcher Typ Sie sind.

16 All is Limbic: die Logik hinter anderen Persönlichkeitsmodellen

Was Sie in diesem Kapitel erwartet

In der Management- und Unternehmenspraxis werden viele unterschiedliche Modelle und Tests zur Personalauswahl, Mitarbeitermotivation und für Verkaufstrainings genutzt. Für den Praktiker ist das sehr verwirrend, denn jeder Ansatz behauptet für sich, die menschliche Persönlichkeit erklären zu können. Durch die einzigartige wissenschaftliche Fundierung des Limbic-Ansatzes ist es möglich zu erkennen, was die Tests messen und ob sie die Persönlichkeit eines Menschen vollständig abbilden.

Gleich ob man mit Personalverantwortlichen, Vertriebsmitarbeitern oder Chefs spricht: Der Wunsch, die Persönlichkeit der Mitarbeiter oder der Kunden besser einschätzen zu können, ist riesig. Aus diesem Grund findet man auch in der Unternehmenspraxis viele Persönlichkeitsmodelle und daraus abgeleitet Tests, die helfen sollen, das Geheimnis der menschlichen Persönlichkeit zu ergründen. Viele dieser Modelle sind schon viele Jahrzehnte alt. Alle basieren letztlich auf Beobachtungen des menschlichen Verhaltens und dem Versuch, dieses Verhalten in einleuchtenden Persönlichkeitsdimensionen zu beschreiben. Schaut man auf diese Modelle, ist man zunächst sehr verwirrt, weil die behaupteten Persönlichkeitsdimensionen auf den ersten Blick sehr unterschiedlich sind. Der große Vorteil des in diesem Buch vorgestellten Limbic-Ansatzes ist es, dass er als so genannter Multiscience-Ansatz die Erkenntnisse der verschiedensten Wissenschaftsdisziplinen zu einem umfassenden und einzigartig-fundierten Gesamtmodell verknüpft. Dadurch ist es möglich, die in der Praxis verwendeten Persönlichkeitsmodelle auf den „Prüfstand der Wahrheit" zu stellen. Diese Multiscience-Perspektive sei beispielhaft am Stimulanz-System dargestellt (Abbildung 45).

Molekularbiologie & Genetik	• DRD4-Gen	❌ Stimulanz
Neurochemie	• Dopamin	
Neuroanatomie	• Mesolimbisches & Mesocorticales Dopaminsystem	
Psychiatrie	• Manie	
Emo- & Motivationspsychologie	• Sensation Seeking, Novelty Seeking, Diversive Neugier (Berlyne)	
Persönlichkeitspsychologie	• Openness & Extraversion im NEO 5	
(Kultur-)Soziologie	• Spannungsmilieu (Schulze), Hedonistisches Milieu (Sinus), Openness to Change (Schwartz-Values)	
Philosophie	• Langeweile (Heidegger), Ästhetisches Leben (Kierkegaard)	

Abb. 45: Der Multiscience-Ansatz von Limbic am Beispiel des Stimulanz-Systems

Man sieht, in wie vielen Wissenschaftsdisziplinen entsprechende Konstrukte und Korrelate vorhanden sind. Kein im Markt vertretener Ansatz hat die Erklärungstiefe wie Limbic, kein Ansatz macht wie Limbic seine Konstruktionsprinzipien und wissenschaftlichen Hintergründe in dieser Weise transparent. Auf der Website www.haeusel.com kann man die wissenschaftliche Beschreibung von Limbic, Limbic Science, kostenlos downloaden.

Aufgrund dieser umfassenden Fundierung ist es möglich, die verschiedensten Persönlichkeitsmodelle auf den Prüfstand zu stellen. Das verblüffende Ergebnis davon: Alle Modelle basieren letztlich auf den in diesem Buch vorgestellten Emotionssystemen und lassen sich mit Limbic bestens erklären. Zur Verortung und Analyse der Persönlichkeitsdimensionen nutzen wir die Limbic Map. Wir beginnen beim NEO 5 Persönlichkeitsmodell.

16.1 Der NEO 5: die Persönlichkeit aus Sicht der wissenschaftlichen Psychologie

Beim NEO 5 handelt es sich um den weltweit bekanntesten Persönlichkeitstest der Psychologie. Die Basis dafür waren in den 1930ern die Arbeiten von z. B. Allport und in den 1960ern die Arbeit von H. J. Eysenck mit seinen Dimensionen Extraversion und Neurotizismus. Auf dieser Grundlage entwickelten Paul T. Costa und Robert

McCrae das NEO-Fünf-Faktoren-Inventar, kurz: den NEO 5. Beim NEO 5 handelt es sich um einen so genannten lexikalischen Ansatz. Dieser geht davon aus, dass sich Persönlichkeitsmerkmale in der Sprache niederschlagen. Ausgehend von Listen mit mehr als 10.000 Adjektiven wurden durch Faktorenanalysen fünf maßgebliche Persönlichkeitsfaktoren gefunden, die dann in Test-Items umgesetzt wurden. Die fünf Faktoren sind

- Neurotizismus (heute: Emotionale Stabilität)
- Extraversion
- Offenheit für neue Erfahrungen
- Sozialität/Verträglichkeit
- Gewissenhaftigkeit

Die NEO 5 Dimensionen lassen sich problemlos in den Limbic Emotionsraum übertragen (Abbildung 46).

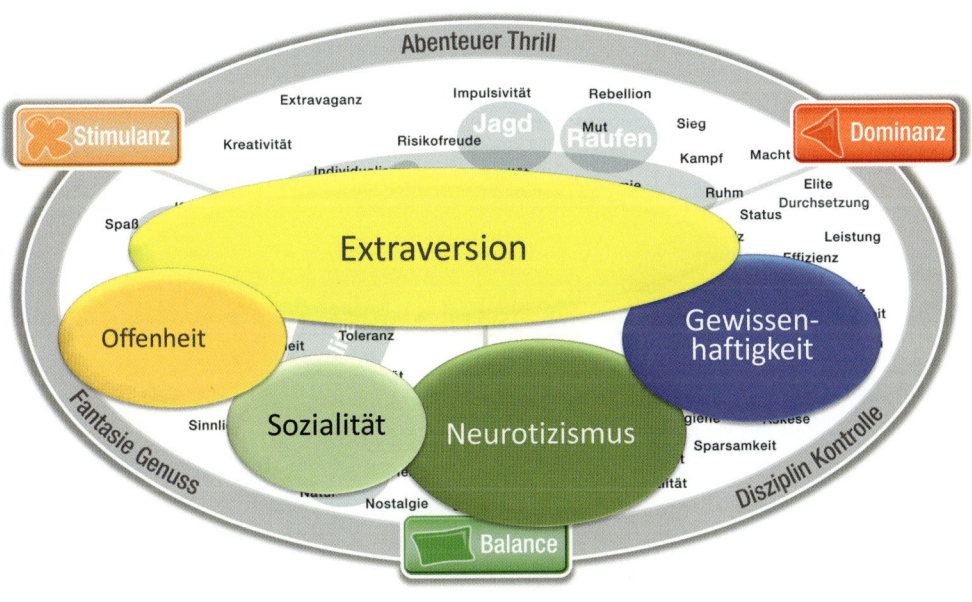

Abb. 46: Die Übertragung der Persönlichkeitsdimensionen des NEO 5 in den Limbic® Emotionsraum

Obwohl bei der Konstruktion des NEO 5 Erkenntnisse der Hirnforschung keine Rolle spielten, zeigt sich, dass der Emotionsraum gut abgedeckt wird. Neurotizismus wird in der psychologischen Forschung sehr stark mit Ängstlichkeit, also der negativen Balance-Seite, in Verbindung gebracht. Sozialität/Verträglichkeit hat eine gute Überdeckung mit den beiden Sozial-Systemen Bindung und Fürsorge.

Trotzdem hat der Test einige Lücken und Probleme: Man sieht, dass der obere Bereich Dominanz und Abenteuer zu wenig abgedeckt wird. Woher kommt das? Was die wenigsten wissen, sind die „politischen" Vorgaben bei der Test-Konstruktion. Der Test sollte „politically correct" sein und wurde so konstruiert, dass er möglichst geschlechts- und altersneutral bleibt. Genau in diesen Dimensionen finden die höchsten Veränderungen in puncto Geschlecht und Alter statt. Diese Lücke wurde gesehen und auch kritisiert. Der renommierte Harvard Psychologie-Professor Kagan bemerkte zum NEO 5 spöttisch: „Der NEO 5 misst nicht alle Persönlichkeitsdimensionen, sondern die, die ein kultivierter weißer Amerikaner von seinem Nachbarn erwartet". Noch auf ein weiteres Problem sei hingewiesen: die Persönlichkeitsdimension Extraversion. Man sieht, dass sie sehr breit im Emotionsraum verläuft. Dieses erkannte auch der amerikanische Psychologe Marvin Zuckerman, von dem die Sensation Seeking-Skalen entwickelt wurden. Er vermisste seine Dimension „Sensation Seeking" (= Stimulanz) im gesamten Konstrukt und kritisierte, dass dieser Faktor viel zu gering in seiner Bedeutung im Faktor Extraversion abgebildet wäre. Die Kritik am Faktor Extraversion als zu breit und zu unspezifisch wurde inzwischen auch durch neurowissenschaftliche Untersuchungen untermauert. Heute zeigt sich, dass die Limbic Dimensionen (in ihrer erweiterten Struktur) eine genauere Darstellung der menschlichen Persönlichkeit bieten als der NEO 5. Man sieht aber in Abbildung 46, dass es im unteren Bereich viele Ähnlichkeiten zum NEO 5 gibt (Offenheit, Harmonie/Verträglichkeit, Sicherheit, Disziplin / Gewissenhaftigkeit).

16.2 DISG®: Dominant, Initiativ, Stetig, Gewissenhaft

Der Begriff DISG (engl. DISC oder DiSC) steht für einen auf Selbstbeschreibung basierenden Persönlichkeitstest mit den vier Grundtypen Dominanz, Initiative, Stetigkeit und Gewissenhaftigkeit. DISG gründet auf einem Modell, das der Psychologe William Marston 1928 entwickelt hatte und von dem Psychologen John G. Geier in einen selbstbeschreibenden Persönlichkeitstest umgesetzt wurde. Dieses Modell wurde bis heute nicht wesentlich verändert. Schauen wir uns nun die Dimensionen des DISG®-Modells etwas genauer an (Abbildung 47).

Dominant	Initiativ	Stetig	Gewissenhaft
egozentrisch ____	enthusiastisch ____	passiv ____	Perfektionist ____
direkt ____	gesellig ____	geduldig ____	genau ____
kühn ____	beredsam ____	loyal ____	Erkunder ____
herrisch ____	impulsiv ____	voraussagbar ____	diplomatisch ____
anspruchsvoll ____	emotional ____	teamfähig ____	systematisch ____
usw.	usw.	usw.	usw.
Summe ____	**Summe** ____	**Summe** ____	**Summe** ____

Abb. 47: Das DISG®-Modell und seine Dimensionen

Wenn wir diese Dimensionen aus der Limbic® Perspektive analysieren, dann stellen wir eine hohe Gemeinsamkeit mit dem DISG® Dominanz-Faktor und dem Limbic Dominanz-System fest. Die DISG® „Gewissenhaftigkeit" entspricht in etwa der Gewissenhaftigkeit des NEO 5 und liegt im Limbic-Emotionsraum zwischen Balance und Dominanz. Die DISG® Dimension „Stetig" beschreibt Verhaltensmerkmale, die mit dem Bindungs-/Fürsorge-System verbunden sind — allerdings wird der eigentliche Kern dieser beiden Harmonie-Systeme nicht beachtet. Ähnlich verhält es sich mit der Dimension „Initiativ". Es ist tatsächlich ein Merkmal des Stimulanz-Systems aktiv und initiativ zu sein. Auch „Impulsivität" und „Geselligkeit" sind mit dem Stimulanz-System verbunden. Der Kern des Stimulanz-Systems, nämlich „Neugier, Exploration, Entdeckung" wird aber nicht gesehen. Übertragen wir das DISG® Modell nun auf die Limbic Map (Abbildung 48).

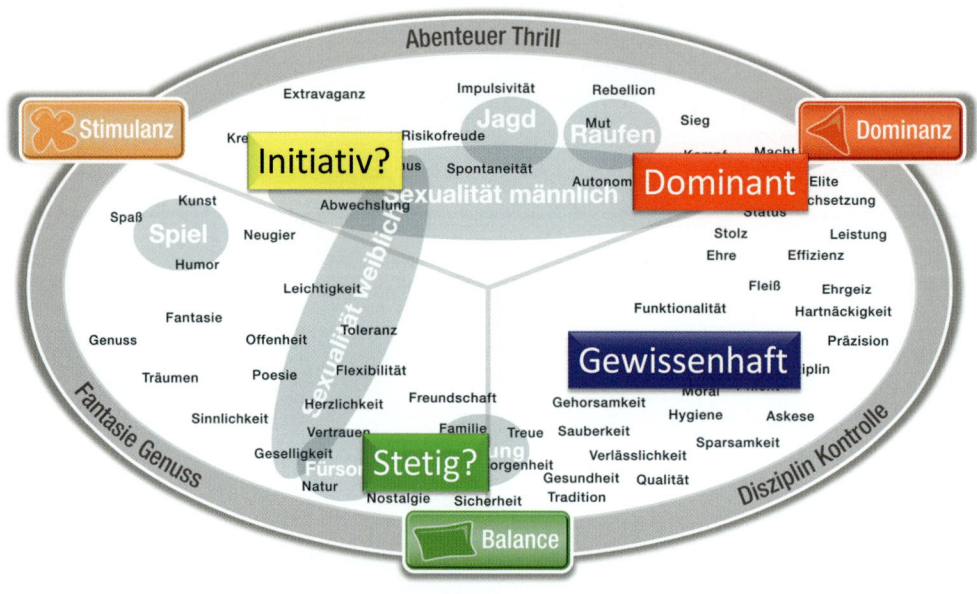

Abb. 48: Das DISG® Modell im Limbic Emotionsraum

Wir sehen, dass der Emotionsraum einigermaßen erfasst wird. Die beiden DISG® Dimensionen „Dominanz" und „Gewissenhaftigkeit" passen. Die anderen beiden DISG® Dimensionen „Initiativ" und „Stetig" treffen so ungefähr — sind aber wissenschaftlich ungenau und gehen teilweise am Kern der Sache, an den Zielen der dahinter liegenden Emotionssysteme vorbei.

16.3   Herrmann Dominanz Instrument H.D.I®

Während der NEO5 und DISG® Persönlichkeitseigenschaften messen, hat der H.D.I® eine zunächst andere Zielrichtung: Er unterscheidet Denkstile, die verschiedene Menschen haben. Entwickelt wurde das Modell von Ned Herrmann vor 30 Jahren. Er nannte es HBDI- Herrmann Brain Dominance Instrument. Zur Fundierung seines Ansatzes nutzte er nämlich die in der damaligen Zeit gängigen Hirntheorien und verknüpfte diese miteinander: zum einen den Ansatz von Paul MacLean (im Hirnstamm die Basisfunktionen, im limbischen System die Emotionen und im Großhirn die Vernunft), zum anderen den Ansatz der Hirnhemisphären von Roger Sperry (rechte Gehirnhälfte: emotional / intuitiv; linke Gehirnhälfte: sequentiell / ordentlich). Daraus leitete er ab, bei welchem Denkstil welcher Teil des Gehirns die

Vormacht hat. Insgesamt formulierte er vier Denkstile, die er noch in introvertiert / extrovertiert unterschied (Abbildung 49).

- A: Das rationale Ich: der Analytiker (konzentriert, ernsthaft, bohrend)
- B: Das sicherheitsbedürftige Ich: der Organisator (kontrolliert, dominant)
- C: Das fühlende Ich: der Emotionale (mitmenschlich, sensibel)
- D: Das experimentelle Ich: der Visionär (ideenreich, experimentell)

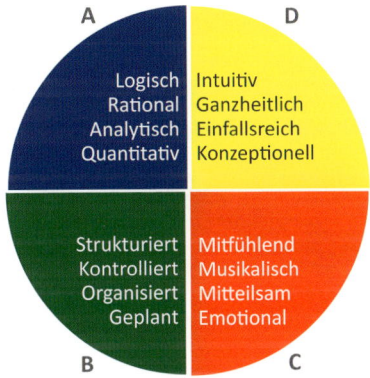

Abb. 49: Die Denkstile des H.D.I®

Betrachten wir kurz die zugrunde liegende Hirnerklärung. Leider ist es nicht ganz so einfach, wie es sich Ned Herrmann gedacht hat. Zwar ist es richtig, dass die linke Hälfte mehr faktenorientiert, die rechte Hälfte mehr intuitiv ist und auch, dass unten im Hirn mehr quick & dirty und oben mehr sophisticated gearbeitet wird. Die vier Denkstile einzelnen Hirnbereichen zuzuordnen, ist heute aber nicht mehr haltbar. Die von Herrmann beschriebenen Denkstile haben nämlich einen anderen Urgrund: Es sind unsere Emotionssysteme. Und alle diese Emotionssysteme beginnen im Hirnstamm und enden im Großhirn. Übertragen wir nun die vier Denkstile von Herrmann auf die Limbic Map (Abbildung 50), dann sehen wir Folgendes.

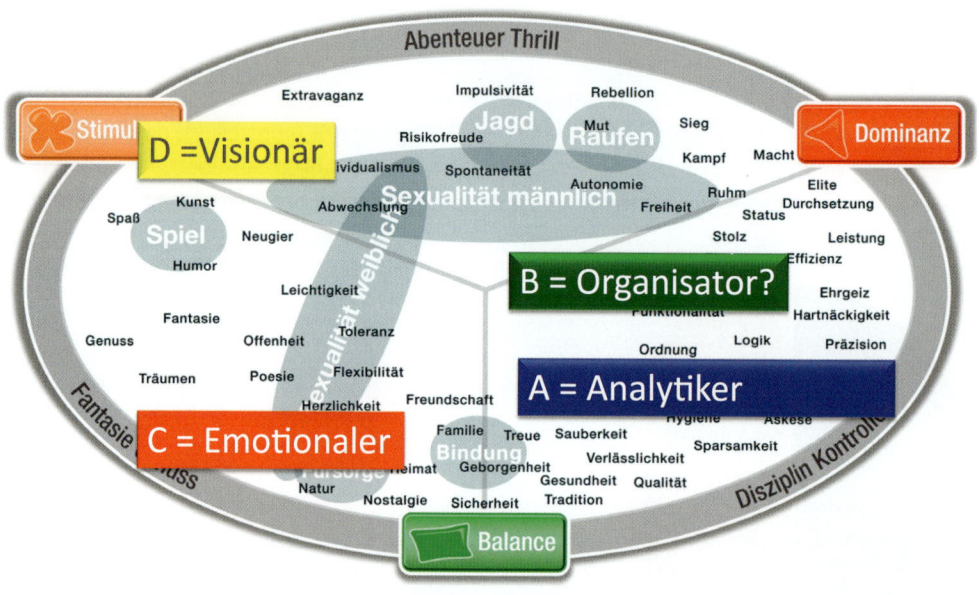

Abb. 50: Die H.D.I® Denkstile auf der Limbic Map

Das „Experimentelle Ich/ Visionär" von Herrmann basiert auf dem Stimulanz-System. Dem „Fühlenden Ich / Emotionaler" liegt Bindung/ Fürsorge zugrunde. Etwas schwieriger und konzeptionell nicht stimmig ist das „Sicherheitsbedürftige Ich / Organisator". Hier bringt Herrmann zwei Emotionssysteme durcheinander. Der „Organisator" wird vom Dominanz-System, das „Sicherheitsbedürftige Ich" dagegen vom Balance-System gesteuert. Das „Rationale Ich / Analytiker" liegt auf der Limbic Map im Bereich Kontrolle. Dieser Denkstil entsteht aus einer Mischung von Dominanz und Balance = Kontrolle. Obwohl seine Hirn-Hintergrundtheorien nicht mehr aktuell sind, hat Herrmann die wichtigen emotionalen Dimensionen befriedigend erfasst. Das Dominanz-System wird bei ihm allerdings zu wenig beachtet.

16.4 Margerison-McCann-Team-Management-Profile, TMS®

Ein auf den ersten Blick völlig anderen Ansatz verfolgten die beiden US-Amerikaner Charles Margerison und Dick McCann Mitte der 1980er Jahre. Durch umfangreiche Befragung in verschiedenen Ländern identifizierten sie acht Arbeitsfunktionen, die einen wesentlichen Beitrag zur effektiven Team-Arbeit leisten. Mit diesen Arbeitsfunktionen beschreiben sie wichtige Team-Rollen. Abbildung 51 zeigt die Struktur und Darstellung dieser Arbeitsprofile.

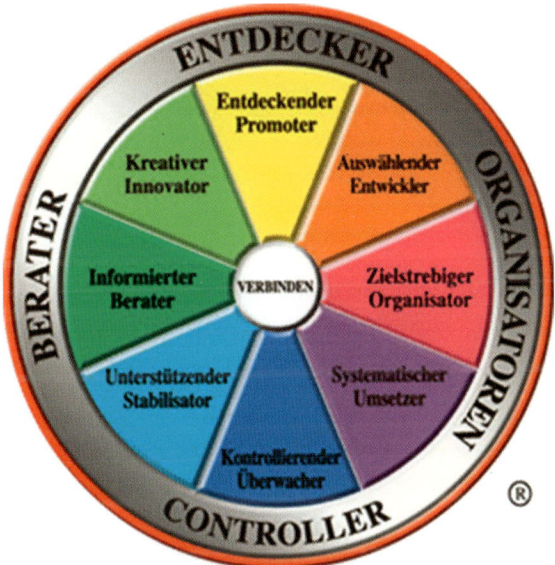

Abb. 51: Das TMS® - Modell

Nun verorten wir die die einzelnen Profile und Rollen auf der Limbic Map.

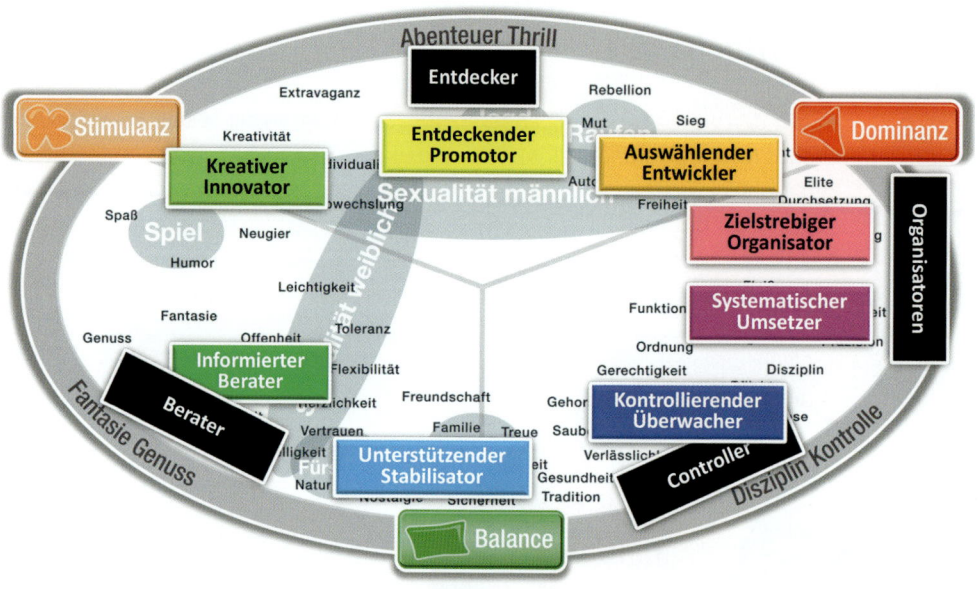

Abb. 52: Die TMS®-Profile auf der Limbic Map

Man sieht, wie die unterschiedlichen Profile den Emotionsraum umfassend abbilden. Die einzelnen Profile sind in sich konsistent — allerdings sind 8 Profile, die sich teilweise überlappen, für die Praxis etwas zu komplex.

16.5   Schwartz-Values®

Der amerikanische Psychologe Shalom Schwartz interessierte sich in seinen Untersuchungen dafür, ob es kulturübergreifende Werte gäbe, die sich in vielen Gesellschaften und Kulturen dieser Welt wiederfinden lassen. Insgesamt machte er seine Untersuchungen in über 70 Ländern. Daraus generierte er ein umfassendes Wertemodell (Abbildung 53). Zudem extrahierte er vier Hauptdimensionen, zwischen denen er Spannungsverhältnisse feststellte.

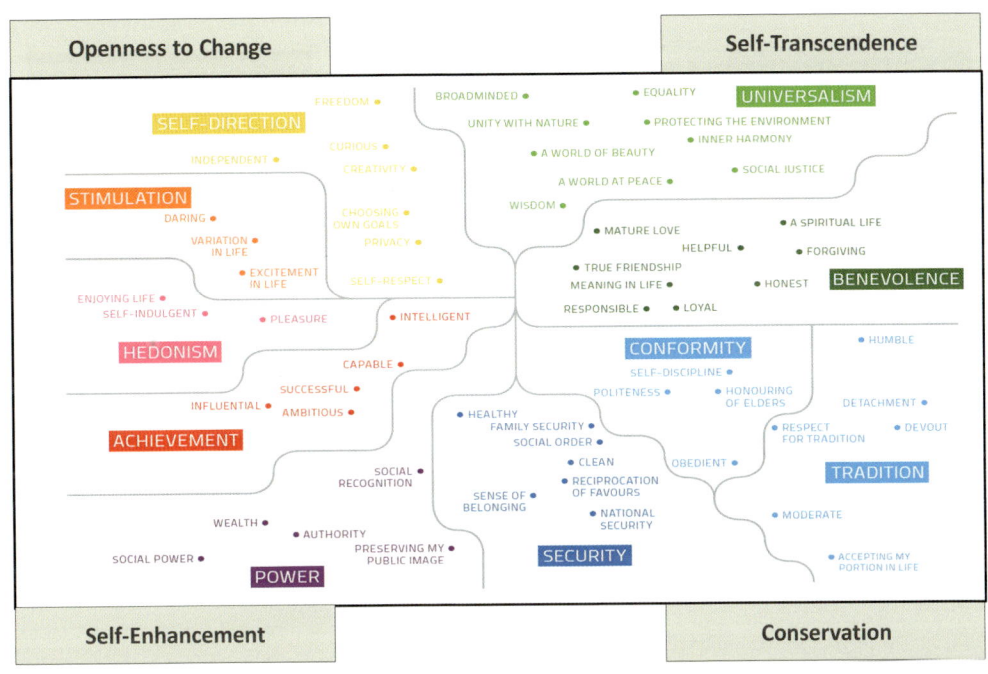

Abb. 53: Das Wertemodell von Shalom Schwartz

Übertragen wir die zentralen Wertedimensionen auf die Limbic Map, erkennen wir eine fast hundertprozentige Entsprechung. Selbst die Spannungsverhältnisse, die Schwartz beschreibt und die auch ein wichtiger Aspekt des Limbic Ansatzes sind, kann man auf neurophysiologischer und neurochemischer Ebene nachweisen! Kleine Unstimmigkeiten sind trotzdem vorhanden. Bei Schwartz ist z. B. die Nachbardimension von „Achievement" „Hedonism" — das stimmt nicht ganz mit der Struktur in unserem Hirn überein. Die richtige Nachbardimension wäre „Selfdirection" (wie auf der Limbic Map in Abbildung 54 angeordnet). Die kulturübergreifenden Untersuchungen von Schwartz und ihre Gemeinsamkeiten mit Limbic machen noch etwas deutlich: Der Limbic-Emotionsraum ist kulturübergreifend gültig — vor einer direkten Übersetzung der Werte sollte man sich allerdings hüten. Alleine das Wort „Familie" z. B. hat in Japan eine völlig andere Bedeutung als in Deutschland.

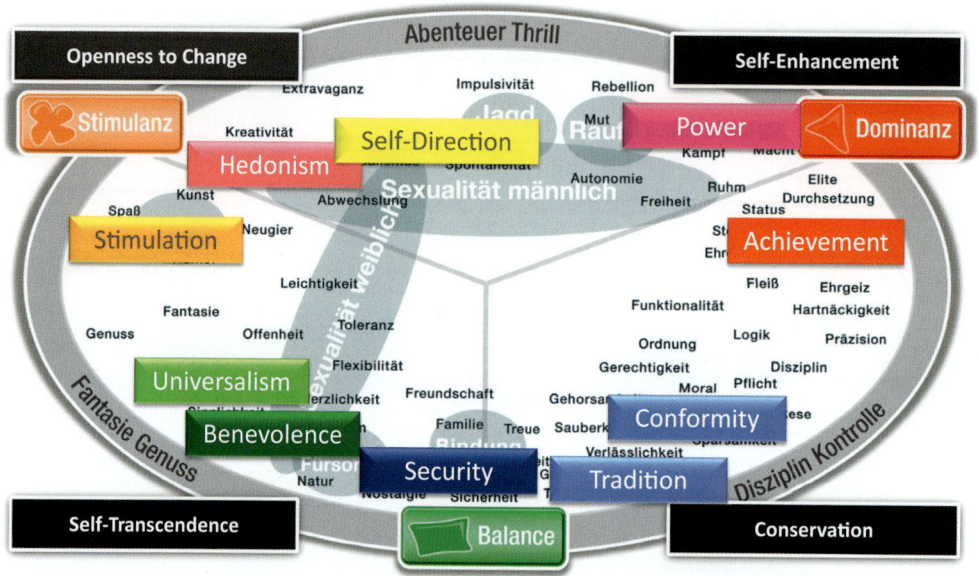

Abb. 54: Das Schwartz-Wertemodell auf der Limbic Map

16.6 Reiss-Profile®: die 16 Lebensmotive

In Unternehmen werden mitunter auch die Reiss-Lebensmotive angewendet. Der amerikanische Psychologe Steven Reiss hat dieses Konzept im Jahr 2000 publiziert. Entstanden ist es nach seinen Aussagen wie folgt: Mit Studenten und Bekannten erstellte er eine Liste von über 400 Items, reduzierte diese und befragte dann 400 Personen auf Zustimmung oder Ablehnung. Mittels Faktorenanalyse errechnete er daraus 16 Motivdimensionen. Daraus entwickelte er einen Test, um die individuelle Motivstruktur eines Menschen zu ermitteln. Abbildung 55 zeigt die Dimensionen und eine typische Auswertung dazu.

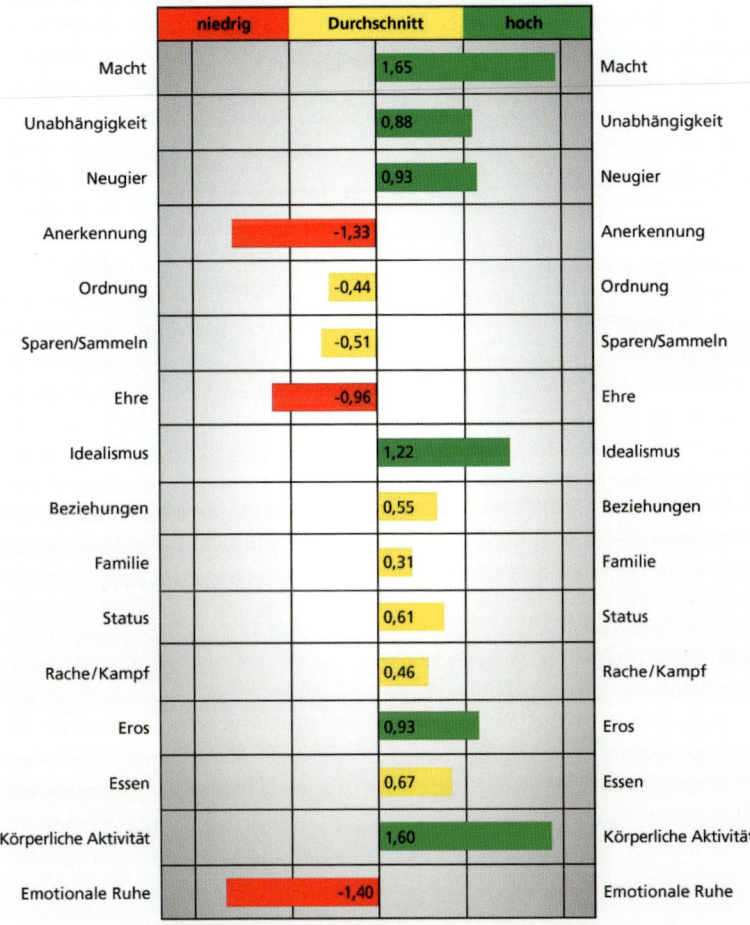

Abb. 55: Die Reiss Profile®

Übertragen wir nun diese Lebensmotive auf die Limbic Map. Wir sehen, dass die wichtigsten Emotionsbereiche getroffen werden.

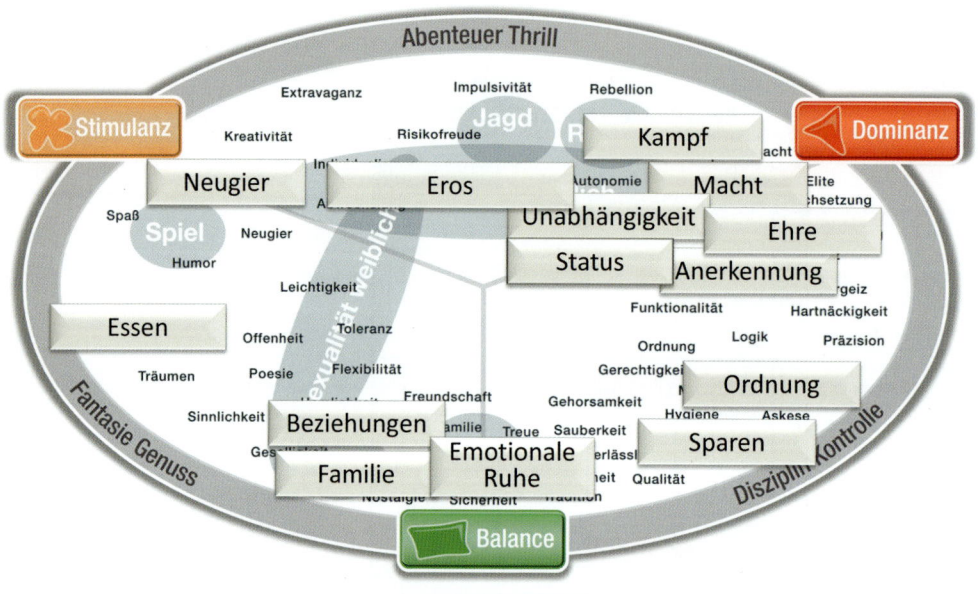

Abb. 56: Die Reiss Profile auf der Limbic Map

Trotzdem sieht man auch Probleme. Insbesondere im Bereich Dominanz haben die Reiss-Profile einen deutlichen Überhang. Da dieser Wertebereich insbesondere in den USA eine extreme Bedeutung hat, weisen die Reiss-Profile deshalb eine leichte Kulturverzerrung auf. Im Bereich der Fürsorge und persönlichen Bindung gibt es nur zwei Dimensionen. Auch im Stimulanz-Bereich sind die Profile nur sehr schwach ausgeprägt. Im Vergleich zu allen anderen Modellen wird aber bei Reiss die Sexualität nicht totgeschwiegen. Er hat eine Dimension „Eros" integriert. Insgesamt messen die Reiss-Profile gut bis befriedigend. Die Zusammenstellung erscheint trotzdem teilweise zufällig — ohne inneren Gesamtzusammenhang. Bei DISG®, TMS® und bei Schwartz werden die Spannungsverhältnisse in unseren Emotionssystemen berücksichtigt — bei Reiss nicht.

16.7   Was wir aus den Vergleichen lernen können

Wie wir gesehen haben, gibt es recht unterschiedliche Herangehensweisen, das Wesen des Menschen und die Unterschiede zwischen Menschen zu erforschen. Der NEO 5 und DISG® beschreiben den Menschen mittels Persönlichkeitseigenschaften. H.D.I® mittels Denkstilen, TMS® mittels Teamrollen, Shalom Schwartz mittels Werten und Steven Reiss mittels Motiven. Was, so hoffe ich, aus dem Vergleich deutlich geworden ist: Hinter all diesen unterschiedlichen Beschreibungen gibt es Kräfte, die letztlich für alles die Basis bilden. Diese Kräfte sind die in diesem Buch beschriebenen Emotionssysteme Balance mit Bindung/Fürsorge, Dominanz und Stimulanz und daraus abgeleitet die Zwischenbereiche auf der Limbic® Map!

Aufgrund seiner einzigartigen wissenschaftlichen Fundierung und Verknüpfung verschiedenster Wissenschaftsbereiche gibt es bis heute kein Modell, das die Fundierung und Erklärungstiefe von Limbic® hat. Was wir aber auch gesehen haben, ist, dass viele im Markt befindliche Modelle, dem was in unserem Gehirn passiert, teilweise ganz gut nahekommen, was für einfache praktische Anwendungen auch genügt.

Ich empfehle allen aber, die mit solchen Modellen arbeiten, sich auch mit den Hintergründen und den Mechanismen im Gehirn zu beschäftigen. Denn dort liegt der wahre Schlüssel für die Struktur dieser unterschiedlichen Ansätze und Modelle.

Noch ein paar Worte zum Schluss

In der Wissenschaft gibt es, der Philosoph Karl Popper hat es uns allen ins Stammbuch geschrieben, keine ewige Wahrheit. Jede Theorie muss sich der Kritik und der Möglichkeit ihrer Widerlegung stellen. Das gilt auch für den Limbic Ansatz. Aus diesem Grund mache ich die Entstehung und die Hintergründe transparent und stelle sie zur Diskussion. Leser, die sich damit intensiver beschäftigen wollen, finden auf meiner Website www.haeusel.com „Limbic Sciences" mit einer umfassenden wissenschaftlichen Dokumentation zum kostenlosen Download. Ich bin für jede Kritik und Anregung via haeusel@haeusel.com dankbar.

So, jetzt haben Sie es geschafft — Sie sind am Schluss des Buches angelangt: Ich bedanke mich fürs Lesen und hoffe, dass ich Ihnen einen etwas anderen Blick auf die Welt, Ihr Unternehmen und das menschliche Verhalten vermitteln konnte. In diesem Sinne: „Think Limbic!"

Der Autor

Dr. Hans-Georg Häusel (Dipl. Psychologe) zählt international zu den führenden Experten in der Marketing-, Verkaufs- und Management-Hirnforschung.

Sein Buch „Brain View — Warum Kunden kaufen" wurde von einer internationalen Jury zu einem der 100 besten Wirtschaftsbücher aller Zeiten gewählt.

Das von ihm entwickelte Limbic® Modell gilt heute als das weltweit beste Instrument zur Erkennung bewusster und unbewusster Lebens- und Kaufmotive sowie zu einer neuropsychologisch fundierten Marken- und Unternehmensentwicklung. Er berät viele namhafte Markenhersteller, Handelsunternehmen und Banken.

Durch seinen faszinierenden Ansatz und seinen unterhaltsamen Vortragsstil ist Dr. Häusel auf vielen nationalen wie internationalen Veranstaltungen einer der gefragtesten Keynote-Speaker im deutschsprachigen Raum. Er wurde mit dem Excellence Award als einer der besten Redner ausgezeichnet. Mehr über Dr. Häusel erfahren Sie unter www.haeusel.com

Abbildungsverzeichnis

Literatur

Die erste Auflage von „Think Limbic!" ist im Jahr 2000 erschienen — das Buch wurde innerhalb weniger Wochen zu einem Sachbuch-Bestseller. In den letzten Jahren nahm dieses Interesse an der Hirnforschung und den damit verbundenen Fragen weiter enorm zu — diesem Interesse ist es auch zu verdanken, dass inzwischen eine Reihe von guten und lesbaren Büchern in deutscher Sprache auf den Markt gekommen sind, die sich mit diesem spannenden Thema beschäftigen. Besonders empfehle ich:

- Ariely, D.(2010): Denken hilft zwar, nützt aber nichts, Droemer Knaur
- Bieri, P. (2003): Das Handwerk der Freiheit, Fischer
- Bischof, N. (2012): Moral — Ihre Natur, ihre Dynamik und ihr Schatten, Böhlau
- Cialdini, R. (2013): Die Psychologie des Überzeugens, Huber
- Damasio, A. R. (2003): Ich fühle, also bin ich, List
- Dijksterhuis, A. (2010): Das kluge Unbewusste, Klett-Cotta
- Dobelli, R (2011): Die Kunst des klaren Denkens, Hanser
- Edelmann, G. M.; Tononi, G. (2002): Gehirn und Geist, Beck
- Häusel, H.-G. (2012): Brain View — Warum Kunden kaufen, Haufe
- Häusel, H.-G. (2012): Emotional Boosting — Die hohe Kunst der Kaufverführung, Haufe
- Kahneman, D (2012): Schnelles Denken, langsames Denken, Siedler
- LeDoux, J. (2003): Das Netz der Persönlichkeit, Walter
- Metzinger, T. (2010): Der Ego-Tunnel, Berlin
- Roth, G. (2013): Persönlichkeit, Entscheidung und Verhalten, Klett-Cotta
- Roth, G. (2009): Aus Sicht des Gehirns, Suhrkamp
- Roth, G. (2003): Fühlen, Denken, Handeln, Suhrkamp
- Singer, W. (2003): Ein neues Menschenbild, Suhrkamp
- Spitzer, M. (2007): Lernen, Spektrum

Im Buch zitierte Literatur:

1. ADOLPHS, R.; DAMASIO, A. R. (1998): The Human Amygdala in Social Judgement. Nature, Vol. 393, 4 June 1998
2. AXELROD, R. (1995): Die Evolution der Kooperation. München (Oldenbourg)
3. BADGAIYAN, R.; POSNER, M. (1998): Mapping the Cingulate Cortex in Response Selection and Monitoring. Neuroimage 7, 255—260

Literatur

4. BÄUMLER, G. (1980): Differences in Physique in Man Called „Smith" and „Tailor". Consideration as Result of a genetic Effect dating back of several Centuries. Personality and Individual Differences, Bd.1, 308—310

5. BÄUMLER, G. (1984): Körperliche Unterschiede im Auftreten der Familiennamen „Schmied und Schneider" in der Leichtathletik. Ein Beitrag zur epidemologischen Humangenetik. Psychologische Beiträge, 26, 250—260

6. BEECKMANS, K.; MICHELS, K. (1996): Personality, Emotions and the Temporolimbic System: A Neuropsychological Approach. Acta neurol. belg, 96, 35—42

7. BECHARA, A. et al (1995): Double Dissociation of Conditioning and Declarative Knowledge Relative to the Amygdala and Hippocampus in Humans. Science, Aug 25, 269: 1115-8

8. BERLYNE, D._E. (1966): Curiosity and Exploration. Science 153, 25—33

9. BKA (1999): Polizeiliche Kriminal-Statistik 1998, Wiesbaden

10. BOUCHARD, T. J. (1994): Genes, Environment, and Personality. Science, 264, 1700—1701

11. BRENGELMANN, J. C. (1993): Erfolg und Stress. Weinheim (Beltz)

12. BRENGELMANN, J. C. (1988:) Erfolg und Stress im Management-Verhalten. München (CBE)

13. BROCA, B. (1878): Le grand lobe limbique et la scissure limbique dans le serie des mammières. Revue d'anthropologie 7: 385—498

14. CAHILL, L.; MCCAUGH, J. L. (1996): The Neurobilogy Memory for Emotional Events: Adrenergic Activation and the Amygdala. Proc.West. Pharmacol.Soc. 39: 81—84 (1996)

15. CAHILL, L. et al (1996): Amygdala Activity at Encoding Correlated with Long-term Free Recall of Emotional Information. Proc. Natl. Acad.Sci. USA, Vol 93, 8016—8021

16. CAMPBELL, N. (1997): Biologie. Heidelberg (Spektrum)

17. CATELL, R. B. et al.(1970): Handbook for the Sixteen Personality Factor Questionaire in Clinical, Educational, Industrial and Research Psychology. 1970 edition, Champaign, Ill: Institute for Personality and Ability Testing

18. CHENEY, D. L.; SEYFARTH, R. (1994): Wie Affen die Welt sehen. München (Hanser)

19. CIALDINI, R. (1997): Die Psychologie des Überzeugens. Bern (Huber)

20. CLONINGER, S. C. (2000): Theory of personality. New Jersey (Prentice-Hall)

21. CSIKSZENTMIHALY, M. (1987): Das Flow-Erlebnis. Stuttgart (Klett-Cotta)

22. CUBE, F. v. (1998): Lust an Leistung. München (Piper)

23. DAMASIO, A. R. (1997): Descartes' Irrtum. München (dtv)

24. DAUCHER, H. (1967): Künstlerisches und rationalisiertes Sehen. Gesetze des Wahrnehmens und Gestaltens. München (Ehrenwirth)

25. DAWKINS, R. (1996): Das egoistische Gen. Hamburg (Rowohlt)

26. DIAMOND, J. (1998): Der dritte Schimpanse. Frankfurt a. M. (Fischer)

27. DUSENBERY, D. (1998): Verborgene Welten: Verhalten und Ökologie von Mikroorganismen. Heidelberg (Spektrum)

28. ECCLES, J. C. (1993): Die Evolution des Gehirns. München (Piper)

29. EBBERFELD, I. (1998): Botenstoffe der Liebe. Frankfurt (Campus)

30. EDELMANN G. M.; TONONI G. (1997): Neuronaler Darwinismus: Eine selektionistische Betrachtungsweise des Gehirns. In: Meier/Ploog (Hrsg.) (1997): Der Mensch und sein Gehirn. München (Piper)

31. EGGERT, F.; FERSTL, R. (1999): Olfaktorische Expression immungenetischer Unterschiede. In: Enzyklopädie der Psychologie, Bd. 3: Biologische Psychologie. Göttingen (Hogrefe)

32. EIBL-EIBESFELDT, I. (1997): Die Biologie des menschlichen Verhaltens. Weyarn (Seehamer)

33. EYSENCK, H. J.; EYSENCK, S. B. G. (1975): Manual of the Eysenck Personality Questonaire. San Diego (Edits)

34. ETZIONI, A. (1995): Die Entdeckung des Gemeinwesens. Stuttgart (Schaeffer-Poeschel)

35. FELSER, G. (1997): Werbe-und Konsumentenpsychologie. Stuttgart (Schaeffer Poeschel)

36. FESTINGER, L. (1978): Theorie der kognitiven Dissonanz. Bern (Huber)

37. FODOR, E. M. (1963): The Power Motive and Reactivity to Power Stresses. Journal of Personality and Social Psychology, 63, 552—561

38. GADENNE, V. (1996): Bewusstsein, Kognition und Gehirn. Bern (Huber)

39. GALLAGHER, M.; CHIBA, A. (1996): The Amygdala and Emotion. Current Opinion in Neurobiology, 1996, 6: 221—227

40. GÖDEL, K. (1931): Über formal unentscheidbare Sätze des Principia Mathematica und verwandter Systeme. Monatshefte Math. Phys. 38, S. 173—198

41. GOLEMAN, D. (1996): Emotionale Intelligenz. München (Hanser)

42. GOULD, J. L.; GOULD, C. G. (1997): Bewusstsein bei Tieren. Heidelberg (Spektrum)

43. HÄUSEL, H. G. (2000): Der Umgang mit Geld und Gut in seiner Beziehung zum Alter.

44. HAMER, D. (1998): Das unausweichliche Erbe. Bern (Scherz)

45. HANEY, C.; BANKS, C.; ZIMBARDO, P. (1973): Interpersonal Dynamics in a Simulated Prison. International Journal of Criminology and Penology, 1, 69—97

46. HEIDER, F. (1977): Psychologie der interpersonalen Beziehungen. Stuttgart (Kohlhammer)

47. JAHR DES GEHIRNS, Hrsg. (1999): Das menschliche Gehirn. Wien (Brandstätter)

48. KANDEL,E.R, SCHWARTZ, J.H & JESSEL, Th.M., Hrsg. (2000): Principles of Neural Sciences, McGraw-Hill (New York)

49. KOLB, B.; WHISHAW, I. Q. (1996): Neuropsychologie. Heidelberg (Spektrum)

50. KLÜVER, H.; BUCY, P. C. (1939): Preliminary Analysis of Function of the Temporal Lobes in monkeys. Archives of Neurology an Psychiatry, 42: 977—999, 1939

51. KNIEHL, A._T. (1998): Motivation und Volition in Organisationen. Wiesbaden (Deutscher Universitätsverlag)

52. KUCKENBERG, M. (1997): Lag Eden im Neandertal? München (Econ)

53. LABAR, et al (1998): Human Amygdala Activation During Conditioned Fear Acquisition and Extinction. Neuron, Vol 20, 937—945, May 1998

54. LEDOUX, J. E. (1994): Das Gedächtnis für Angst. Spektrum der Wissenschaft, August 1994

55. LEDOUX, J. E. (1998): Im Netz der Gefühle. München (Hanser)

56. MARGULIS, L. (1997): Leben: Vom Ursprung zur Vielfalt. Heidelberg (Spektrum)

57. MASLOW, A. H. (1977): Motivation und Persönlichkeit. Freiburg i. B. (Herder)

58. MAYNARD, S. J.; SZATHMARY, E. (1996): Evolution. Heidelberg (Spektrum)

59. MCCLELLAND, D. C. (1975): Power: The inner experience. New York (Irvington)

60. MCCLELLAND, D. C. (1989): Motivational Factors in Health and Disease. American Psychologist, 44, 675—683

61. MEGA, M. S.; CUMMINGS, J. L. (1997): The Limbic System: An Anatomic, Phylogenetic, and Clinical Perspective. The Journal of Neuropsychiatry and Clinical Neurosciences 1997; 9: 315—330 (beschreibt die Funktion des ganzen Systems)

62. MILGRAM, S. (1963): Behavioral Study of Obedience. Journal of Abnormal and Social Psychology, 1963, 67, 371—378

63. MORRIS, J. S. et al (1998): A Neuromodulatory Role for the Human Amygdala in Processing Emotional Facial Expressions. Brain, Vol 121, Issue 1, 47—57

64. MURRAY, E. A.; MISHKIN, M. (1985): Amygdalectomy Impairs Crossmodal Association in Monkeys. Science, 228: 204—206, 1985

65. NETTER, P. et al (1999): Individuelle Differenzen endokrinologischer und immunologischer Messgrößen. In: Enzyklopädie der Psychologie, Bd. 3: Biologische Psychologie. Göttingen (Hogrefe)

66. NEUBERGER, O. (1999): Zitat aus Vortrag zum Thema „Macht in Organisationen"

67. NISHIJO, H.; ONO, T. (1998): Single Neuron Responses in Amygdala of Alert Monkey During Complex Sensory Stimulation with Affective Significance. Journal of Neuroscience, 8: 3570—3583, 1998

68. OSGOOD, C. E.; TANNENBAUM, P. H. (1955): The Principle of Congruity in the Prediction of Attidude Change. Psychological Review, 62, 1955, 42—45

69. PAPEZ, J. W. (1937): A Proposed Mechanism of Emotion. Archives of Neurology and Psychiatry 38: 725—743, 1937

70. PERRIG, W. (1993): Unbewusste Informationsverarbeitung. Bern (Huber)

71. PINEL, J. P. (1997): Biopsychologie. Heidelberg (Spektrum)

72. POLLMER, U. et al (1997): Liebe geht durch die Nase. Köln (Kiepenheuer & Witsch)

73. POPPER, K. R.; ECCLES, J. C. (1981): Das Ich und sein Gehirn. München (Piper)

74. POSNER, M.; RAICHLE, M. (1996): Bilder des Geistes. Heidelberg (Spektrum)

75. ROBBINS, T.; EVERITT, B. J. (1996): Neurobehavioural Mechanisms of Reward and Motivation. Current Opinion in Neurobiology 1996, 6: 228—236

76. SCHNEIDER, F.; GRODD, W. (1997): Functional MRI Reveals Left Amygdala Activation During Emotion. Psychiatry Research: Neuroimaging Section 76, 75—82

77. SELIGMAN, M. (1993): Pessimisten küsst man nicht. München (Knaur)

78. SITOH, Y. Y.; TIEN, R. D. (1997): The Limbic System. Neuroimaging Clinics of North America, Vol. 7, Feb. 1997

79. SINGER, W. (1997): Der Beobachter im Gehirn. In Ploog, D.; Meier, H. Hrsg. (1997): Der Mensch und sein Gehirn. München (Piper)

80. SNYDER, S. H. (1994): Chemie der Psyche. Heidelberg (Spektrum)

81. SOLOMON, P. et al (1961): Sensory Deprivation: A symposion at Harvard Medical School. Cambridge, Mass.

82. SPRENGER, R. (1992): Mythos Motivation. Frankfurt (Campus)

83. SPRINGER, S. P.; DEUTSCH, G. (1988): Linkes Rechtes Gehirn. Heidelberg (Spektrum)

84. SQUIRE, L. R.; KANDEL, E. R. (1999): Gedächtnis. Heidelberg (Spektrum)

85. THOME, J.; RIEDERER, P. (1995): Neurobiologie aggressiven Verhaltens. Neurologie Psychiatrie, 9 (11), 650—654

86. VOGEL, C. (1992): Der wahre Egoist kooperiert. In: Ebbinghaus, H.; Vollmer, G. Hrsg. (1992): Denken unterwegs. Stuttgart (Wiss. Verl.Ges.)

87. WEBER, M. (1999): Behavioral Finance, Band 0: Behavioral Finance Group. Universität Mannheim

88. WICKLER, W.; SEIBT, U. (1991): Das Prinzip Eigennutz. München (Piper)

89. WICKLER, W.; SEIBT, U. (1998): Männlich-Weiblich. Heidelberg (Spektrum)

90. WIESER, W. (1998): Die Erfindung der Individualität. Heidelberg (Spektrum)

91. WITTMANN, N. (1999): Die Psychologie des Einkaufens. Internes Arbeitspapier der Gruppe Nymphenburg

92. WITTMANN, N. (1997): Einkaufsplanung, Spontan- und Aktionskäufe. Internes Arbeitspapier der Gruppe Nymphenburg

93. WRIGHT, R. (1996): Diesseits von Gut und Böse. München (Limes)

94. WUKETITS, F. M. (1995): Die Entdeckung des Verhaltens. Darmstadt (Wissenschaftliche Buchgesellschaft)

95. ZUCKERMAN, M. (1994): Behavioral Expressions and Biosocial Bases of Sensation Seeking. Cambridge (Cambridge University Press)

96. AGGLETON, J. P: (2000): The Amygdala. Oxford (Oxford-University Press)

97. BENJAMIN, J. et.al. (2002) : Molecular Genetics and the Human Personality. Arlington (American Psychiatric Publishing)

98. BRÜNE, M. et.al (2003): The Social Brain. Wiley

99. BECKER, J. B. et.al (2002): Behavioral Endocrinology. Cambridge (The MIT-Press)

Literatur

100. GRAWE, K. (2004): Neuropsychotherapie. Göttingen (Hogrefe)
101. HUTTENLOCHER,P. R. (2002): Neural Plasticity. Cambridge (Harvard University Press)
102. PANKSEPP, J. (1998): Affective Neuroscience. Oxford (Oxford-University Press)
103. PLOMIN, R. et.al (2003): Behavioral Genetics. Washington (American Psychology Asscociation)
104. ROTH, G. (2003): „Fühlen, Denken, Handeln". Berlin (Suhrkamp)
105. SPITZER, M. (2002): Lernen. Wiesbaden (Spektrum)

In „Think Limbic!" werden die Grundstrukturen der menschlichen Motivation und die Konsequenzen für die Mitarbeitermotivation, das Marketing und das Management aufgezeigt.

Daneben sind von Dr. Häusel bei Haufe erschienen:

- **Brain View — Warum Kunden kaufen**: Wie fallen Kaufentscheidungen? Dieses Buch zeigt anhand der neuesten Erkenntnisse aus der Hirnforschung, warum Kunden kaufen, was man tun kann, damit sie kaufen und welche verschiedenen Käufertypen es gibt. Sie werden Ihre Kunden mit ganz neuen Augen sehen. ISBN 978-3-648-02938-1
- **Emotional Boosting — Die hohe Kunst der Kaufverführung:** Auf's Detail kommt es an! Hans-Georg Häusel zeigt, wie Kunden bei Kaufentscheidungen „ticken" und warum Emotionen für den Erfolg eines Produkts so wichtig sind. Wie Sie einzigartige Produkte schaffen und sich den entscheidenden Wettbewerbsvorteil sichern. Erhältlich auf Deutsch und Englisch! ISBN deutsche Ausgabe 978-3-648-02944-2, ISBN englische Ausgabe als eBook 978-3-648-04086-7
- **Neuromarketing — Erkenntnisse der Hirnforschung für Markenführung, Werbung und Verkauf:** Dieses Buch stellt Ihnen alle wichtigen Aspekte des Neuromarketing nach dem neuesten Stand der Forschung vor. Führende Experten geben einen faszinierenden Einblick in modernes Marketing, das eng mit der aktuellen Hirnforschung verknüpft ist. ISBN 978-3-648-04100-0